高等学校计算机课程规划教材

数据库应用技术

喻梅　主编

王庆节　副主编

于健　王赞　编

天津大学出版社
TIANJIN UNIVERSITY PRESS

内容提要

全书以 SQL Server 2005 数据库管理系统为基础,介绍数据库系统的基本原理及应用技术。

全书首先介绍了数据库系统的基本概念和关系数据库的理论,接着简单介绍了 SQL Server 2005 的性能、安装、配置和使用等基本知识以及所提供的各种常用管理工具,然后讲述了创建和管理数据库的各种操作以及在数据库中创建和管理表的各种操作。讨论了使用选择查询从数据库中检索数据和更新数据库中的数据,使用索引来提高检索效率、管理和使用视图的各种操作,创建及维护数据完整性,使用 Transact-SQL 语言进行程序设计。使用存储过程和触发器来控制数据库中的数据。介绍了 SQL Server 2005 的安全性管理和权限设置以及备份和还原数据库的方法。

本书可以作为高等院校 48~64 学时相关专业数据库应用技术课程的教材,同时也可供从事数据库研究和使用 SQL Server 2005 进行数据库系统开发的计算机专业人员参考。

同时还出版了《数据库应用技术实验指导与习题及解答》与本书配套使用。

图书在版编目(CIP)数据

数据库应用技术/喻梅主编. —天津:天津大学出版社,2013.6(2018.8 重印)
高等学校计算机课程规划教材
ISBN 978-7-5618-4745-9

Ⅰ.①数… Ⅱ.①喻… Ⅲ.①关系数据库系统 – 高等学校 – 教材 Ⅳ.①TP311.138

中国版本图书馆 CIP 数据核字(2013)第 182599 号

出版发行	天津大学出版社
地　　址	天津市卫津路 92 号天津大学内(邮编:300072)
电　　话	发行部:022-27403647
网　　址	publish. tju. edu. cn
印　　刷	天津泰宇印务有限公司
经　　销	全国各地新华书店
开　　本	185mm×260mm
印　　张	20
字　　数	499 千
版　　次	2013 年 6 月第 1 版
印　　次	2018 年 8 月第 3 次
定　　价	42.00 元

前　言

由于计算机技术的进步,使得关系型数据库管理系统软件得到了快速发展,尤其是微软公司的 SQL Server 数据库系统,从 SQL Server 7.0、SQL Server 2000 发展到现在的 SQL Server 2005,并且随着版本的不断升级,功能也越来越强大。可视化数据库设计与管理是当前的技术热点,本书是针对目前流行的 SQL Server 2005 而编写的数据库应用基础教材。

SQL Server 是一个全面的、集成的、端到端的数据解决方案,它为组织中的用户提供了一个更安全可靠和更高效的平台,用于企业数据和商务智能(BI)应用。SQL Server 2005 为 IT 专家和信息工作者带来了强大的、熟悉的工具,同时降低了在从移动设备到企业数据系统的多平台上创建、部署、管理和使用企业数据和分析应用程序的复杂性。通过全面的功能集与现有系统的互操作性以及对日常任务的自动化管理能力,SQL Server 2005 为不同规模的企业提供了一个完整的数据解决方案。

SQL Server 2005 包含的内容很多,编写本书时,在具体内容的安排上,从应用的角度出发,以实用性为重点,侧重于操作和应用所必需的基础知识,使读者着重理解构建、管理数据库、对数据操作的思路和方法以及利用 SQL Server 2005 所提供的工具有效地管理数据。在取材的深度和广度方面进行了精心的优化筛选,注意内容简练,精心设计实例,语言通俗易懂。为了便于学习掌握,在例题的安排上注意了连续性,各章相对独立,又互为补充,使学生可以在有限的学时内更好地掌握数据库的实用技术。

本书取材注重实用,内容由浅入深,语言简练,逻辑性强,适用于教学。本书可作为高等院校大学本科 48~64 学时相关专业数据库应用技术课程教材的使用,同时也可供从事数据库研究和使用 SQL Server 2005 进行数据库系统开发的计算机专业人员参考。同时出版了与本书配套使用的《数据库应用技术实验指导与习题及解答》。此书包含了所有章节的实验,给出了详细的实验操作步骤,有利于读者自主学习。另外,还给出了数据库设计及应用系统实例,以指导读者学习工程设计。最后给出了所有章节的习题及解答。

本书第 1~3,6,7 章由喻梅、王赞编写,第 4~5,8~10 章由王庆节编写,第 11~13 章由于健编写。书中实例的上机验证及截图由胡悦、雷霆、张旭、吕方完成。在全书的撰写过程中,得到了葛卫民老师的指导,在此表示衷心的感谢。

由于时间仓促,作者水平有限,书中难免有不当之处,敬请读者批评指正。

编者

2013 年 4 月

目　录

第1章 数据库系统概论

本章主要介绍数据库系统的基本概念,包括数据与信息;数据管理技术发展的三个阶段及其特点;数据模型的两个层次;数据库系统的三级模式、两级映像及两级独立性的体系结构;数据库系统的组成。

1.1 信息、数据与数据处理

在科学、技术、经济、文化和军事等各个领域会遇到大量的数据,如何科学地管理数据是一个重要的课题。数据库技术是使用计算机来管理数据的科学技术,经过多年的研究和实践,数据库技术已发展成为一门完整的学科,运用数据库技术科学、有效地管理数据,已经成为计算机应用的重要领域。

1.1.1 信息与数据

计算机的出现,开创了数据处理的新纪元。数据处理的基本要素是数据的组织、存储、检索、维护和加工利用,这些正是数据库系统所要解决的问题。

数据是数据库系统研究和处理的对象。数据与信息是分不开的,它们既有联系又有区别。

1. 信息

随着社会的发展和科学技术的进步,人们对信息这个名词已经不再陌生。对于信息的定义,从不同角度又有着不同的解释。一般认为,信息是人们进行各种活动所需要的知识,是现实世界各种状态的反映。合理利用信息可以增加人们的知识,提高人们对事物的认识能力。在现代社会,不论是生产、科学研究和社会活动,还是个人生活,都离不开信息。

2. 数据

数据是描述信息的符号,也是信息的载体。如数值、文本、图形、图像、声音等类型的数据,用来反映不同类型的信息。利用计算机进行信息处理,就需要把信息转换为计算机能够识别的符号,即用 0 和 1 两个编码符号来表示各种信息。

数据和信息既有联系又有区别。如果把客观世界的某种现象或观念所反映的知识用一定的方法描述出来,那么前者是信息,后者是数据。因为信息和数据都是通过现象和概念反映知识的,这是它们的共同点。因此当不需要严格区分时,这两者是一样的。

信息以数据的形式处理,而处理的结果又可能产生新的信息。

1.1.2 数据处理

数据处理是指对各种形式的数据进行收集、存储、加工和传播等一系列活动的总和。其目的是从大量的、原始的数据中抽取、推导出对人们有价值的信息,以作为行动和决策的依据;数据处理从根本上来说是为了借助计算机科学地保存和管理复杂的、大量的数据,以便人们能方便且充分地利用这些宝贵的信息资源。

在数据处理的一系列活动中,数据的收集、组织、存储、传播、检索、分类等活动是基本环节,这些基本环节统称为数据管理或信息管理。在数据处理中,数据的加工、计算、打印报表等操作对不同的业务部门可以有不同的内容。数据库技术属于数据管理技术。数据库技术所研究的问题就是如何科学地组织和存储数据,如何高效地获取和处理数据。

1.2　数据管理技术的发展

数据管理技术的发展与硬件(主要是外存)、软件、计算机应用的范围有着密切的联系。数据管理技术的发展经过三个阶段:人工管理阶段、文件系统阶段和数据库系统阶段。

1.2.1　人工管理阶段

人工管理阶段是从 20 世纪 40 年代中期电子计算机问世到 50 年代中期,这一阶段的计算机系统中,既没有操作系统,也没有管理数据的软件。计算机主要用于科学计算。

在人工管理阶段,数据管理的特点如下。

①数据不保存在机器中。因为计算机主要用于科学计算,一般不需要将数据长期保存。在计算时将数据输入,计算完毕将数据输出。

②没有软件系统对数据进行管理。程序员不仅要规定数据的逻辑结构,而且还要在程序中设计物理结构,包括存储结构、存取方法、输入输出方式等。因此程序中存取数据的部分要随着存储结构的改变而改变,使得数据与程序不具有独立性,这样程序员不仅在数据的物理布置上必须花费许多精力,而且一旦数据在存储结构上有改变,就必须修改程序。

③只有程序的概念没有文件的概念。数据的组织方式必须由程序员自行设计。

④数据是面向应用的。一组数据对应一个程序,即使两个应用程序涉及某些相同的数据,也必须各自定义,所以程序与程序之间有着大量重复的数据,如图 1.1 所示。

图 1.1　人工管理阶段程序与数据的关系

1.2.2　文件系统阶段

从 20 世纪 50 年代中期到 60 年代中期是文件系统阶段。这一阶段计算机不仅用于科学计算,还大量用于管理。计算机硬件比过去有了较大的发展,外存储器有了磁盘、磁鼓等直接存取的存储设备。在软件方面,操作系统中已经有了专门的数据管理软件,一般称为文件系统。

1. 文件系统阶段数据管理的特点

(1)数据可以长期保存在外存储设备上

由于计算机大量用于数据处理,数据需要长期保留在外存储设备上进行反复处理,即进

2

行查询、修改、插入和删除等操作。

（2）数据的逻辑结构与物理结构的区别

由于有了文件系统，文件的逻辑结构与存储结构由系统进行转换，使程序与数据之间有了一定的独立性。这样程序员可以集中精力研究算法，而不必过多地考虑物理细节。

（3）文件组织呈现多样化

由于已有了直接存取存储设备，也就有了索引文件、链接文件和直接存取文件等。

（4）数据不再属于某个特定的程序，可以重复使用

由于文件结构的设计仍然基于特定的用途，程序基于特定的存储结构和存取方法，因此程序与数据结构之间的依赖关系并未根本改变。

在文件系统阶段，由于设备具有独立性，因此改变存储设备，也不必改变应用程序。但还未能彻底体现数据的逻辑结构独立于物理存储结构的要求。当数据的物理结构需要修改时，仍需修改应用程序。

2. 文件系统结构的缺陷

随着数据管理规模的扩大，数据量急剧增加，文件系统结构显露出以下缺陷。

（1）数据冗余度大

相同的数据存在多份的现象，称为数据冗余。文件系统中的文件基本上是对应于某个应用程序的，即数据还是面向应用的。即使不同的应用程序所需要的数据有部分相同时，也必须建立各自的文件，而不能共享相同的数据，因此数据冗余度大，浪费存储空间，并且由于相同数据的重复存储、各自管理，给数据的修改和维护带来了困难，容易造成数据的不一致性。

（2）数据和程序缺乏独立性

文件系统中的文件是专属于某一特定应用服务的，一旦数据的逻辑结构改变，则必须修改应用程序和文件结构的定义。而应用程序的改变，也将影响文件数据结构的改变，即数据和程序缺乏独立性。这个阶段程序与数据的关系如图1.2所示。

图 1.2　文件系统阶段程序与数据的关系

（3）数据间联系弱

由于文件之间是独立的，要想在文件之间建立联系必须通过程序完成。文件系统是一个无弹性的、无结构的数据集合，不能反映现实世界事物之间的联系。

随着人们对数据处理需求的增加，以及计算机科学的不断发展，对数据进行有效、科学、正确、方便的管理成为人们的迫切需求。针对文件系统的缺陷，人们逐步发展了以统一管理和共享数据为主要特征的数据库管理系统。

1.2.3 数据库系统阶段

到 20 世纪 60 年代后期,计算机的软硬件得到了进一步的发展,已配备了速度高、容量大的磁盘,各种软件系统进一步完善,需要管理的数据量急剧增加。人们在数据管理方面已积累了丰富经验,数据管理技术研究取得了很大进展,这为数据库系统的研究提供了良好的技术基础。

1968 年美国 IBM 公司成功开发了世界上第一个数据库管理系统 IMS(Information Management System);1969 年美国 CODASYL(Conference On Data System Language)委员会的 DBTG(DataBase Task Group)小组公布了它的研究成果 DBTG 报告;1970 年 IBM 公司的研究员 E. F. Codd 发表了题为《大型共享数据库数据的关系模型》等一系列关系数据库论文。这三大事件标志着数据处理已进入了数据库技术的新时代。

数据库系统克服了文件系统的缺陷,提供了对数据更高级更有效的管理。

1. 数据库系统阶段的特点

(1)数据是结构化的

这就要求在描述数据时不仅要描述数据本身,还要描述数据之间的联系。文件系统中尽管记录内部已经有了某些结构,但记录之间是无联系的,孤立的。因此数据的结构化是数据库的主要特征之一,也是数据库与文件系统的根本区别。

(2)数据冗余度小,易扩充

由于数据库是从整体观点来看待和描述数据的,数据不再是面向某一应用,而是面向整个系统,这就大大减少了数据的冗余度,既节约存储空间,减少存取时间,又可避免数据之间的不相容性和不一致性。

(3)具有较高的数据独立性

所谓数据的独立性,就是应用程序不必因为数据的存储结构的变化而修改,即应用程序与数据结构之间不存在依赖关系,这是数据库系统所努力追求的一个目标。数据库的数据独立性分为两级。

①物理独立性。数据库物理结构的变化(如物理设备的更换,物理位置的变化,存取方法的改变等),不影响数据库的逻辑结构,从而也就不影响应用程序,不会导致应用程序的修改。

②逻辑独立性。数据库逻辑结构的变化(如数据定义的修改,新数据类型的增加,数据间联系的变更等等),不会影响到用户原有应用程序的修改。

这两种独立性统称为数据独立性。数据独立性的目的,就是使应用程序尽可能不受数据的影响。这两种数据独立性是靠数据库管理系统来实现的,从而大大减轻了程序员的负担。

(4)统一的数据控制功能

数据库是不同用户的共享资源。计算机的共享一般是并发的,即许多用户同时使用数据库。因此,系统必须提供以下数据控制功能。

①数据的安全性控制。数据的安全性是指保护数据以防止不合法的使用造成数据的泄密和破解。这就要求采取一定的安全保密措施。例如,系统用检查口令或其他手段来检查用户身份,合法用户才能进入数据库系统。同时,要求提供用户访问级别和数据存取权限,

当用户执行数据库操作时,系统自动检查用户是否有权执行这些操作,检查通过后才执行允许的操作。

②数据的完整性控制。数据的完整性是指数据的正确性、有效性与相容性。系统提供必要的功能,保证数据库中的数据在输入、修改过程中始终符合原来的定义和规定。例如:学生性别只能是男或女,学号是唯一的等。

此外,当计算机软、硬件发生故障而破坏了数据或对数据库数据的操作发生错误时,系统能进行应急处理将数据库恢复到正确状态。

③并发控制。当多个用户的并发进程同时存取、修改数据库时,可能会发生互相干扰而得到错误的结果,导致数据库的完整性遭到破坏,因此必须对多用户的并发操作加以控制和协调。

(5)数据的最小存取单位是数据项

数据库中数据的存取单位可以是一个数据项或一组数据项,也可以是一条记录或一组记录。这个阶段程序和数据的关系如图 1.3 所示。

图 1.3　数据库系统阶段程序与数据的关系

数据库是一个通用化的综合性数据集合,它可以供各种用户共享且具有最小的数据冗余度和较高的数据与程序的独立性。由于多种程序并发地使用数据库,为了能及时有效地处理数据,并保证数据库的安全性和完整性,必须有一个软件系统——数据库管理系统(DataBase Management System,DBMS)在建立、运用和维护时对数据库进行统一控制。

1.3　数据模型

1.3.1　数据描述的三个领域

数据库中所存储的数据来源于现实世界的信息流,是用来描述现实世界中一些事物的某些方面的特征及其相互联系的。在处理这些信息之前,必须先分析它,选择一种方法描述这些待处理对象,并将这种描述转换成计算机所能接收的数据形式。在数据处理中,数据描述涉及不同的范畴。从事物的特性到计算机中的数据表示,都涵盖了现实世界、信息世界和机器世界三个领域。

1. 现实世界

现实世界是指存在于人脑之外的客观世界,泛指客观存在的事物及其相互间的联系。客观事物是一个具体的事物,如一个学生、一台计算机、一本书等,也可以是一个抽象的事物,如一次比赛、一次借书等。

每个客观事物都有自己的特征,用来区别于其他客观事物,如学生用姓名、性别、年龄、身高、体重等许多特征来标识自己。把具有相同特征的客观事物称为同类客观事物,所有同类事物的集合称为总体。例如所有的"学生"、所有的"课程"都是一个总体。

所有这些客观事物是信息的源泉,也是数据库技术接触到的最原始的数据,数据库设计是对这些原始数据进行综合处理,抽取出数据库技术所需要的数据。

2. 信息世界

现实世界中的事物反映到人们的头脑里,经过认识、选择、命名、分类等综合分析而形成印象和概念,产生认识,这就是信息,即进入了信息世界。在信息世界中,每一个被认识的客观事物称为实体,是具体事物在人们头脑中产生的概念,是信息世界的基本单位。另外,客观事物的特征称为属性,属性反映了实体的某一特征。一个实体是由它所有的属性表示的。例如,一本书是一个实体,可以由书号、书名、作者、出版社、单价 5 个属性表示。

在信息世界里,主要研究的不是个别的实体,而是它们的共性。把具有相同属性的实体称为同类实体,同类实体的集合为实体集。例如,所有的男学生组成了男学生实体集。能唯一标识每个实体的属性或属性集称为实体标识符。例如,书的书号可以作为书的实体标识符。

3. 机器世界

信息世界中,有些信息可以直接用数字表示,如学生的成绩、年龄等;有些是由符号、文字或其他形式表示的。在计算机中,所有信息只能用二进制数表示,一切信息进入计算机时,必须是数据化的。可以说,数据是信息的具体表现形式。在计算机世界中涉及以下术语。

①数据项。数据项是属性的数据表示,它是可以命名的最小信息单位,又称数据元素或字段。如职工的职工号、姓名等。

②记录。记录是实体的数据表示,由若干个数据项组成,如一个职工就是一条记录,它由职工号、姓名、性别、职称等数据项组成。

③文件。文件是同类记录的集合,如所有职工的登记表组成一个文件。

④关键字。能唯一标识文件中每条记录的数据项或数据项的集合,称为记录的关键字(或"键")。如职工的职工号可以作为职工记录的关键字。

现实世界、信息世界、机器世界是由客观到认识、由认识到使用管理的不同领域,而且后一领域是前一领域的抽象描述。

三个领域之间的术语对应关系如图 1.4 所示。

现实世界	信息世界	机器世界
特征	属性	数据项
客观事物	实体	记录
总体	实体集	文件
标识特征	实体标识符	关键字

图 1.4 三个领域之间的术语对应关系

1.3.2 数据模型

1. 数据模型的基本概念

模型是对现实世界特征的模拟和抽象。数据模型是对现实世界数据特征的抽象。在数据库中用数据模型对现实世界进行抽象,数据模型是数据库系统中用于提供信息表示和操作手段的形式构架。

在数据库系统中针对不同的使用对象和应用目的,采用不同的数据模型。不同的数据模型提供了不同的模型化数据和信息工具。根据模型应用的不同目的,可以将模型分为概念数据模型(也称信息模型)和结构数据模型两类。

(1)概念数据模型

用于信息世界的建模,它是从数据的语义视角来抽取模型并按用户的观点对数据和信息建模,是现实世界到信息世界的第一层抽象,是用户和数据库设计人员之间进行交流的语言。这类模型主要用于数据库的设计阶段,常用的概念数据模型是实体联系模型。

(2)结构数据模型

用于机器世界,它是从数据的组织层次来描述数据并按计算机系统的观点对数据建模。结构数据模型可以用来定义、操纵数据库中的数据,是信息世界到机器世界的第二层抽象,主要用于数据库管理系统的实现,包括层次模型、网状模型、关系模型和面向对象模型等。

2. 数据描述的概念

(1)数据的静态描述

它包括数据的基本结构、数据间的联系和数据中的约束。例如学生的基本信息包括学号、姓名、性别、年龄、专业,这些都是数据静态结构中的基本信息。学生进行选课时使用的学号必须是学生基本信息中的学号,这就是数据间的联系。学生的性别只能取"男"或"女",这就是数据中的约束。

(2)数据的动态描述

它指定义在数据上的操作,例如对学生基本信息进行修改、查询、增加和删除记录等操作。

3. 数据模型的三要素

这里所说的数据模型指结构数据模型。数据模型是严格定义的概念集合,这些概念精确地描述系统的静态特性、动态特性和完整性约束条件。因此,数据模型通常由数据结构、数据操作和数据约束条件三部分组成。

(1)数据结构

数据结构是对系统静态特性的描述,是所研究的对象类型的集合,这些对象是数据库的组成成分。一般可分为两类:一类是与数据类型、内容、性质有关的对象,在关系模型中对应的是域、属性、关系等;另一类是与数据之间的联系有关的对象。

数据模型中的数据结构用以构造数据库的基本数据结构类型,并规定如何把基本数据项组成大的数据单位,以及如何表达数据项之间的联系。在数据库系统中通常按照数据结构的类型来命名数据模型,如层次结构、网状结构和关系结构的模型分别命名为层次模型、网状模型和关系模型。

(2)数据操作

数据操作是指对数据库中各种对象(型)的实例(值)允许执行的操作的集合。数据操作是对系统动态特性的描述,包括操作及相关的操作规则。数据库主要有检索和更新(包括插入、删除、修改)两大类操作。

数据模型必须定义这些操作的确切含义、操作符号、操作规则(如优先级别)以及实现操作的语言。

(3)数据约束条件

数据约束条件是一组完整性规则的集合。完整性规则是给定的数据模型中数据及其联系所具有的约束和依存规则,用以限定符合数据模型的数据库状态以及状态的变化,以保证数据的正确、有效和相容。

数据模型应该反映和规定符合这种数据模型所必须遵守的、基本的、通用的完整性约束条件。

此外,数据模型还应该提供定义完整性约束条件的机制,以反映具体用户的应用所涉及的数据必须遵守的特定的语义约束条件。例如,在某学校的学生数据库中规定学生不得有两门以上不及格等等。

一个基本数据模型用上述三个方面内容来模拟现实世界的信息结构及变化,使其在计算机系统中得以实现。

1.3.3 概念数据模型

为了把现实世界中的具体事物抽象、组织为某一具体的 DBMS 支持的数据模型,首先要把现实世界中的客观事物抽象为某一种信息结构,这种信息结构不依赖于具体的计算机系统,而且也不与具体的 DBMS 相关,是概念级的模型;然后再把概念级模型转换为计算机上的 DBMS 支持的数据模型,因此概念模型是现实世界到机器世界的一个中间层次。这个过程如图 1.5 所示。

图 1.5   现实世界中的客观事物的抽象过程

1. 信息世界涉及的主要概念

(1)实体

实体是客观存在的且又相互区别的事物。实体可以指实际对象,也可以指某些概念;可以是事物本身,也可以指事物与事物之间的联系。例如,一个职工,一个学生,一个部门,一门课是具体的实体;而学生的一次选课,部门的一次订货也是实体,它们是抽象的实体。

(2)属性

属性指现实世界中事物所具有的特性。属性刻画了实体的特征。一个实体有若干个属

8

性。例如学生的属性可以有姓名、性别、年龄、专业等。属性有名和值两部分,例如,张三是姓名属性的值。

（3）码

唯一标识实体的属性或属性集称为码。例如,学生实体的码是学号。

（4）域

属性的取值范围称为域。例如,学号的域为 8 位整数,姓名的域为字符串集合,年龄的域为 0~35 的整数,性别的域为"男"和"女"。

（5）实体型

具有相同属性的实体称为实体型。用实体名及其属性名的集合表示实体。例如,学生（学号、姓名、年龄、性别、所在系、专业）是一个实体型。

（6）实体集

同类实体的集合称为实体集。例如,全体学生就是一个实体集。

（7）联系

联系是指实体集间的关系。一般存在两类关系:一是实体内部的关系,如组成实体的属性之间的关系;二是实体集之间的关系。

两个实体集之间的联系分为三类。

①一对一联系(1:1)。若对于实体集 A 中的每一个实体,实体集 B 中至多有一个实体与之关联,反之亦然,则称实体集 A 与实体集 B 具有一对一的关系,记为 1:1。例如,班级和班长（一个班级只有一个班长,一个班长只能领导一个班级）是一对一关系。如图 1.6(a) 所示。

②一对多联系(1:N)。若对于实体集 A 中的每一个实体,实体集 B 中有 n 个实体($n \geq$ 0)与之关联;反之,对于实体集 B 中的每一个实体,实体集 A 中只有一个实体与之关联,则称实体集 A 与实体集 B 具有一对多的关系,记为 1:N。例如,班级和学生（一个班级有多个学生,一个学生只能属于一个班级）是一对多关系。如图 1.6(b) 所示。

③多对多联系(M:N)。若对于实体集 A 中的每一个实体,实体集 B 中有 n 个实体($n \geq$ 0)与之关联;反之,对于实体集 B 中的每一个实体,实体集 A 中也有 m 个实体($m \geq 0$)与之关联,则称实体集 A 与实体集 B 具有多对多的关系,记为 M:N。例如,学生和课程（每个学生可以选修多门课程,每门课程可以被多个学生选修）是多对多关系。如图 1.6(c) 所示。

图 1.6 两个实体之间的联系

实际上,一对一联系是一对多联系的特例,而一对多联系又是多对多联系的特例。

多个实体集间的联系指包括三个或三个以上实体集间的关系。如图1.7所示,一个供应商可以供应若干项目的多种零件,而每个项目可以使用不同供应商供应的零件,每种零件可由不同供应商供给。因此供应商、项目和零件之间是多对多的关系。

同一实体集内的各实体之间可以有某种关系。例如,职工实体集内具有领导和被领导的关系,即某一位职工领导若干位职工,而一位职工仅被另一位职工所领导,因此这是一对多的关系,如图1.8所示。

图1.7 三个实体之间的联系

图1.8 同一实体集内的联系

2. 实体关联模型

概念数据模型是现实世界到机器世界的第一级抽象,反映现实世界中有应用价值的信息结构,不依赖于数据的组织结构。概念模型的表示方法最常用的是实体关联模型,它是P. P. S. Chen于1976年提出的,通常称为E-R(Entity-Relationship)方法,是目前描述信息结构最常用的方法。E-R方法使用的工具称作E-R图,用它来描述从现实世界中抽象出的实体类型及实体间的联系。

E-R图中有以下四个基本成分。

①矩形框,表示实体类型,在框内写上实体名。

②椭圆形框,表示实体类型和联系类型的属性,并用无向边把实体与其属性连接起来。带有下划线的属性是实体码(或关键字)。例如,学生实体具有学号、姓名、年龄、性别、所在系和专业六个属性,E-R图表示如图1.9所示。

图1.9 学生实体及属性的E-R图

③菱形框,表示实体间的联系,菱形框内写上关系名,用无向边将菱形分别与有关实体相连接,在无向边旁标上关系的类型。若实体之间联系也具有属性,则把属性和菱形也用无向边连接起来。

④直线。联系类型与其涉及的实体类型之间以直线连接,并在直线端部标上关系的种类($1:1,1:N,M:N$)。

学生和课程关系的E-R图如图1.10所示。

项目、零件和供应商的多个实体类型之间关系的E-R图如图1.11所示(图中未画出

图 1.10　学生与课程关系的 E–R 图

属性)。

图 1.11　三个实体类型关系的 E–R 图

职工和领导之间的同一实体类型间内部关系的 E–R 图如图 1.12 所示(图中未画出属性)。

图 1.12　同一实体类型间关系的 E–R 图

E–R 模型有两个明显的优点:接近于人的思维,容易理解;与计算机无关,用户容易接受。因此,E–R 模型已成为软件工程的一项重要设计方法。用 E–R 图表示的概念模型与具体的 DBMS 所支持的结构数据模型相独立,是各种数据模型的共同基础。

但是 E–R 模型只能说明实体间语义的关系,而不能进一步说明详细的数据结构。一般遇到实际问题,总是先设计一个 E–R 模型,然后再把 E–R 模型转换成计算机能实现的数据模型。

1.3.4　结构数据模型

数据库管理系统大都是基于某种结构数据模型的。目前,在数据库领域中最常用的结构数据模型有层次模型、网状模型、关系模型和面向对象模型。其中层次模型和网状模型统称为非关系模型。非关系模型的数据库系统在 20 世纪 70 年代非常流行。到了 20 世纪 80 年代,逐渐被关系模型的数据库系统取代。自 20 世纪 80 年代以来,面向对象的方法和技术在计算机各个领域(包括程序设计语言、软件工程、信息系统设计、计算机硬件设计等方面)都产生了深远的影响,也促进了数据库中面向对象数据模型的研究和发展。

1. 层次模型

层次模型是数据库系统中最早出现的数据模型,层次数据库系统采用层次模型作为数据的组织方式。用树形(层次)结构表示实体类型以及实体间的联系是层次模型的主要特征,如图 1.13 所示。

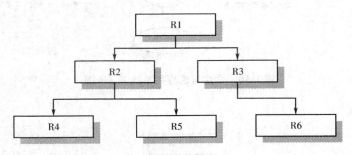

图 1.13　层次模型示例

层次结构是一棵有向树,树的结点是记录类型,根结点只有一个,根结点以外的结点有且只有一个父结点。即从一个结点到其双亲结点的映像是唯一的,所以对于每一条记录(除根结点外)只需要指出它的双亲记录,就可以表示出层次模型的整体结构。上一层记录类型和下一层记录类型间的联系是 1∶M 关系(包括 1∶1 关系)。

层次模型另一个基本特点是,任何一条给定的记录值只有按其路径查看时,才能显示出其全部意义,没有一条子记录值能够脱离双亲记录值而独立存在。

目前许多流行的大型数据库系统都采用层次模型,其中最著名的是 IBM 公司研制的 IMS(Information Management Systems)系统。除 IMS 系统外,还有许多采用层次模型的系统,如 SYSTEM 2000 系统。

2. 网状模型

在现实世界中事物之间的联系更多的是非层次关系,用层次模型表示非树形结构很不直接,网状模型则可以克服这一弊端。

用网状结构表示实体类型及实体间联系的数据模型称为网状模型。在网状模型中,一个子结点可以有多个父结点,在两个结点之间可以有一种或多种关联,如图 1.14 所示。网状模型实现实体间 M∶N 关系比较容易,记录之间的联系是通过指针实现的,因此,数据的关联十分密切。网状模型的数据结构在物理上也易于实现,效率较高,但是编写应用程序较复杂,程序员必须熟悉数据库的逻辑结构。

网状数据库系统采用网状模型作为数据的组织方式。网状数据模型的典型代表是 DBTG 系统,也称 CODASYL 系统,它是 20 世纪 70 年代由数据系统语言研究会(CODASYL)下属的数据库任务组(DBTG,DataBase Task Group)提出的一个系统方案。DBTG 系统并不是实际的软件系统,但是它提出的基本概念、方法和技术具有普遍意义,它对于网状数据库系统的研制和发展起到了重大的作用。

3. 关系模型

关系模型是目前最常用的一种数据模型。关系数据库系统采用关系模型作为数据的组

图 1.14　网状模型示例

织方式。1970 年美国 IBM 公司 San Jose 研究室的研究员 E. F. Codd 首次提出了数据库系统的关系模型,开创了数据库关系方法和关系数据理论的研究,为数据库技术奠定了理论基础。

20 世纪 80 年代以来,计算机厂商推出的数据库管理系统几乎都支持关系模型,非关系系统的产品也都加上了关系接口,数据库领域的研究工作也以关系方法为基础。

用表格形式的结构表示实体类型以及实体间关联的模型称为关系模型。关系模型比较简单,容易被初学者接受。关系就是一个表格,记录是表中的行,属性是表中的列。关系模型是由若干个关系模式组成的集合。关系模式就是记录类型,它的实例就是关系。前例中学生和课程的关系模型如表 1.1 所示。

表 1.1　学生与课程的关系模型

学生模式(学号,姓名,性别,年龄,所在系,专业)
课程模式(课程号,课程名,学时数)
选课模式(学号,课程号,成绩)

表 1.2~表 1.4 是一个具体的学生与课程的关系模型实例。

表 1.2　学生表

学号	姓名	性别	年龄	所在系	专业
S040112	周芬健	男	19	电子系	通信
S040201	张存理	男	19	计算机系	网络
S040209	任玉	女	18	计算机系	网络
S040515	马欣	女	20	自动化系	自动控制
S040820	孟达	男	18	精密仪器系	光电子

表 1.3　课程表

课程号	课程名	学时数
C201	应用数学	64
C345	物理	48
C142	信号与系统	64
C305	网络技术基础	32

13

表 1.4　选课表

学号	课程号	成绩
S040112	C201	86
S040820	C142	94
S040515	C201	76
S040201	C142	97
S040515	C345	72
S040112	C305	86
S040201	C201	64
S040515	C142	91

关系模型的数据结构简单,用户易懂,只需用简单的查询语句就可对数据库进行操作。关系模型是数学化的模型,可把表格看成是记录的集合,因此集合论知识可引入到关系模型中来。关系模型已是一个成熟的模型,得到了广泛应用。

4. 面向对象模型

目前,关系数据库的使用已相当普遍。但是,现实世界中仍然存在着许多含有更复杂数据结构的应用领域(如 CAD 数据、图形数据等),而关系模型在这方面的处理能力就显得力不从心。因此,人们需要更高级的数据库技术来表达这类信息。面向对象的概念最早出现在程序设计语言中,随后迅速渗透到计算机领域的每一个分支。面向对象数据库是面向对象概念与数据库技术相结合的产物。

面向对象模型能完整地描述现实世界的数据结构,具有丰富的表达能力,但模型相对比较复杂,涉及的知识面也广,实现起来较困难。因此,面向对象数据库尚未达到关系数据库那种普及程度。

1.4　数据库的体系结构

数据库系统的体系结构是数据库系统的一个总体框架,尽管实际的数据库系统软件产品多种多样,支持不同的数据模型,使用不同的数据库语言,建立在不同的操作系统之上,数据的存储结构也各不相同,但是绝大多数的数据库系统在体系结构上都具有三级模式的结构特征。

1.4.1　数据库系统的模式结构

在数据模型中有"型"和"值"的概念。型是指对某一类数据的结构和属性的说明,值是型的一个具体赋值。例如,学生记录定义为学号、姓名、性别、年龄、所在系、专业这样的记录型,而"S040112"、"周芬健"、"男"、19、"电子系"、"通信"则是该记录型的一个记录值。

模式是数据库中全体数据的逻辑结构和特征的描述,它仅仅涉及型的描述,不涉及具体的值。模式的一个具体值称为模式的一个实例。一个模式可以有很多实例。模式是相对稳定的,而实例是相对变动的,因为数据库中的数据是在不断更新的。模式反映的是数据结构及其关系,而实例反映的是数据库某一时刻的状态。

数据库系统的三级模式结构是由数据库系统由外模式、模式和内模式三级抽象模式组成,如图 1.15 所示。

图 1.15 数据库系统的体系结构

1.4.2 三级模式结构

数据库系统的三级模式是数据的三个抽象级别,它把数据的具体组织留给 DBMS 管理,使用户能逻辑地、抽象地处理数据,而不必关心数据在计算机中的表示和存储方式。

1. 模式

模式亦称逻辑模式或概念模式,模式描述的是数据的全局逻辑结构,是数据库中全部数据的逻辑表示或描述。它是数据库体系结构中的中间层。所谓"逻辑"是指独立于存储的关于数据类型以及它们之间联系的形式表示或描述。模式不涉及数据的物理存储细节和硬件环境,不涉及具体的应用程序和程序语言等。

一个数据库只有一个模式。模式除了定义数据的逻辑结构外,还定义与数据有关的安全性、完整性等。既要定义数据记录内部的结构,又要定义数据项之间的关系以及记录之间的关系。

数据库管理系统提供模式数据语言(模式 DDL),用模式 DDL 写出的一个数据库逻辑定义的全部语句称为某一个数据库的模式。模式是对数据库结构的一种描述,是数据库的一个框架,而不是数据库本身。

2. 外模式

外模式亦称子模式或用户模式,它是数据库用户(包括应用程序员和最终用户)能够看到和使用的局部的逻辑结构和特征的描述,是与应用有关的数据的逻辑表示。

一个数据库可以有多个外模式。不同用户的外模式可以互相覆盖,同一外模式可以为某一用户的任意多个应用程序所使用,一个应用程序只能使用一个外模式。

15

外模式通常是模式的子集,它是各个用户的数据视图,因用户需求不同,看待数据的方式可以不同,对数据保密的要求可以不同,使用的程序设计语言也可以不同。因此,不同用户外模式的描述是不同的。

外模式是保证数据安全性的一个有力措施。每个用户只能看到和访问所对应的外模式中的数据,数据库中的其余数据是不可见的。

数据库管理系统提供外模式数据描述语言(外模式 DDL)用来描述用户数据视图,用外模式 DDL 写出的一个用户数据视图的逻辑定义的全部语句称为此用户的外模式。

3. 内模式

内模式亦称物理模式或存储模式,它是全体数据库数据的内部表示或者底层描述,用来定义数据的存储方式和物理结构。例如,记录是顺序结构存储还是按照链式结构存储,或是按散列结构存储;索引的组织方式是什么;数据是否压缩存储,是否加密;数据存储记录结构的规定等等。

一个数据库只有一个内模式。内模式通常用内模式数据描述语言(内模式 DDL,亦称存储模式 DDL)来描述和定义。

1.4.3 两级模式映像及数据独立性

数据库系统的三级模式之间的二级映像将模式映像至内模式以及将外模式映像至模式。正是这两层映像保证了数据库系统中的数据具有较高的数据独立性。

1. 两级模式映像

(1)外模式/模式映像

模式描述的是数据库数据的全局逻辑结构,外模式描述的是数据的局部逻辑结构。对应于同一个模式,可以有任意多个外模式。对于每一个外模式,数据库管理系统都有一个外模式/模式的映像,它定义该外模式和模式之间的对应关系,这些映像定义通常包含在各自的外模式中。

(2)模式/内模式映像

它定义数据的全局逻辑结构与存储结构之间的对应关系(例如,说明逻辑记录和字段在内部是如何表示的)。该映像定义通常包含在模式描述部分。

2. 两级数据独立性

在数据库技术中,数据独立性是指应用程序和数据之间相互独立,不受影响。即当数据的结构改变时,应用程序可以不变。数据独立性分成物理独立性和逻辑独立性两级。

(1)物理独立性

如果数据库的内模式要进行改变,即数据库的存储设备和存储方法有所变化,那么模式/内模式的映像也必须作相应的修改(这是 DBA 的责任),使模式尽可能保持不变,通过外模式/模式的映像可以使外模式不变,因而应用程序可以保持不变,称数据库达到了物理数据独立性。

(2)逻辑独立性

如果数据库的模式要进行改变,例如增加记录类型或增加数据项,那么外模式/模式的映像也必须作相应的修改(这也是 DBA 的责任),使得外模式尽可能保持不变,因而应用程序可以保持不变,称数据库达到了逻辑数据独立性。

1.5　数据库系统

数据库系统(DBS)是一个实际可运行的、按照数据库方式存储、维护和为应用系统提供数据或信息支持的系统。它是存储介质、处理对象和管理系统的集合体。

1.5.1　数据库系统的组成

数据库系统是指将计算机系统中引入数据库后组成的综合系统,如图1.16所示。

图1.16　数据库系统的体系结构

1.数据库

数据库(DataBase,DB)是存放数据的仓库,是长期存储在计算机内、有组织的、可共享的数据集合。数据库中的数据按一定的数据模型组织、描述和存储,具有较小的冗余度、较高的数据独立性和易扩展性,并可为一定范围内的各种用户共享。

数据库通常由两大部分组成:一部分是应用数据的集合,称为物理数据库,它是数据库的主体;另一部分是关于各级数据结构的描述,称为描述数据库。

2.计算机硬件

数据库系统的硬件包括中央处理器、内存、外存、输入输出设备、数据通道等硬件设备。由于数据库系统数据量很大,加之数据库管理系统丰富的功能,使得自身的规模也很大,因此整个数据库系统对硬件资源提出了较高的要求,特别要关注内存、外存、I/O存取速度、可支持终端数和性能稳定性等指标。在许多应用中,还要考虑系统支持联网的能力和配备必要的后备存储器等因素。此外,还要求系统有较高的通道能力,以提高数据的传输速度。

3.计算机软件

数据库系统的软件包括数据库管理系统、操作系统、各种宿主语言和应用开发支撑软件等。

4.数据库用户

数据库系统的基本目标是提供给用户使用数据库的环境,给不同的用户设计不同的数据抽象级别,具有不同的数据视图,如图1.17所示。根据与数据库系统接触方式的不同,数据库系统的用户可以分为四类。

图 1.17   各种用户的数据视图

（1）数据库管理员

数据库管理员（DataBase Administrator,DBA）是控制数据整体结构的人,负责数据库系统的正常运行。DBA 可以是一个人,在大型系统中也可以是由几个人组成的小组。DBA 负责数据库物理结构与逻辑结构的定义、修改,承担创建、监控和维护整个数据库结构的责任。

（2）专业用户

专业用户是指系统分析员和数据库设计人员。系统分析员负责应用系统的需求分析和规范说明,他们要和用户及数据库管理员相结合,确定系统的硬软件配置并参与数据库系统的概要设计。

数据库设计人员负责数据库中数据的确定、数据库各级模式的设计。数据库设计人员必须参加用户需求调查和系统分析,然后进行数据库设计。

（3）应用程序员

应用程序员是使用宿主语言和数据操作语言编写应用程序的计算机工作者。应用程序员负责设计和编写应用系统的程序模块,并进行调试和安装。

（4）最终用户

最终用户是使用应用程序的非专业人员（例如,银行的出纳员、商店的销售员等）,他们通过应用系统的用户接口使用数据库。常用的接口方式有浏览器、菜单驱动、表格操作、图形显示、报表书写等。

1.5.2   数据库管理系统

数据库管理系统是指数据库系统中对数据进行管理的软件系统,它是数据库系统的核心组成部分,数据库系统的一切操作（包括查询、更新以及各种控制）都是通过 DBMS 进行的。DBMS 是基于某种数据模型的。根据所采用的数据模型的不同,DBMS 可以分为层次型、网状型、关系型等若干类型,但在不同的计算机系统中,由于缺乏统一的标准,即使是同种类型的 DBMS,它们在用户接口、系统功能等方面也常常不同。

数据库管理系统是为数据库的建立、使用和维护而配置的软件,它建立在操作系统的基础上,对数据库进行统一的管理和控制。用户使用各种数据库命令以及执行应用程序都要通过数据库管理系统。数据库管理系统还承担着数据库的维护工作,按照 DBA 所规定的要

18

求,保证数据库的安全性和完整性。

数据库管理系统的基本功能如下。

（1）数据库定义功能

DBMS 提供的数据定义语言 DDL 用于定义数据库的结构,描述模式、子模式和存储模式及其模式之间的映像,定义数据的完整约束条件和访问控制条件等。这些定义通常由数据库管理员（DBA）或数据所有者按系统提供的数据定义语言的源形式给出,由 DBMS 自动将其转换成内部目标形式存入数据字典,供以后进行数据操作或数据控制时查阅使用,某些定义也允许用户查阅。

（2）数据库操纵功能

数据库管理系统一般均提供数据操纵语言 DML,允许用户根据需要在授权的范围内对数据库中的数据进行操作,包括对数据库中数据的检索、插入、修改和删除等操作。

DML 一般分以下两种。

①交互式命令语言。该语言语法简单,可在终端上交互操作。

②宿主型语言。该语言一般可嵌入到某些主语言中,如可嵌入到 FORTRAN、C、PASCAL 等高级语言中。这种语言本身不能独立使用,因此称为宿主型语言。

（3）数据库控制功能

DBMS 对数据库的控制功能主要包括以下几种。

①数据安全性控制。它是对数据库的一种保护,作用是防止数据库中的数据被未经授权的用户访问,并防止在有意或无意中对数据库造成的破坏性改变。

②数据完整性控制。它是 DBMS 对数据库提供保护的另一个重要方面。其完整性控制的目的主要是保证进入数据库中存储数据的语义的正确性和有效性,防止任何操作对数据造成违反其语义的改变。

③数据库的恢复。它是 DBMS 在数据库被破坏或数据不正确时,系统有能力把数据库恢复到正确的状态。

④数据库的并发控制。DBMS 的并发控制系统能够防止多个用户同时对同一个数据的操作时,可能造成对数据库中数据的破坏,正确处理好多用户、多任务环境下的并发操作。

（4）数据库的服务功能

DBMS 有许多实用程序提供给数据库管理员运行数据库系统时使用,这些程序起着维护数据库的作用。它包括数据库中初始数据的录入、数据库的转储、重组、性能监测、分析以及系统恢复等功能。

1.5.3　数据库管理员

要想成功地运转数据库,就要在数据处理部门配备管理人员——DBA。DBA 必须具有熟悉企业全部数据的性质和用途、对用户的需求有充分的了解、对系统的性能非常熟悉等素质。

DBA 的主要职责如下。

①决定数据库的信息内容和结构。在数据库中存放哪些信息最终由 DBA 决定,为此DBA 必须参与数据库设计的全过程,包括设计概念模式,决定与应用有关的实体、实体之间的关系和实体的属性。设计数据库模式,决定了各用户的外模式。

②决定数据库的存储结构和存取策略。DBA 要综合各用户的应用要求与数据库设计人员共同决定数据库的存储结构和存取策略。

③定义数据库的安全性要求和完整性约束条件。DBA 负责确定不同用户对数据库的存取权限、数据的保密级别和完整性约束条件等。

④监督和控制数据库的使用和运行。DBA 负责监视数据库系统的运行情况,及时处理运行过程中出现的问题,尤其是遇到硬件、软件或人为故障时,DBA 必须能够在最短时间内把数据库恢复到某一正确的状态,并且尽可能不影响或少影响计算机系统其他部分的正常运行。为此,DBA 要定义和实施适当的备份和恢复策略。例如周期性地转储数据,维护日志文件等。

⑤数据库系统的性能改进。DBA 负责监视、分析系统的性能。系统的性能包括空间利用率和处理效率两方面。DBA 要负责对运行状况进行记录、统计分析。依靠工作实践,并根据实际应用环境,不断改进数据库设计。

⑥数据库系统的重组。在数据库运行过程中,许多数据不断插入、删除、修改,时间一长会影响系统的性能。DBA 要定期地按一定的策略对数据库进行重新组织。当增加或改变用户的需求时,DBA 还要对数据库进行较大的改造,包括内模式和模式的修改,即数据库的重构造。

第 2 章　关系数据库系统

本章主要介绍关系模型的基本概念,包括关系的概念和性质,关系模型的体系结构,关系的完整性规则,关系代数的基本操作,关系数据库的规范化理论及方法。

2.1　关系模型的基本概念

关系数据库是以关系模型为基础的数据库,它是运用数学理论处理数据的一种方法。关系数据库具有简单灵活的数据模型和较高的数据独立性,能提供具有良好性能的语言接口,并且具有比较坚实的理论基础等优点,是目前最为流行的数据库系统。例如 ORACLE 就是其中比较有名的关系数据库系统,它可在 IBM 大型机、DEC 等厂家的小型机以及 IBM PC 机上运行,受到了用户的欢迎。另外,由于微型机的日益普及,SQL Server、FoxPro 等关系数据库系统也被广泛地用于各个领域。

2.1.1　关系模型的基本术语

在关系模型中,用二维表结构来表示实体及实体间的关系。

1. 关系

一个关系对应一个二维表,二维表名就是关系名。如图 2.1 中包含两个二维表,即两个关系:职工信息关系和部门信息关系。

图 2.1　关系模型的基本术语

2. 属性及值域

二维表中的列(字段)称为关系的属性。属性的个数称为关系的元数,又称为度。度为

21

1 的关系称为一元关系,度为 2 的关系称为二元关系,度为 n 的关系称为 n 元关系。关系的属性包括属性名和属性值两部分,其列名即为属性名,列值即为属性值。属性值的取值范围称为值域。每一个属性对应一个值域。不同属性的值域可以相同。

如图 2.1 所示,职工信息关系中有职工号、职工名、性别、年龄和部门号 5 个属性,是 5 元关系。其中性别属性的值域是"男"和"女",年龄属性的值域是 18 ~ 65。部门信息关系中有部门号、部门名、部门经理和电话号码 4 个属性,是 4 元关系。"101"就是部门号属性的一个值。

3. 关系模式

二维表中的行定义(表头)、记录的类型(即对关系的描述)称为关系模式。关系模式的一般形式为:

关系名(属性 1,属性 2,…,属性 n)

如图 2.1 中的两个关系模式表示为:

职工信息关系(职工号,职工名,性别,年龄,部门号)

部门信息关系(部门号,部门名,部门经理,电话号码)

4. 元组

二维表中的一行,即每一条记录的值称为关系的一个元组。其中每一个属性的值称为元组的分量。关系由关系模式和元组的集合组成。

如图 2.1 中职工信息关系有以下元组:

(101001,王军,男,24,101)

(103018,张华,女,35,103)

部门信息关系有以下元组:

(101,技术部,林克,26540214)

(104,策划部,谢海,26543298)

4. 键

键是由一个或几个属性组成,在实际使用中,有以下几种键。

(1)超键

在关系中能唯一标识元组的属性或属性的组合称为该关系的超键。

(2)候选键

不含有多余属性的超键称为候选键。在候选键中若要再删除属性,就不是键了。

(3)主键

用户选作元组标识的一个候选键称为主键。

如图 2.1 中的职工信息表中,属性组合(职工号,职工名)是超键,但不是候选键。因为职工号可以唯一标识一个职工,职工名是多余属性,而"职工号"是候选键;若职工名没有重名时,则职工名也是候选键。实际使用中,一般选择"职工号"作为主键。

5. 主属性与非主属性

关系中包含在任何一个候选键中的属性称为主属性,不包含在任何一个候选键中的属性称为非主属性。如图 2.1 中的职工信息表中"职工号"、"职工名"是候选键,所以职工号和职工名是主属性,其他属性是非主属性。

6. 外键、参照关系与依赖关系

当关系中的某个属性或属性的组合虽然不是该关系的主键或只是主键的一部分,但却是另一个关系的主键,且其值来源于另一关系的主键值时,称该属性或属性的组合为这个关系的外键。以外键作为主键的关系称为参照关系或主关系,外键所在的关系称为依赖关系或从关系。在关系模型中通过外键实现两个关系之间的关联。

如图 2.1 中的职工信息表中的"部门号"属性是部门信息关系中的主键,且其值来源于部门信息关系中的主键值,因此职工信息关系中的"部门号"属性是外键,其中职工信息关系是依赖关系,部门信息关系是参照关系。这两个关系是通过外键"部门号"相关联的。

2.1.2 关系的定义和性质

尽管关系对应的是二维表,但不是任意的一个二维表都能表示一个关系。严格地说,关系是一种规范化了的二维表。在关系模型中,对关系作了下列规范性限制。

①关系中的每一个属性值是不可分解的。也就是说,要求关系的每一个分量必须是一个不可分的数据项。这是关系数据库对关系的最基本限制。

②每一个关系模式中属性的数据类型以及属性的个数是确定的,并且在同一个关系模式中,属性名必须是不同的。

③关系中元组的顺序无关紧要,即没有行序。

④关系中属性的顺序可任意交换,即没有列序。

⑤同一个关系中不允许出现完全相同的元组。

2.1.3 关系模型的三要素

关系模型由数据结构、关系操作及完整性规则组成。

1. 数据结构

关系模型中所选用的数据结构为二维表结构,一个二维表就是一个关系。即用关系来描述实体集,同时也用关系来描述实体之间的关系。关系模型已经成为数据库系统普遍选用的模型。

2. 关系操作

关系模型中的数据操作是非过程化的,用户只需指出做什么,不必指出怎么做。关系操作能力的表达有两种方法:

①代数方法,也称为关系代数,是以集合(关系是元素的集合)操作为基础,应用对关系的专门运算来表达查询的要求;

②逻辑方法,也称为关系演算,是以谓词演算为基础,通过元组必须满足的谓词公式来表达查询要求。

对于关系数据库,这两种方法在表达能力上是等价的。需要说明的是,关系数据库的操作包括对数据的查询和更新,查询用于各种检索操作,更新用于插入、删除和修改等操作。其中数据查询的表达是关系操作中最重要的部分。

3. 完整性规则

数据完整性由完整性规则来定义,关系模型的完整性规则是对关系的某种约束条件。

在关系模型中,数据的约束条件通过三类完整性约束条件来描述,它们是实体完整性、参照完整性和用户定义的完整性。为了维护数据库中的数据完整性,在对关系数据库执行插入、删除和修改等操作时,必须遵守这三类完整性规则。

（1）实体完整性

在关系中用主键来唯一地标识一个实体（元组）,若一个实体（元组）的主键值为空值（所谓空值是"不知道"或"无意义"的值）,说明存在某个不可标识的实体,这与实体的概念相矛盾,即不存在不可标识的实体,因此限定关系中的主键值不能为空。关系的这种约束称为实体完整性。

在关系数据库系统中,用户在建立关系模式时,应定义该模式的某些属性为主键,然后由系统负责维护该模式下任何一个关系中的元组在这些属性上不能取空值,以保证关系数据库系统中的任何一个关系都满足实体完整性约束条件。

在图2.1中,职工信息表中的主键是"职工号",根据实体完整性,"职工号"不能取空值。

（2）参照完整性

参照完整性规则是用于约束外键的。若F是关系R中对应关系S的外键,则对于R中每个元组在F上的值有以下两种可能:

①或者取空值（F的每个属性值均为空）;

②或者等于S中某个元组的主键值。

关系R和S不一定是不同的关系。

如图2.1中的职工信息表中的主键为"职工号",部门信息表中的主键是"部门号",职工信息表中的"部门号"是对应部门信息表中的外键,则职工信息表中的每个元组在"部门号"上的值允许有两种可能。

①取空值,说明这个职工尚未分配到某个部门;

②若非空值,则"部门号"的值必须是部门信息表中某个元组中的"部门号"值,表示此职工不可能分配到一个不存在的部门中。

实体完整性和参照完整性由关系数据库管理系统自动维护。

（3）用户定义完整性

关系数据库管理系统允许用户定义某一具体数据库所涉及的数据必须满足的约束条件。这种约束条件是对数据在语义范畴上的描述,由具体应用环境决定,这就是用户定义的完整性。

如图2.1中的职工信息表中的年龄属性被限制在18～65。

用户定义的完整性应由用户利用DBMS提供定义这类完整性的方法定义用户数据应满足的约束条件,然后由DBMS负责检验用户数据库是否满足用户定义的完整性。

2.2　关系代数

在关系模型下对数据库的操作都是以关系作为运算对象对一个或多个关系进行的集合运算,其运算结果仍是关系,这就是关系运算。

关系代数是以关系为运算对象的一组高级运算的集合。关系定义为元数相同的元组的集合,集合中的元素为元组。

关系代数的运算可分为两类。

(1)传统的集合运算

如并、交、差、广义笛卡儿积。这类运算将关系看成元组的集合,其运算是从关系的"水平"方向,即行的角度来进行的。

(2)专门的关系运算

如选择、投影、连接和除法运算。这类运算不仅涉及行而且涉及列。

2.2.1 传统的集合运算

传统的集合运算是一个二目运算,是在两个关系中进行的。但并不是任意的两个关系都能进行这种集合运算,而是要在满足一定条件的两个关系中进行运算。下面先看一个定义。

设给定两个关系 R 和 S。若满足:具有相同的度 n,且 R 中的第 i 个属性和 S 中的第 i 个属性必须来自同一个域,则称关系 R 和 S 是相容的。如果两个关系相容,则可以在这两个关系之间进行并、差、交三种传统的关系运算。如果两个关系不相容,则只能进行广义笛卡儿积运算。现分别介绍如下。

1.并(Union)

设关系 R 和关系 S 为相容关系,则 R 和 S 的并记为 R∪S,结果关系与 R(或 S)具有相同的度,且由属于 R 或属于 S 的元组组成。定义如下:

$R \cup S \equiv \{t | t \in R \vee t \in S\}$,t 是元组变量,结果关系要消除重复元组。

2.差(Difference)

设关系 R 和关系 S 为相容关系,则 R 和 S 的差记为 R−S,结果关系与 R(或 S)具有相同的度,且由属于 R 但不属于 S 的元组组成。定义如下:

$R-S \equiv \{t | t \in R \wedge t \notin S\}$,t 是元组变量,R 和 S 的差即在关系 R 中减去 R 和 S 的相同元组。

3.交(Intersection)

设关系 R 和关系 S 为相容关系,则 R 和 S 的交记为 R∩S,结果关系与 R(或 S)具有相同的度,且由属于 R 并属于 S 的元组组成。定义如下:

$R \cap S \equiv \{t | t \in R \wedge t \in S\}$,t 是元组变量,R 和 S 的交包含关系 R 和关系 S 的相同元组。

4.广义笛卡儿积(Cartesian Product)

设关系 R 和关系 S 的度分别为 r 和 s,元组数分别为 m 和 n,则 R 和 S 的笛卡儿积记为 R×S,结果关系的度为 r+s,元组数为 m×n,且结果关系的每一个元组的前 r 个分量(属性值)来源于 R 的一个元组,后 s 个分量来源于 S 的一个元组。定义如下:

$R \times S \equiv \{t | t = \langle t^r, t^s \rangle \wedge t^r \in R \wedge t^s \in S\}$,t 是元组变量,$t^r$ 是关系 R 的元组变量,t^s 是关系 S 的元组变量。

【例2.1】 图2.2中(a)和(b)是两个关系 R 和 S。图2.2中(c)表示 R∪S,图(d)表示 R−S,图(e)表示 R∩S,图(f)表示 R×S。

R		
A	B	C
a_1	b_1	c_1
a_1	b_2	c_2
a_2	b_2	c_1

（a）

S		
A	B	C
a_1	b_2	c_2
a_1	b_3	c_2
a_2	b_2	c_1

（b）

R∩S		
A	B	C
a_1	b_2	c_2
a_2	b_2	c_1

（e）

R∪S		
A	B	C
a_1	b_1	c_1
a_1	b_2	c_2
a_2	b_2	c_1
a_1	b_3	c_2

（c）

R×S					
R.A	R.B	R.C	S.A	S.B	S.C
a_1	b_1	c_1	a_1	b_2	c_2
a_1	b_1	c_1	a_1	b_3	c_2
a_1	b_1	c_1	a_2	b_2	c_1
a_1	b_2	c_2	a_1	b_2	c_2
a_1	b_2	c_2	a_1	b_3	c_2
a_1	b_2	c_2	a_2	b_2	c_1
a_2	b_2	c_1	a_1	b_2	c_2
a_2	b_2	c_1	a_1	b_3	c_2
a_2	b_2	c_1	a_2	b_2	c_1

R−S		
A	B	C
a_1	b_1	c_1

（d）

（f）

图 2.2　集合关系运算举例

2.2.2　专门的关系运算

专门的关系运算主要包括:对单个关系进行水平分割(选择操作)或垂直分割(投影操作)和对多个关系的结合(连接操作),以及除运算。

1. 选择(Selection)

选择操作是根据某些条件对关系作水平分割,即选择符合条件的元组。定义如下:

$\sigma_F(R) \equiv \{t \mid t \in R \wedge F(t) = \text{true}\}$,t 是元组变量,F 是元组需满足的公式。

F 中有两种成分:

①运算对象,属常量(用引号括起来),元组分量(属性名或列的序号);

②运算符,属算术比较运算符($<$, $\leqslant$, $>$, $\geqslant$, $=$, $\neq$,也称为 θ 运算符),逻辑运算符($\wedge$, $\vee$, $\neg$)。

例如, $\sigma_{C>3}(R)$ 表示从关系 R 中挑选 C 分量值大于 3 的元组所构成的关系。常量用引号括起来,属性序号或属性名不要用引号括起来。

选择运算实际上是从关系 R 中选取使逻辑表达式 F 为真的元组,这是从行的角度进行的运算。选择运算一般减少元组数,但不减少属性数。

2. 投影(Projection)

投影操作是对关系作垂直分割,消去某些列,并重新安排列的顺序。

设关系 R 是 k 元关系,R 在其分量 $A_{i_1}, \cdots, A_{i_m}$ ($m \leqslant k, \cdots, i_1, \cdots, i_m$ 为 1 到 k 间的整数)上的投影用 $\pi_{i_1, \cdots, i_m}(R)$ 表示,它是一个 m 元元组的集合。定义如下:

$\pi_{i_1, \cdots, i_m}(R) \equiv \{t \mid t = \langle t_{i_1}, \cdots, t_{i_m} \rangle \wedge \langle t_1, \cdots, t_k \rangle \in R\}$,t 是元组变量

例如, $\pi_{C,A}(R)$ 表示关系 R 中取其中的 C 列,A 列组成新关系,新关系中第 1 列为 R 的第 C 列,新关系中第 2 列为 R 的第 A 列。投影运算中的属性名也可以用列的序号表示,如

26

上例也可以用 $\pi_{3,1}(R)$ 实现。

投影运算实际上是从关系 R 中选取某些属性列,即从列的角度进行运算。投影运算后可能会出现相同的元组,应去掉重复的元组,因此投影运算一般会减少属性数,也有可能减少元组数。

【例2.2】 图2.3中(a)是关系 R,图(b)表示 $\sigma_{C>3}(R)$,图(c)表示 $\pi_{C,A}(R)$。

R				$\sigma_{C>3}(R)$				$\pi_{C,A}(R)$	
A	B	C		A	B	C		C	A
5	2	8		5	2	8		8	5
1	7	4		1	7	4		4	1
6	9	3						3	6
(a)				(b)				(c)	

图2.3 选择和投影关系运算举例

3.连接(Join)

连接操作是从两个关系的笛卡儿积中选取它们的属性间满足一定条件的元组,因此连接运算的结果是笛卡儿积的子集。

(1)θ连接

θ连接操作是从关系 R 和 S 的笛卡儿积中选取属性值满足某一 θ 操作的元组,记为 $R\underset{i\theta j}{\bowtie}S$,这里 i 和 j 分别是关系 R 和 S 中第 i、第 j 个属性的序号。形式定义如下:

$$R\underset{i\theta j}{\bowtie}S \equiv \{t | t = \langle t^r, t^s \rangle \wedge t^r \in R \wedge t^s \in S \wedge t_i^r \theta t_j^s\}$$

此处,t_i^r、t_j^s 分别表示元组 t^r 的第 i 个分量、元组 t^s 的第 j 个分量,$t_i^r \theta t_j^s$ 表示这两个分量的值满足 θ 的操作。

显然,θ连接是由笛卡儿积和选择操作组合而成的。设关系 R 的元数为 r,那么 θ 连接操作的定义等价于:

$$R\underset{i\theta j}{\bowtie}S \equiv \sigma_{i\theta(r+j)}(R \times S)$$

该式表示 θ 连接是在关系 R 和 S 的笛卡儿积中挑选第 i 个分量和第(r+j)个分量满足 θ 运算的元组。

如果 θ 是等号" = ",则称该连接操作为"等值连接"。

(2)F连接

F连接操作是从关系 R 和 S 的笛卡儿积中选取属性值满足某一公式 F 的元组,记为 $R\underset{F}{\bowtie}S$。这里 F 是形为 $F_1 \wedge F_2 \wedge \cdots \wedge F_n$ 的公式,每个 F_p 是形为 iθj 的式子,而 i 和 j 应分别是 R 和 S 的第 i、第 j 个分量的序号。

(3)自然连接

两个关系 R 和 S 的自然连接操作用 $R \bowtie S$ 表示,具体计算过程如下:

①计算 $R \times S$;

②设 R 和 S 的公共属性是 $A_1, \cdots, A_k$,挑选 $R \times S$ 中满足 $R.A_1 = S.A_1, \cdots, R.A_k = S.A_k$ 的那些元组;

③去掉 $S.A_1, \cdots, S.A_k$ 这些列。

因而 $R \bowtie S$ 可以用下式来定义:

$$R \bowtie S \equiv \pi_{i_1, \cdots, i_m}(\sigma_{R.A_1 = S.A_1 \wedge \cdots \wedge R.A_k = S.A_k}(R \times S))$$

【例2.3】 图2.4中(a)和(b)是两个关系 R 和 S。图2.4中(c)表示 θ 连接,图(d)表示 F 连接,图(e)表示自然连接。

R		
A	B	C
4	3	6
4	3	7
2	9	1

(a)

S	
A	B
4	3
8	1
2	3

(b)

$R \underset{2>2}{\bowtie} S$

R.A	R.B	R.C	S.A	S.B
4	3	6	8	1
4	3	7	8	1
2	9	1	4	3
2	9	1	8	1
2	9	1	2	3

(c)

$R \underset{2>2 \wedge 1 \leq 2}{\bowtie} S$

R.A	R.B	R.C	S.A	S.B
2	9	1	4	3
2	9	1	2	3

(d)

$R \bowtie S$

A	B	C
4	3	6
4	3	7

(e)

图2.4　连接关系运算举例

4. 除法(Division)

设关系 R 和 S 的元数分别为 r 和 s(设 r>s>0),那么 R÷S 是一个(r−s)元的元组集合。(R÷S)是满足下列条件的最大关系:其中每个元组 t 与 S 中每个元组 u 组成的新元组 <t,u> 必在关系 R 中。为方便起见,假设 S 的属性为 R 中后 S 个属性。

R÷S 的具体计算过程如下:

$$T = \pi_{1,2,\cdots,r-s}(R)$$
$$W = (T \times S) - R \quad (计算 T \times S 中不在 R 中的元组)$$
$$V = \pi_{1,2,\cdots,r-s}(W)$$
$$R \div S = T - V$$

即 $R \div S \equiv \pi_{1,2,\cdots,r-s}(R) - \pi_{1,2,\cdots,r-s}((\pi_{1,2,\cdots,r-s}(R) \times S) - R)$

【例2.4】 图2.5中(a)和(b)是两个关系 R 和 S,图(c)表示除法运算。

R			
A	B	C	D
5	7	2	8
5	7	7	4
5	1	5	7
3	6	4	1
9	8	2	8
9	8	7	4

(a)

S	
C	D
2	8
7	4

(b)

R÷S	
A	B
5	7
9	8

(c)

图2.5　除法运算举例

在以上介绍的关系代数运算中,并、差、笛卡儿积、投影和选择5种运算为基本运算,其他 3 种运算(交、连接和除)均可用 5 种基本运算来表达。

2.2.3 关系代数表达式及其应用实例

在关系代数运算中,把由 5 个基本操作经过有限次复合得到的式子称为关系代数表达式。这种表达式的运算结果仍然是一个关系。可以用关系代数表达式表示各种数据查询操作。

【例 2.5】 设教学数据库中有三个关系:

学生关系(学号,姓名,性别,年龄,所在系,专业)

课程关系(课程号,课程名,学时数)

选课关系(学号,课程号,成绩)

下面用关系代数表达式表达每个查询语句。

(1)检索课程号为 C201 的学生的学号与成绩。

$$\pi_{学号,成绩}(\sigma_{课程号='C201'}(选课))$$

该式表示先对关系选课执行选择操作,然后执行投影操作。表达式中可以不写属性名,而写上属性的序号:

$$\pi_{1,3}(\sigma_{2='C201'}(选课))$$

(2)检索选修课程号为 C142 的学号与姓名

$$\pi_{学号,姓名}(\sigma_{课程号='C142'}(学生\bowtie选课))$$

由于这个查询涉及关系"学生"和"选课",因此先要对这两个关系执行自然连接操作,然后再执行选择和投影操作。

(3)检索选修课程名为应用数学的学生的学号与姓名。

$$\pi_{学号,姓名}(\sigma_{课程名='应用数学'}(学生\bowtie选课\bowtie课程))$$

(4)检索选修课程号为 C142 或 C305 的学生的学号。

$$\pi_{学号}(\sigma_{课程号='C142'\vee课程号='C305'}(选课))$$

(5)检索至少选修课程号为 C142 和 C305 的学生的学号。

$$\pi_{1}(\sigma_{1=4\wedge2='C142'\wedge5='C305'}(选课\times选课))$$

这里(选课×选课)表示选课关系自身相乘的笛卡儿积操作。

(6)检索不选修课程代号为 C345 的学生的姓名与年龄。

$$\pi_{姓名,年龄}(学生)-\pi_{姓名,年龄}(\sigma_{课程号='C345'}(学生\bowtie选课))$$

这里要用到集合差操作。先求出全体学生的姓名和年龄,再求出选修了 C345 课的学生的姓名和年龄,最后执行两个集合的差操作。

(7)检索选修全部课程的学生姓名。

编写这个查询语句的关系代数表达式过程如下:

学生选课情况可用操作 $\pi_{学号,课程号}(选课)$ 表示;

全部课程可用操作 $\pi_{课程号}(课程)$ 表示;

选修了全部课程的学生学号可用除法操作表示,操作结果是学号集:

$$\pi_{学号,课程号}(选课)\div\pi_{课程号}(课程)$$

从学号求学生姓名,可用自然连接和投影操作组合而成:

$$\pi_{姓名}(学生\infty(\pi_{学号,课程号}(选课)\div\pi_{课程号}(课程)))$$

（8）检索所学课程包含学生 S040209 所学课程的学生学号。

学生选课情况可用操作 $\pi_{学号,课程号}(选课)$ 表示；

学生 S040209 所学课程可用操作 $\pi_{课程号}(\sigma_{学号='S040209'}(选课))$ 表示；

所学课程包含学生 S040209 所学课程的学生学号，可以用除法操作求得：

$$\pi_{学号,课程号}(选课) \div \pi_{课程号}(\sigma_{学号='S040209'}(选课))$$

查询语句的关系代数表达式的一般形式是：

$$\pi_{...}(\sigma_{...}(R \times S)) \text{ 或者 } \pi_{...}(\sigma_{...}(R \bowtie S))$$

首先把查询涉及到的关系取出，执行笛卡儿积或自然连接操作，得到一张大的表格，然后对大表格执行水平分割（选择操作）或垂直分割（投影操作）。

但是当涉及到否定或全部值时，上述形式就不能表达了，就要用到差操作或除法操作，本例中的（6）、（7）、（8）就说明了这一点。

2.3　关系规范化

关系数据库规范化理论就是数据库设计的一种理论指南。规范化理论研究的是关系模式中各属性之间的依赖关系及其对数据模式性能的影响，探讨"好"的关系模式应该具备的性质，以及达到"好"的关系模式的设计算法。规范化理论是设计人员的有力工具，并使数据库设计工作有了严格的理论基础。

2.3.1　关系模式的设计问题

关系数据库设计主要是关系模式的设计。关系模式设计的好坏将直接影响到数据库的质量。

【例 2.6】　有商品供应关系模式 SUPPLY ＝｛SNO，SNAME，SCITY，CODE，PNO，PNAME，WEIGHT，QTY｝。

其中各属性的含义是：

SNO 是供应商号，SNAME 是供应商名，SCITY 是供应商所在的城市，CODE 是供应商所在城市的区号，PNO 是零件号，PNAME 是零件名，WEIGHT 是零件重量，QTY 是零件数量。表 2.1 是一个具体实例。

表 2.1　商品供应关系模式 SUPPLY 的实例

SNO	SNAME	SCITY	CODE	PNO	PNAME	WEIGHT	QTY
S1	迅飞公司	上海	021	P102	六角螺栓	2.58	280
S2	网达公司	天津	022	P432	转管	45.14	360
S2	网达公司	天津	022	P761	水暖三通	34.96	200
S3	新嘉公司	北京	010	P432	转管	45.14	480
S4	中联公司	北京	010	P761	水暖三通	34.96	100

由现实世界中的事实可知：一个供应商只有一个供应商名，一个所在城市；一个城市只有一个区号；一种零件只有一个零件号，一个零件名，一个重量；一个供应商供应某一种零件，有一个确定的供应数量，因此该关系模式 SUPPLY 的主键是（SNO，PNO）。该模式在使用过程中明显存在下列问题。

①数据冗余。如果供应者提供多种零件时，则每提供一种零件必须存储一次供应商的名称、所在城市及其区号信息。例如，供应商 S2 供应两种零件，该供应商信息需存储两次。同样，当一种零件由各个供应商提供时，也必须重复存储该零件的零件名和重量信息。

②修改异常。由于数据冗余，在数据更新时会出现问题。当修改某些数据项时，可能有一部分相关元组被修改，而另一部分相关元组却没有被修改。例如，供应商 S2 供应两种零件，在关系中就会有两个元组。如果该供应商所在城市改变了，这两个元组中的所在城市、区号都要改变。若有一个元组中的信息没有修改，就造成该供应商所在的城市不唯一，产生错误的信息。

③插入异常。在关系理论中，每个关系必须用键值区分关系中的不同元组。当需要使用一种新的零件，而这种零件还没有任何一个供应商供应时，该零件的信息将无法进入数据库中。例如，若需要新零件 P052，但还未找到供应商，则该零件信息不能存入数据库中。这是因为在关系模式 SUPPLY 中，(SNO,PNO) 是主键，此时 SNO 为空值，实体完整性约束不允许主键为空或部分为空的元组在关系中出现，因此该零件的信息不能被数据库存储。

④删除异常。与插入问题相反，删除操作会引起一些信息的丢失。如果某种原来使用的零件现在不使用了，那么要把这种零件的所有元组都删除，同时，只供应这种零件的供应商的信息也一起被删除了，显然这是人们不希望的。例如，零件 P102 不再使用，必须将该元组删除，则供应商 S1 的信息也会被删除。

基于上述模式中存在的问题，可将商品供应关系模式 SUPPLY 分解为以下四种模式：

SUPPLIER(SNO,SNAME,SCITY)

CITY(SCITY,CODE)

PART(PNO,PNAME,WEIGHT)

S_P(SNO,PNO,QTY)

其关系实例如表 2.2 所示。

表 2.2　关系模式 SUPPLY 的分解实例

关系模式 SUPPLIER 的实例

SNO	SNAME	SCITY
S1	迅飞公司	上海
S2	网达公司	天津
S3	新嘉公司	北京
S4	中联公司	北京

(a)

关系模式 CITY 的实例

SCITY	CODE
上海	021
天津	022
北京	010

(b)

关系模式 PART 的实例

PNO	PNAME	WEIGHT
P102	六角螺栓	2.58
P432	转管	45.14
P761	水暖三通	34.96

(c)

关系模式 S_P 的实例

SNO	PNO	QTY
S1	P102	280
S2	P432	360
S2	P761	200
S3	P432	480
S4	P761	100

(d)

关系模式 SUPPLIER 存放供应商信息，关系模式 CITY 存放城市信息，关系模式 PART

存放零件信息;关系模式 S_P 存放每个供应商供应每种零件的数量。这样分解后,前面提到的四个问题基本解决了。

将关系模式 SUPPLY 分解的方法有多种,可将商品供应关系模式 SUPPLY 分解为以下三种模式:

　　　　SUPPLIER(SNO,SNAME,SCITY,CODE)

　　　　PART(PNO,PNAME,WEIGHT)

　　　　S_P(SNO,PNO,QTY)

解决关系模式存储异常的方法是模式分解,使分解后的模式达到一定的规范化级别(即范式),而模式分解的依据是函数依赖。函数依赖是关系数据库设计理论的重要部分。

2.3.2　函数依赖

设 $R(U)$ 是属性集 U 上的关系模式,X,Y 是 U 的子集,若对于 $R(U)$ 的任意一个可能的关系 r,r 中不可能存在两个元组在 X 上的属性值相等,而在 Y 上的属性值不等,则称"X 函数决定 Y"或"Y 函数依赖于 X",记作 $X \rightarrow Y$。称 X 为决定因素,Y 为依赖因素。

也就是说,在关系模式 $R(U)$ 的当前值 r 的两个不同元组中,如果 X 值相同,就一定要求 Y 值也相同。或者说,对于 X 的每一个具体值,都有 Y 唯一的具体值与之对应,即 Y 值由 X 值决定,这就是函数依赖。

注意:函数依赖不是指关系模式 R 的某个或某些关系满足的约束条件,而是指 R 的一切关系均要满足的约束条件。因此不能仅考察关系模式 R 在某一时刻的关系 r,就判定某函数依赖是否成立。

函数依赖是语义范畴的概念,只能根据语义来确定一个函数依赖是否成立。例如,姓名→年龄这个函数依赖只在没有人同名的条件下成立,如果允许有相同名字,则年龄就不再函数依赖于姓名了。

若 $X \rightarrow Y$,但 $Y \not\subset X$,则称 $X \rightarrow Y$ 为非平凡的函数依赖,否则为平凡的函数依赖。

若 $X \rightarrow Y$,$Y \rightarrow X$,则记作 $X \leftrightarrow Y$。

若 Y 函数不依赖于 X,则记作 $X \nrightarrow Y$。

如表 2.1 所示的关系模式 SUPPLY 中,存在以下函数依赖:

　　　　SNO→SNAME,SCITY(每个供应商只能有一个供应商名)

　　　　SCITY→CODE(每个城市只能有一个区号)

　　　　PNO→PNAME,WEIGHT(每种零件只能有一个零件名)

　　　　(SNO,PNO)→QTY(每个供应商供应一种零件只能有一个供应数量)

2.3.3　关系模式的范式与规范化

关系数据库的关系模式是要满足一定要求的,满足不同程度要求的关系模式称为范式(Normal Form)。满足最低要求的关系模式称为第一范式,简称 1NF。第一范式中进一步满足一些要求的称为第二范式,其余类推。

范式的研究者 E. F. Codd 提出了规范化的问题,并给出了范式的概念。1971～1972年,他系统地提出了 1NF、2NF 和 3NF 的概念。后来,人们又进一步讨论了规范化的问题。1974 年,Codd 和 Boyce 共同提出一个新的范式概念,即 BCNF。1976 年,Fagin 又提出了

4NF。

所谓"第几范式"是表示关系模式的某一种级别,所以经常称某一关系模式 R 为第几范式。当 R 为第 x 范式时,就可以写为 R ∈ xNF。

对于各种范式之间的关系,有 4NF⊆BCNF⊆3NF⊆2NF⊆1NF 成立,如图 2.6 所示。

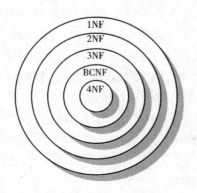

图 2.6　各种范式之间的关系

一个低一级范式的关系模式,通过模式分解可以转换为由若干个高一级范式的关系模式组成的集合,这种过程称为规范化。

下面主要介绍 1NF,2NF,3NF。

1. 第一范式

设 R 是一个关系模式,如果 R 中每一个属性的值域中的每一个值都是不可分解的,则称 R 属于第一范式,简称 1NF。这是对关系模式的最低条件的要求。不满足上述条件的关系称为非规范化关系。在数据库系统中,凡是非规范化关系都需要转化成规范化关系。

如前例的关系模式 SUPPLY 中,每一个属性都是不可细分的,因此 SUPPLY 属于 1NF。

例 2.7 是一个非规范化的例子。

【例 2.7】　关系 Study(学号,课程)给出了学生选修课程的记录,如表 2.3 所示。

很明显,这是非规范化的关系模式,这种非 1NF 的关系模式的缺点是更新操作困难。如果学号是 S040101 的学生想把自己选修的课程改为(信号与系统,网络技术),则系统在处理上将面临二义性,即是修改第一个元组中的课程属性值呢,还是把第二个元组中的学号属性值扩充为(S040101,S040102)?另一方面,如果想在关系 Study 中加入一个属性成绩,随之而来的是约束条件(学号,课程)→成绩,在这种非规范化的关系中也难以表示。

关系 Study 对应的 1NF 形式如表 2.4 所示。

表 2.3　Study 关系实例

学号	课程
S040101	应用数学,物理
S040102	信号与系统,网络技术

表 2.4　满足 1NF 的 Study 关系实例

学号	课程
S040101	应用数学
S040101	物理
S040102	信号与系统
S040102	网络技术

可以看出,在 1NF 下,上述问题都可以得到妥善解决。

2. 第二范式

设 X→Y 是一个函数依赖,且对于任何 X′⊂X,X′→Y 都不成立,则称 X→Y 是一个完全函数依赖。反之,如果 X′→Y 成立,则称 X→Y 是部分函数依赖。

设 R 是一个关系模式,如果 R 属于第一范式,并且 R 中任何一个非主属性都完全函数依赖于 R 的任意一个候选键,则称 R 属于第二范式,简称 2NF。

2NF 就是不允许关系模式的属性之间有 X→Y 的函数依赖,其中 X 是候选键的真子集,Y 是非主属性,即不允许有非主属性对候选键的部分函数依赖。

显然,2NF 消除了在 1NF 中的部分函数依赖。

【例 2.8】 商品供应关系模式 SUPPLY 满足函数依赖集 F 为:

SNO→SNAME,SCITY

SCITY→CODE

PNO→PNAME,WEIGHT

(SNO,PNO)→QTY

模式 SUPPLY 是第一范式,但是否为第二范式,可利用 Armstrong 推理规则由 F 推出:

(SNO,PNO)→(SNO,SNAME,SCITY,CODE,PNO,PNAME,WEIGHT,QTY)

所以(SNO,PNO)为键。

在关系模式 SUPPLY 中,SNO 和 PNO 为主属性,其余属性为非主属性。其中 QTY 满足函数依赖(SNO,PNO)→QTY。其余的非主属性对键的函数依赖为部分依赖,所以 SUPPLY 关系模式不是第二范式。这样的范式在执行数据库操作时,会出现插入异常、删除异常以及数据冗余等问题。这是由于非主属性对键的不完全函数依赖所引起的,用分解的方法将模式中不完全函数依赖的属性去掉,将部分依赖的属性单独组成新的模式,这样可将关系模式化成第二范式。

如果将 SUPPLY 模式分解成下列三个关系:

S_P(SNO,PNO,QTY)

SUPPLIER1(SNO,SNAME,SCITY,CODE)

PART(PNO,PNAME,WEIGHT)

可以看出三个关系的键分别为(SNO,PNO),SNO,PNO,所有的非主属性对键完全函数依赖。所以分解后的三个关系模式均为第二范式。

3. 第三范式

设有关系模式 R(U),X,Y,Z⊆U,如果 X→Y,Y↛X,Y→Z,且 Z∉Y,则有 X→Z,称 Z 传递函数依赖于 X。

设 R 是一个关系模式,如果 R 属于 2NF,且它的任何一个非主属性都不传递依赖于 R 的任一候选键,则称 R 是第三范式,简称 3NF。

3NF 就是不允许关系模式的属性之间有这样的非平凡函数依赖 X→Y,其中 X 不包含候选键,Y 是非主属性。X 不包含候选键有两种情况:一种情况是 X 是候选键的真子集,这是 2NF 不允许的;另一种情况是 X 不是候选键的真子集,这是 3NF 不允许的。

显然,3NF 消除了在 2NF 中的传递函数依赖。

【例 2.9】 例 2.8 中 S_P 和 PART 的非主属性间不存在任何的函数依赖,满足第三范式定义。而模式 SUPPLIER1 中的属性 SCITY 与属性 CODE 之间存在着函数依赖:

SCITY→CODE

而且还存在:

SNO→SCITY

SCITY↛SNO

所以 CODE 传递依赖于 SNO。因此,SUPPLIER 不是第三范式。

由于非主属性对键具有函数依赖,因此,不是第三范式的关系模式在操作时都存在着诸如插入异常、删除异常和数据冗余等问题,可通过消除关系模式中非主属性间的函数依赖来解决这些问题。

因此,可将关系模式 SUPPLIER1 分解成 SUPPLIER 和 CITY,即

SUPPLIER(SNO,SNAME,SCITY)

CITY(SCITY,CODE)

从第一范式规范化到第三范式的过程如图 2.7 所示。

图 2.7 从 1NF 规范化到 3NF 的过程

第3章　数据库设计

本章主要介绍数据库设计的基本概念,包括数据库设计的内容及方法,并详细介绍数据库设计的各个步骤。

3.1　数据库设计概述

数据库是现代各种计算机应用系统的核心。数据库所存储的信息能否正确地反映现实世界,能否在运行中及时、准确地为各个应用程序提供所需的数据,关系到以此数据库为基础的应用系统的性能。换言之,设计一个能够满足应用系统中各个应用要求的数据库,是数据库应用系统设计中的关键问题。

3.1.1　数据库设计的内容

数据库的设计是从用户的数据需求、处理要求和建立数据库的环境条件(如硬件特性、操作系统和 DBMS 特性)及其他限制等出发,把给定的应用环境(现实世界)中存在的数据合理地组织起来,逐步抽象成已经选定的某个 DBMS 能够定义和描述的具体数据结构的过程。

数据库设计的主要内容如下。

1)静态特性设计(又称结构特性设计)　根据给定的应用环境和用户的数据需求,设计数据库的数据模型(即数据结构)或数据库模式。静态特性设计包括数据库的概念结构设计和逻辑结构设计两个方面。

2)动态特性设计　根据应用处理要求,设计数据库的查询、事务处理和报表处理等应用程序。动态特性设计反映了数据库在处理上的要求,即动态要求,所以又称为数据库的行为特性设计。

3)物理设计　根据动态特性(应用处理要求),在选定的 DBMS 环境下把静态特性设计中得到的数据库模式加以物理实现,即设计数据库的存储模式和存取方法。

数据库设计的主要特点是,首先从数据模型即数据结构开始设计,并以数据模型为核心进行展开。数据库的一个重要优点是减少数据冗余,实现数据共享。因此,设计包含各个用户视图的统一数据模型是数据库设计中的核心问题。同时数据库设计应该和应用系统设计相结合,整个设计过程把结构设计和行为设计密切结合起来,这是建立数据库应用系统行之有效的方法。

从上述可知,数据库设计的成果是数据库模式和以数据为基础的应用程序。它们分别反映了对数据库的静态要求和动态要求。但应用程序是随着应用的发展而不断变化的。在有些以实时访问为主的数据库中,事先很难编出所需的应用程序或事务,因此,数据库设计的最基本成果是数据库模式。数据库模式的设计必须反映数据处理的要求,保证常用的或大多数的数据处理使用方便,性能满意。

3.1.2　数据库设计的方法

数据库设计的方法分为四类：直观设计法、规范设计法、计算机辅助设计法和自动化设计法。直观设计法又称为单步设计法，它依赖于设计者的技巧和经验，因此越来越不适应信息管理系统发展的需要。为了改变这种情况，1978 年 10 月来自 30 多个欧美国家的主要数据库专家在美国新奥尔良市专门讨论了数据库设计问题，提出了数据库设计规范，把数据库设计分成公司需求分析（分析用户需求）、信息分析和定义（建立公司的组织模式）、设计实现（逻辑设计）和物理数据库设计（物理设计）四个阶段。目前，常用的规范设计方法大多起源于新奥尔良方法。

1. 基于 3NF 的数据库设计方法

这是由 S. Atre 提出的数据库设计的结构化方法，其基本思想是在需求分析的基础上，识别并确认数据库模式中的全部属性和属性间的依赖，将它们组织成一个单一的关系模式，然后再分析模式中不符合 3NF 的约束条件，用投影和连接的方法将其分解，使其达到 3NF 条件。

具体设计步骤如下：

①企业模式设计，即利用上述得到的 3NF 关系模式画出企业模式；

②设计数据库概念模式，即把企业模式转换成 DBMS 所能接受的概念模式，并根据概念模式导出各个应用的外模式；

③数据库存储模式（物理模式）设计；

④对物理模式进行评价；

⑤数据库实现。

2. 基于实体联系 (E – R) 的数据库设计方法

这种方法是由 P. P. S. Chen 在 1976 年提出的，其基本思想是在需求分析的基础上，用 E – R 图构造一个纯粹反映现实世界实体之间内在关系的企业模式，然后再将此企业模式转换成选定的 DBMS 上的概念模式。

3. 基于视图概念的数据库设计方法

此方法先从分析各个应用数据着手，为每个应用建立各自的视图，然后再把这些视图汇总起来合并成整个数据库的概念模式。合并时必须注意解决下列问题：

①消除命名冲突；

②消除冗余的实体和联系；

③进行模式重构。

在消除了命名冲突和冗余后，需要对整个汇总模式进行调整，使其满足全部完整性约束条件。

除了以上方法外，还有属性分析法、实体分析法以及基于抽象语义规范的设计法等，这里不再介绍。

在实际设计过程中，各种方法可以结合起来使用。例如，在基于视图概念的设计方法中可用 E – R 图的方法来表示各个视图。

3.1.3　数据库设计的步骤

目前,分步设计法已在数据库设计中得到广泛的应用并获得较好的效果。此方法遵循自顶向下,逐步求精的原则,将数据库的设计过程分解为若干相互独立又相互依存的阶段,每一阶段采用不同的技术与工具,解决不同的问题,从而将问题局部化,减少了局部问题对整体设计的影响。

在分步设计法中,通常将数据库的设计分为:需求分析、概念设计、逻辑设计和物理设计四个阶段,如图 3.1 所示。

图 3.1　数据库设计的步骤

1. 需求分析

需求分析的目标是通过调查研究,了解用户的数据要求和处理要求,并按一定的格式整理形成需求说明书。需求说明书是需求分析阶段的成果,也是今后设计的依据。它包括数据库所涉及的数据、数据的特征、数据量和使用频率的估计,如数据名、属性及其类型、主关键字属性、保密要求、完整性约束条件、使用频率、更改要求、数据量估计等。这些关于数据的数据称为元数据(Meta Data)。在设计大型数据库时,这些数据通常由称为数据字典(Data Dictionary,DD)的计算机软件(专用软件包或 DBMS)来管理。用数据字典管理元数据有利于避免数据的重复或重名,以保持数据的一致性及提供各种统计数据,因而有利于提高数据库设计的质量,同时可以减轻设计者的负担。

2. 概念设计

概念设计是数据库设计的第二阶段,其目标是对需求说明书提供的所有数据和处理要求进行抽象与综合处理,按一定的方法构造反映用户环境的数据及其相互联系的概念模型,即用户的数据模型或企业数据模型。这种概念数据模型与 DBMS 无关,是面向现实世界的数据模型,极易为用户所理解。为保证所设计的概念数据模型能正确、完全地反映用户(一个单位)的数据及其相互关系,便于进行所要求的各种处理操作,在本阶段设计中可吸收用户参与和评议设计。在进行概念设计时,可设计各个应用的视图(View),即各个应用所看到的数据及其结构,然后再进行视图集成(View Integration),以形成一个单位的概念数据模型。这样形成的初步数据模型还要经过数据库设计者和用户的审查和修改,最后形成所需的概念数据模型。

3.逻辑设计

逻辑设计阶段的设计目标是把上一阶段得到的与 DBMS 无关的概念数据模型转换成等价的并为某个特定的 DBMS 所接受的逻辑模型所表示的概念模式,同时将概念设计阶段得到的应用视图转换成外部模式,即特定 DBMS 下的应用视图。在转换过程中要进一步落实需求说明,并满足 DBMS 的各种限制。逻辑设计阶段的结果是 DBMS 提供的数据定义语言(DDL)写成的数据模式。逻辑设计的具体方法与 DBMS 的逻辑数据模型有关。

4.物理设计

物理设计阶段的任务是把逻辑设计阶段得到的逻辑数据库在物理上加以实现,其主要内容是根据 DBMS 提供的各种手段设计数据的存储形式和存取路径,如文件结构、索引的设计等,即设计数据库的内模式或存储模式。数据库的内模式对数据库的性能影响很大,应根据处理需求及 DBMS、操作系统和硬件的性能进行精心设计。

在数据库设计的基本过程中,每一阶段设计基本完成后,都要进行认真地检查,看看是否满足应用需求,是否符合前面已执行步骤的要求和满足后续步骤的需要,并分析设计结果的合理性。在每一步设计中,都可能发现前面步骤遗漏或处理不当之处,此时,往往需要返回去重新处理并修改设计及有关文档。所以,数据库设计过程通常是一个反复修改、反复设计的迭代过程。

3.2 需求分析

3.2.1 需求分析的任务

需求分析是数据库设计的第一阶段,这一阶段收集到的基础数据和一组数据流图(Data Flow Diagram,DFD)是下一步设计概念结构的基础。

从数据库设计的角度考虑,需求分析阶段的目标是:对现实世界要处理的对象(组织,部门,企业等)进行详细调查,在了解原系统的概况和确定新系统功能的过程中,收集支持系统目标的基础数据并进行相应处理。

调查的重点是"数据"和"处理"。通过调查从中获得每个用户对数据库的下列要求。

(1)信息要求

用户将从数据库中获得信息的内容、性质。由信息要求导出数据要求,即在数据库中需存储哪些数据,对这些数据做何处理等。描述数据间本质上和概念上的联系,描述信息的内容和结构,以及信息之间的联系等性质。

(2)处理要求

处理要求定义未来系统处理数据的操作功能,描述操作的优先次序,包括操作执行的频率和场合,操作与数据之间的联系。处理要求还包括弄清楚用户要完成什么样的处理功能,对某种处理功能的响应时间、处理的方式是批处理还是联机处理。

(3)安全性和完整性的要求

在众多分析和表达用户需求的方法中,结构化分析(Structured Analysis,SA)方法是一个简单实用的方法。SA 方法用自顶向下逐层分解的方式分析系统,用数据流图、数据字典描述系统。

3.2.2 需求分析的基本步骤

需求分析大致分为三步完成,即需求信息的收集、分析整理和评审。

1. 需求信息的收集

需求信息的收集又称为系统调查。为了充分了解用户可能提出的要求,在调查研究之前,要做好充分的准备工作,明确调查的目的、调查的内容和调查的方式。

首先要了解组织的机构设置、主要业务活动和职能;其次要确定组织的目标、大致的工作流程和任务范围划分。调查的内容包括外部要求、业务现状、组织机构和规划中的应用范围及要求。外部要求一般包括信息的性质,响应的时间、频度和发生的规则,以及经济效益的考虑和要求,安全性及完整性要求。业务现状包括信息的种类、信息的流程、信息的处理方式、各种业务工作过程和各种票据。调查方式可采用开座谈会、跟班作业、请调查对象填写调查表、查看业务记录和票据以及个别交谈等形式。

2. 需求信息的分析整理

要想把收集到的信息(如文件、图表、票据、笔记等)转化为下一阶段设计工作可用的信息形式,必须对需求信息进行分析整理。

(1)业务流程分析

业务流程分析的目的是获得业务流程及业务与数据联系的形式描述。一般采用数据流分析法,分析结果用数据流图表示。

(2)分析结构的描述

除了数据流图外,还要用一些规范的表格进行补充性描述。一般有:数据清单(数据元素表)、业务活动清单(事务处理表)、完整性及一致性要求、响应时间要求、预期变化的影响等。可使用数据字典和需求分析语言来描述。

3. 需求信息的评审

评审的目的在于确认某一阶段的任务是否全部完成,以避免重大的疏漏或错误。评审应由项目组以外的专家和主管部门负责人参加,以保证评审工作的客观公正。

需求分析的阶段成果是产生系统需求说明书。系统需求说明书主要包括数据流图、数据字典的表格、各类数据的统计表格、系统功能结构图,并加以必要的编辑说明。系统需求说明书将作为数据库设计全过程的重要依据。

3.3 概念设计

概念设计的任务是,在需求分析中产生的需求说明书的基础上,按照一定的方法抽象出满足应用需求的用户(单位)的信息结构,即通常所称的概念模型。

概念设计过程也就是正确地选择设计策略、设计方法和概念数据模型并加以实施的过程。

3.3.1 概念设计的目标和策略

概念设计的目标是产生一个用户易于理解的反映系统信息需求的整体数据库概念模型。概念模型是系统中各个用户共同关心的信息结构,它独立于计算机的数据模型,独立于特定的数据库管理系统,独立于计算机的软硬件系统。

概念结构独立于数据库的逻辑结构,独立于支持数据库的 DBMS,其作用如下。

①提供能够识别和理解系统要求的框架。因此,必须弄清每个应用的重要方面及各个应用的细微差别,否则就设计不出适用的概念模型。

②该模型为数据库提供一个说明性结构,作为设计数据库逻辑结构即逻辑模型的基础。

设计概念结构的策略如下。

①自顶向下。首先定义全局概念结构的框架,然后逐步细化。

②自底向上。首先定义各局部应用的概念结构,然后将它们集成,得到全局概念结构。

③由里向外。首先定义最重要的核心概念结构,然后向外扩充,生成其他的概念结构。

④混合策略。采用自顶向下和自底向上相结合的方法。

使用自顶向下策略设计一个全局概念结构的框架,以它为骨架集成由自底向上策略中设计的各局部概念结构。最常用的设计概念结构的策略是自底向上的设计策略。

3.3.2 采用 E - R 方法的数据库概念设计

概念设计的常用方法是实体关系方法(E - R 方法)。用实体关系方法对具体数据进行抽象加工,将实体集合抽象成实体类型,用实体间的关系反映现实世界事物间的内在联系。利用 E - R 方法进行数据库的概念模型设计可以分为三步:首先设计局部 E - R 模型,然后把各局部 E - R 模型综合成一个全局 E - R 模型,最后对全局 E - R 模型进行优化,得到最终的 E - R 模型,即概念模型。

1.设计局部 E - R 模型

每个数据库系统都是为多个不同用户服务的。各个用户对数据的观点可能不一样,信息处理需求也可能不同。在设计数据库概念结构时,为了更好地模拟现实世界,一般先分别考虑各个用户的信息需求,形成局部概念结构,然后再综合成全局结构。在 E - R 方法中,局部概念结构又称为局部 E - R 模型,其图形表示称为局部 E - R 图。局部 E - R 模型的设计过程如下。

(1)确定局部结构范围

设计各个局部 E - R 模型的第一步就是确定局部结构的范围划分。划分的方式一般有两种:一种是依据系统的当前用户进行自然划分,如一个企业的用户有不同部门,各部门对信息的内容和处理的要求明显不同,应分别为它们设计各自的局部 E - R 模型;另一种是按用户要求将数据库提供的服务归纳成几类,使每一类应用访问的数据显著地不同于其他类,并且为每一类应用设计一个局部 E - R 模型。

(2)定义实体

每一个局部结构都包括一些实体类型。实体定义的任务就是从信息需求和局部范围定义出发,确定每一个实体类型的属性和键。

实体类型确定后,其属性也随之确定。实体类型的命名应反映实体的语义性质,在一个局部结构中应是唯一的。键可以是单个属性,也可以是属性的组合。

(3)定义关系

定义关系的一种方式是依据需求分析的结果,考察局部结构中任意两个实体类型之间是否存在关系。若存在关系,进一步确定是一对一、一对多还是多对多的关系。还要考察一个实体类型内部是否存在关系,两个实体类型之间是否存在关系,多个实体类型之间是否存在关系等。

在确定关系类型时,应注意防止出现冗余的关系,即可以从其他关系导出的关系,如果存在,要尽可能识别并消除这些冗余关系,以免影响全局 E－R 模型。

(4)属性的分配

确定了实体与关系后,可用属性描述局部结构中的其他语义信息。首先确定属性,然后把属性分配到有关的实体和关系中去。

确定属性的原则是:属性应该是不可以再分解的语义单位;实体与属性之间的关系只能是一对多的关系;不同实体类型的属性之间应没有直接的关联关系。

当多个实体类型用到同一属性时,将导致数据冗余,从而可能影响存储效率和完整性约束,因而需要确定把它分配给哪个实体类型。一般把属性分配给那些使用频率最高的实体类型,或分配给实体值少的实体类型。

2. 设计全局 E－R 模型

所有局部 E－R 模型设计好后,就需要把它们综合成单一的全局概念结构。全局概念结构不仅要支持所有的局部 E－R 模型,还必须合理地表示一个完整、一致的数据库概念结构。全局 E－R 模型的设计过程如下。

(1)确定公共实体类型

当系统较大时,可能有很多局部模型,且这些局部 E－R 模型是由不同的设计人员确定的,因而对同一现实世界的对象可能给予不同的描述。有的作为实体类型,有的作为关系类型或属性。即使都表示成实体类型,实体类型名和键也可能不同。一般把同名实体类型或具有相同键的实体类型作为可能的公共实体类型。

(2)局部 E－R 模型的合并

局部 E－R 模型合并的原则是:首先进行两两合并,再合并那些现实世界中有关系的局部结构;合并从公共实体类型开始,最后再加入独立的局部结构。

(3)消除冲突

将局部 E－R 模型合并成全局 E－R 模型时,应消除以下三种冲突。

①属性冲突。首先包括属性域的冲突,即属性值的类型、取值范围或取值集合不同,如对于零件号,不同的部门常采用不同的编码方式;其次是属性取值单位的冲突,如质量单位有的用公斤,有的用克。

②结构冲突。包括同一对象在不同应用中的不同抽象。如职工,在某个应用中为实体,在另一应用中为属性。其次是同一实体在不同局部 E－R 模型中属性组成不同,如属性个数、次序等。再者实体之间的关系在不同的局部 E－R 模型中可能会呈现不同的类型。

③命名冲突。包括属性名、实体名、关系名之间的冲突。同名异义,即不同意义的对象具有相同的名字;异名同义,即同一意义的对象具有不同的名字。

属性冲突和命名冲突通常采用讨论、协商等行政手段解决,结构冲突则要认真分析后才能解决。如把实体变换为属性或把属性变换为实体,使同一对象具有相同的抽象;又如取同一实体在各局部 E－R 模型中属性的并集作为集成后该实体的属性集,并对属性的取值类型进行统一协调。

3.全局 E-R 模型的优化

一个好的全局 E-R 模型,除能准确、全面地反映用户功能的需求外,还应满足下列条件:实体类型的个数尽可能少;实体类型所含属性个数尽可能少;实体类型间的关系无冗余。但是这些条件不是绝对的,要视具体的信息需求与处理需求而定。优化原则如下。

(1)实体类型的合并

一般把具有相同键的实体类型以及具有 1:1 关系的两个实体类型合并。

(2)冗余属性的消除

通常在各个局部结构中是不允许冗余属性存在的。但在综合成全局 E-R 模型后,可能产生全局范围内的冗余属性。一般当同一非键的属性出现在几个实体类型中,或者一个属性值可从其他属性的值导出时,应把冗余属性从全局模式中去掉。

(3)冗余关系的消除

在全局模式中可能存在冗余的关系,通常利用规范化理论中函数依赖的概念消除冗余关系。

图 3.2 是由于两个局部 E-R 模型集成为全局 E-R 模型的例子,图(a)和图(b)为局部 E-R 模型,图(c)为全局 E-R 模型。

3.4　逻辑设计

数据库概念设计阶段得到的数据模式是用户需求的形式,它独立于具体的计算机系统和 DBMS。为了建立用户所要求的数据库,必须把上述数据模式转换成某个具体的 DBMS 所支持的概念模式,并以此为基础建立相应的外模式,这是数据库逻辑设计的任务,是数据库结构设计的重要阶段。

逻辑模型设计的主要目标是产生一个 DBMS 可处理的数据模型和数据库模式。该模型必须满足数据库的存取、一致性及运行等各方面的用户需求。

3.4.1　逻辑设计的步骤

逻辑设计的主要任务是:将概念数据模型转换成目标 DBMS 所支持的数据模型;开发目标 DBMS 下的数据库模式和子模式,即使用选定的 DBMS 的数据定义语言来描述数据模型,同时与应用程序设计活动相作用,给出应用程序的设计指南。此外,完成这些任务的一个先决条件就是根据应用环境的特征、数据特点来确定所需要的 DBMS 功能与特征,并选择目标DBMS。

数据库的逻辑设计大体分为以下步骤。

①将 E-R 图转换为一般的数据模型。现有的 DBMS 支持网状、层次、关系模型,要按不同的转换规则将 E-R 图转换为某一种数据模型。

②模型评价。检查转换后的模型是否满足用户对数据的处理要求,主要包括功能要求和性能要求。

③模型修正。根据模型评价的结果调整和修正数据模型,以提高系统性能。修改后的模型要重新进行评价,直到认为满意为止。

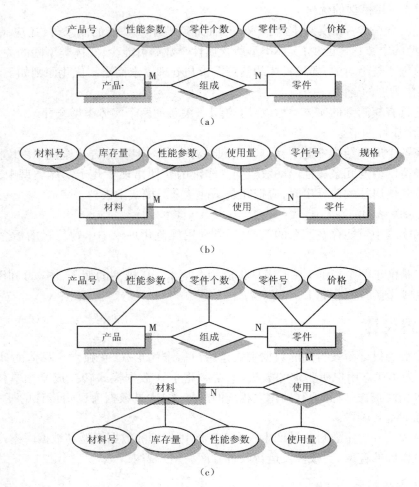

图 3.2 局部 E-R 模型集成为全局 E-R 模型
(a)局部 E-R 模型 1　(b)局部 E-R 模型 2　(c)全局 E-R 模型

3.4.2　E-R 模型向关系数据模型的转换

E-R 模型可以向现有的各种数据库模型转换,对不同的数据库模型有不同的转换规则,以下介绍向关系模型转换的规则。

E-R 模型中的主要成分是实体类型和联系类型,因此转换过程分为两步:

①对于实体类型,可以将每个实体类型转换成一个关系模式,实体的属性即为关系模式的属性,实体标识符即为关系模式的键;

②对于联系类型,要视 1∶1、1∶N 和 M∶N 三种不同的情况进行处理。

(1)实体间的联系为 1∶1

在两个实体类型转换成的两个关系模式中,向任意一个关系模式的属性中加入另一个关系模式的键和联系类型的属性。例如,校长与学校间存在着 1∶1 的关系,其 E-R 图如图 3.3 所示。在将其转化为关系模式时,校长与学校各为一个模式。如果用户经常要在查询学校信息时查询其校长信息,那么可在学校模式中加入校长名和任职年月,校长名为外键,

44

其关系模式设计如下：

　　　学校模式(校名,地址,电话,校长名,任职年月)
　　　校长模式(姓名,年龄,性别,职称)

图3.3　校长与学校的实体关系

（2）实体间的联系为1:N

在N端实体类型转换成的关系模式中加入1端实体类型转换成的关系模式的键和联系类型的属性。例如,车间与职工间存在1:N关系,其E－R图如图3.4所示,转换成的关系模式如下：

　　　车间模式(车间编号,车间名,电话)
　　　职工模式(职工号,姓名,性别,年龄,车间编号,聘期)

职工模式中的车间编号为外键。

图3.4　车间与职工的实体关系

（3）实体间的联系为M:N

可以将联系类型转换成一个新关系模式,其属性为两端实体类型的键加上联系类型的属性,而键为两端实体键的组合。

第1章介绍过的学生和课程之间的选课关系(图1.10)就是这种情况,即学生与课程之间的M:N关系可用下面三个关系模式表示：

　　　学生模式(学号,姓名,年龄,性别,所在系,专业)
　　　课程模式(课程号,课程名,学时数)
　　　选课模式(学号,课程号,成绩)

选课模式中的学号和课程号是两个外键。

3.4.3　关系数据库的逻辑设计

逻辑设计可以运用关系数据库模式的设计理论,使设计过程形式化地进行,并且结果可以验证。关系数据库逻辑设计的过程如图 3.5 所示。

图 3.5　关系数据库的逻辑设计

从图 3.5 可以看出,概念设计的结果直接影响到逻辑设计过程的复杂性和效率。在概念设计阶段已经把关系规范化的某些思想用作构造实体类型和联系类型的标准。在逻辑设计阶段,仍然要使用关系规范化理论来设计模式和评价模式。关系数据库逻辑设计的结果是一组关系模式的定义。

关系数据库的逻辑设计过程如下。

(1)模式转换

将概念设计的结果(即全局 E – R 模型)按转换规则转换成初始关系模式。

(2)规范化处理

规范化的目的是减少乃至消除关系模式中存在的各种异常,改善完整性、一致性和存储效率。规范化的过程分为以下步骤。

①确定规范级别。规范级别取决于两个因素:一是归结出来的数据依赖的种类;二是实际应用的需要。在仅有函数依赖时,一般达到 3NF 或 BCNF 即可。

②实施规范化处理。确定规范级别后,逐一考察关系模式,判断它们是否满足规范要求。若不符合上一步确定的规范级别,则利用相应的规范算法将关系模式规范化。

(3)模式评价

模式评价的目的是检查已给出的数据库模式是否满足用户的功能要求,是否具有较高的效率,并确定需要加以修正的部分。模式评价主要包括功能评价和性能评价两方面。

1)功能评价　对照需求分析的结果,检查规范化后的关系模式集合是否支持用户所有的应用需求。关系模式必须包括用户可能访问的所有属性。

2)性能评价　对于目前得到的数据库模式进行性能评价比较困难,因为缺乏有关的物理设计因素和相应的评价手段,但可以利用逻辑记录访问计算法进行估算,以给出改进建议。

(4)模式修正

根据模式评价的结果,对已生成的模式集进行修正。修正的方式依赖于导致修正的原因,如果出于需求分析、概念设计的疏漏导致某些应用得不到支持,则应相应地增加新的关系模式或属性。如果出于性能上的考虑而要求修正,则可采用合并、分解或选用另外结构的方式进行。

1)合并　如果有若干个关系模式具有相同的键,并且对这些模式的处理主要为查询操作,当同时涉及多个关系的查询占有相当比例时,可对这些模式按组合使用的频率进行合并。这样,可减少联接操作,提高查询效率。在某些特殊情况下,对即使不具有相同键的模式,也可以采用合并方式提高查询速度,但这样可能会影响规范化的等级。

2)分解　已经达到规范化要求的关系模式仍然可能由于某些属性值的重复而占用过多的存储空间。如有的属性值有较少的不同值,且每一个值的长度较长,此时可对属性值实现代码化,构造一个代码转换的关系模式,以便使占用的空间达到极小化。

在经过模式评价及修正的多次反复后,最终的数据模式得以确定,全局逻辑结构设计即告结束。

在逻辑设计阶段,还要设计出全部子模式。子模式是面向各个最终用户或用户集团的局部逻辑结构设计的。子模式体现了各个用户对数据库的不同观点,它并不决定物理存放的内容,而仅是用户的一个视图(View)。

关系子模式除了指出某一类型的用户所用到的数据类型外,还要指出这些数据与模式中相应数据的关系和对应性。

逻辑设计的结果是逻辑结构设计说明书。逻辑结构设计说明书包括应用设计指南、物理设计指南和模式及子模式的集合。

3.5　物理设计

数据库物理设计的任务就是为上一阶段得到的逻辑数据库选择一个最适合应用环境的物理结构,也就是确定在物理设备上能有效地实现一个逻辑数据模型所必须采取的存储结构和存取方法,然后对该存储模式进行性能评价和修改设计。经过多次反复,最后得到一个性能较好的存储模式。

数据库物理设计的主要目标是:提高数据库的性能;节省存储量。在这两个目标中,提高数据库性能更为重要。因为在目前的大多数数据库系统中,性能仍然是主要的薄弱环节,也是用户最关切的问题。

3.5.1　物理设计的内容

一般说来,物理设计就是根据满足用户信息需求的已确定的逻辑数据库结构研制出一个有效的、可实现的物理数据库结构的过程。物理设计包括满足某些操作约束,如存储空间的限制和响应时间的要求。

数据库的物理设计与具体 DBMS 有关,主要包括物理数据库结构设计的三个内容和涉及约束以及程序设计的两个内容。

1. 确定记录存储格式

数据库中每条记录数据项的类型和长度要根据用户要求及数据值的特点来确定。一般 DBMS 提供多种数据类型进行选择。如字符型的数据可用字符或二进制位串来表示,如果数据项的位在一个不大的有限集内,用二进制位串来表示可以节约存储空间。

为了加快存取速度,可把记录数据按不同应用进行水平或垂直分割,把它们分别存储在不同的设备或同一设备的不同位置上,尽可能地使应用程序访问数据库的代价最小。

2. 选择文件的存储结构

文件存储结构的选择与对文件进行的处理有关。对需要成批处理的数据文件,可选用顺序存储结构,而经常需要随机查询某一记录时,则选用散列方式的存储结构比较合适。对一些 DBMS,有多种存储结构可供选择。如 IMS 中有四种存储结构:层次顺序存取法、层次索引顺序存取法、层次直接存取法和层次索引直接存取法。

在有些 DBMS 中还支持聚集索引,采用聚集索引可使记录的物理存储顺序与主关键字值顺序相同,从而可以提供按主关键字查询的最高效率。

3. 决定存取路径

一个文件的记录之间及不同文件的记录之间都存在着一定的联系。因此,对于一条记录的存取可根据应用的不同而选择不同的存取路径,以提高处理效率。物理设计的任务之一就是要确定和建立这些存取路径。

在关系数据库系统中,可通过建立索引来提供不同的存取路径。需要在哪些属性上建立索引,哪些是主索引,哪些是次索引,索引的键是单属性还是属性的组合,这些都是设计中需要解决的问题。

当然,索引的建立会增加系统开销,数据更新时要同时更新索引,降低了数据更新操作的效率。

4. 完整性和安全性

数据库在物理设计时,同样必须在系统的完整性、安全性等方面进行分析,并产生多种方案。在实施数据库之前,对这些方案进行细致的评价,以选择一个较优的方案十分必要。

5. 程序设计

逻辑数据库结构确定以后,就可以开始应用程序的设计了。从理论上说,数据库的物理数据独立性的目的是消除由于物理结构设计决策的变化而引起的对应用程序的修改。但是,当物理数据独立性未得到保证时,可能会发生对程序的修改。

3.5.2　物理设计的性能

假设数据库性能用"开销(Cost)"来描述,在数据库应用系统生存期中,总的开销包括:规划开销、设计开销、实施和测试开销、操作开销、运行维护开销。

对物理设计者来说主要考虑操作开销,即为用户获得及时、准确的数据所需的开销和计算机资源的开销。开销可分为几类。

1. 查询和响应时间

响应时间定义为从查询开始到查询结果开始显示之间所经历的时间,包括 CPU 服务时间、CPU 队列等待时间、I/O 服务时间、I/O 队列等待时间、封锁延迟时间和通信延迟时间。

一个好的应用程序设计可以减少 CPU 服务时间和 I/O 服务时间。例如,有效地使用数据压缩技术,选择好的访问路径和合理安排记录的存储等。

2. 更新事务的开销

应用程序的执行是划分为若干比较小的独立的程序段,这些程序段称为事务。事务的开销是用从事务的开始到完成的时间来度量。更新事务的开销主要指修改索引,重写物理块或文件,写校验等方面的开销。

3. 报告生成的开销

报告生成是一种特殊形式的查询检索,它花费的时间和查询、更新是一样的,都是从数据输入的结束到数据显示的开始这段时间,主要包括检索、重组、排序和结果显示。

4. 主存储空间开销

包括程序和数据所占有的空间,一般地,对数据库设计者来说,可以对缓冲区分别做适当的控制,包括缓冲区的个数和大小。

5. 辅助存储空间

辅助存储空间分为数据块和检索块两种,块中的开销包括标志、计数、指针和自由空间等。设计者可以控制的是索引块的大小、装载因子、指针选择项和数据冗余等。

实际上,数据库设计者能有效控制的是 I/O 服务和辅助空间;有限控制的是封锁延迟、CPU 时间和主存空间;完全不能控制的是 CPU 和 I/O 队列等待时间、数据通信延迟时间。

物理设计的结果是物理设计说明书,包括存储记录格式、存储记录位置分布及存取方法,并给出对硬件和软件系统的约束。

3.6 实现与维护

3.6.1 数据库的实现

对数据库的物理设计步骤初步评价完成后,就可以建立数据库了。在这一阶段,设计人员运用 DBMS 提供的数据定义语言,将逻辑设计和物理设计的结果严格地描述出来,成为 DBMS 可接受的源代码,经过调试产生目标模式,然后组织数据入库。

根据逻辑设计结果和物理设计结果,在计算机上建立起实际的数据库结构,装入数据、调试和运行的过程称为数据库的实现。该阶段的主要工作如下。

(1)建立实际数据库结构

用 DBMS 提供的数据定义语言(DDL)编写描述逻辑设计和物理设计结果的程序,经计算机编译处理和执行后,即建立了实际的数据库结构。

(2)试运行

建立好数据库结构后,应装入试验数据,进入数据库的试运行阶段。该阶段的主要工作是实际运行应用程序,执行对数据库的各种操作,测试应用程序的功能;测量系统的各项性能指标,检查对空间的占用情况,分析是否符合设计目标。

(3)装入实际数据并建立实际的数据库

向数据库中装入数据又称为数据库加载。在加载之前要对数据进行严格的检验和整理,并建立严格的数据登录和校验规范,设计出完善的数据检验和校正程序,尽可能在加载之前把不合格的数据排除掉。然后通过系统提供的工具程序或自编的专门装入程序将数据装入数据库。在数据库加载过程中,还必须做好数据库的转储和恢复工作。

3.6.2　数据库的其他设计

数据库的其他设计工作包括加强数据库的安全性、完整性控制,保证一致性、可恢复性等,这些设计总是以牺牲效率为代价的。设计人员的任务就是要在提高效率和实现尽可能多的功能之间进行合理平衡。

（1）数据库的再组织设计

对数据库的概念、逻辑和物理结构的改变称为再组织（Reorganization）,其中改变概念或逻辑结构称为再构造（Restructuring）,改变物理结构称为再格式化（Reformatting）。再组织通常是由于环境需求的变化或性能变化等原因引起的。DBMS 特别是 RDBMS 都提供数据库的再组织实用程序。

（2）故障恢复方案设计

在数据库设计中考虑的故障恢复方案,是基于 DBMS 提供的故障恢复手段,如果 DBMS已提供了完善的软硬件故障恢复和存储介质的故障恢复手段,那么设计阶段的任务就简化为确定系统登录的物理方案参数,如缓冲区的个数、大小、逻辑块的长度、物理设备等,否则就要制订人工备份方案。

（3）安全性考虑

许多 DBMS 都有描述各种对象（记录、数据项）的存取权限的功能。在设计时根据用户需求分析,规定相应的存取权限。子模式是实现安全性要求的一个重要手段。也可在应用程序中设置密码,对不同的使用者给予一定的密码,用密码控制使用级别。

（4）事务控制

大多数 DBMS 都支持事务的概念,以保证多用户环境下的数据完整性和一致性。事务控制有人工控制和系统控制两种控制方法,系统控制以数据操作语句为单位,人工控制则以事务的开始和结束语句来实现。大多数 DBMS 也提供封锁粒度的选择,封锁粒度一般有库级、记录级和数据项级。粒度越大控制越简单,但并发性能差,这些在设计中都要统筹考虑。

3.6.3　数据库的运行与维护

数据库正式投入运行标志着数据库运行与维护工作的开始,但并不标志着数据库设计工作的结束。数据库维护工作不仅是维持其正常运行,而且是设计工作的继续和提高。

数据库运行维护阶段的主要工作如下。

①维护数据库的安全性与完整性及系统的转储和恢复。按照系统提供的安全规范和故障恢复规范,经常核查系统安全性是否受到侵犯,及时调整授权和密码,实施系统转储与备份,发生故障后应及时恢复。

②性能的监督、分析与改进。利用系统提供的性能分析工具对数据库的存储空间及响应时间进行分析、评价,并结合用户意见确定改进措施,实施重新构造或重新格式化。

③增加新功能。根据用户的意见,在不损害原系统功能和性能的情况下,对原有功能进行扩充。

④发现错误,修改错误。及时发现系统运行中出现的错误,并进行修改,保证系统正常运行。

由于数据库应用环境发生变化,需要增加新的应用或新的实体,实体与实体间的关系也会发生相应变化,原设计不能很好地满足新的需求,不得不适当调整数据库的外模式和内模式。当然,数据库重新构造的程序功能是有限的,只能进行部分的修改和调整。若应用变化太大,重新构造也无能为力了,则表明原数据库应用系统生存期结束,应该重新设计数据库,开始一个新的数据库应用系统的生存期。

第4章　SQL Server 2005 概述

本章主要介绍 SQL Server 的发展、特点，SQL Server 2005 的新增功能、主要技术，SQL Server 2005 的版本、组件，SQL Server 2005 的软硬件安装环境、安装过程及主要实用工具的用途，SQL Server 2005 注册服务器及 Management Studio 的使用，以及 SQL、Transact-SQL 语言概述。

4.1　SQL Server 2005 简介

SQL Server 是 Microsoft 公司的一个关系数据库管理系统（RDBMS），是基于客户机/服务器（Client/Server，C/S）应用模式的系统，能直接处理 XML 数据，可以与 Internet 紧密结合。用户可以通过图形和命令两种方式使用 SQL Server，以进行检索和更新数据库中的数据等操作。

4.1.1　SQL Server 的发展

SQL Server 是当今使用广泛的关系数据库系统之一。它最初由 Microsoft、Sybase 和 Ashton-Tate 三家公司共同开发的，于 1988 年推出了第一个 OS/2 版本。在 Windows NT 推出后，Microsoft 与 Sybase 在 SQL Server 的开发上选择了不同的平台。Microsoft 将 SQL Server 移植到 Windows NT 系统上，并专注于开发推广 Windows 操作系统上的 SQL Server 版本，而 Sybase 则专注于 SQL Server 在 UNIX 操作系统上的开发与应用。

1996 年 Microsoft 公司推出了 SQL Server 6.5 版本，1998 年推出了 SQL Server 7.0 版本。随后，经过不断地修改完善，2000 年 Microsoft 公司推出了 SQL Server 2000 版本。2005 年 11 月 7 日，微软在旧金山正式发布了 Microsoft SQL Server 2005。SQL Server 2005 是一个全面的、集成的、端到端的数据解决方案，它为企业用户提供了一个安全、可靠和高效的平台，用于企业数据管理和商业智能应用。该产品提供了集成的数据管理和分析平台，可以帮助企业更可靠地管理来自关键业务的信息，更有效地运行复杂的商业应用。

4.1.2　SQL Server 的特点

1. 支持客户/服务器结构

SQL Server 是支持客户机/服务器结构的数据库管理系统。客户机/服务器结构把整个数据处理的任务划分为在客户机上完成的任务和在数据库服务器上完成的任务。客户机用于运行数据库应用程序，服务器用于执行 DBMS 功能。在客户机上的数据库应用程序也称为前端系统，它负责系统与用户的交互和数据显示，在服务器上的后端系统负责数据的存储和管理。客户机/服务器结构的优点是，数据库服务器仅返回用户所需要的数据，在网络上的数据流量将大大减少，可以加速数据的传输；数据存储在服务器上，而不是分散在各个客户机上，这样，所有用户都可以访问到相同的数据，而且数据的备份和恢复也很容易。

2. 分布式数据库功能

SQL Server 支持分布式数据库结构,可以将在逻辑上的一个整体数据库的数据分别存放在各个不同的 SQL Server 服务器上,客户机可以分别或同时向多个 SQL Server 服务器存取数据,这样可以降低单个服务器的处理负担,提高系统执行效率。

分布式查询可以引用来自不同数据源的数据,而且这些数据对用户来说是完全透明的。分布式数据库将保证任何分布式数据更新的完整性。通过复制可以使用户能够维护多个数据复本,这些用户能够自主地进行工作,然后再将所做的修改合并到发布数据库。

3. 与 Internet 集成

SQL Server 数据库引擎提供完整的 XML 支持。它还具有构成最大的 Web 站点的数据存储组件所需的可伸缩性、可用性和安全功能,使用户很容易将数据库中的数据发布到 Web 页面上。

4. 可伸缩性和可用性

同一个数据库引擎可以在 Windows 不同版本及大型多处理器计算平台上使用。SQL Server 企业版支持联合服务器、索引视图和大型内存支持等功能,使其得以升级到最大 Web 站点所需的性能级别。

5. 数据仓库功能

SQL Server 是提供用于提取和分析汇总数据,以进行联机分析处理(OLAP)的工具。SQL Server 中还包括一些工具,可用来直观地设计数据库并通过 English Query 来分析数据。

4.1.3 SQL Server 2005 的新增功能

Microsoft SQL Server 2005 扩展了 SQL Server 2000 的性能、可靠性、可用性、可编程性和易用性。SQL Server 2005 包含了多项新功能,这使它成为大规模联机事务处理(OLTP)、数据仓库和电子商务应用程序的优秀数据库平台。

1. 可靠、安全、高效的企业级数据管理平台

SQL Server 2005 在安全性、可靠性、扩展性和可管理性等方面有很大提高,不仅能够确保企业级数据业务的实时稳定运行,还能够大大提高管理效率、降低操作复杂度和维护成本。SQL Server 2005 提供全新的安全认证、数据加密技术来加强数据系统的安全性;数据库镜像、快照、恢复以及实时在线管理等诸多功能大大提高了企业级系统的可靠性和扩展性;而各种自动化管理、调试和优化工具则提供了可管理性及对 SQL Server 数据库进行开发、部署的支持。

2. 先进、一体化的商业智能平台

SQL Server 2005 可以快速构建部署各类商业智能解决方案,提供深入的业务分析统计和监控预测平台,进一步推动企业的信息化管理和业务发展。SQL Server 2005 提供非常完整的商业智能套件,包括相关的数据仓库、数据分析、数据抽取、转换与装载、报表、数据挖掘等一系列设计、开发和管理工具。

3. 方便、灵活的开发平台

SQL Server 2005 提供更加强大的开发工具和各类新的开发技术,在大大提高开发效率的同时,进一步拓展了应用空间,带来了新的商业应用机遇。XML 数据库与 Web Service 的支持使应用系统实现 Internet 数据互联,与 .NET Framework 集成极大地扩展了开发空间,异

构数据集成、Service Broker 使数据和其他应用无缝集成,各种新数据类型和 Transact-SQL 的功能扩展带来了诸多灵活性。

4.1.4　SQL Server 2005 的主要技术

SQL Server 2005 是一个全面的数据库平台,使用集成的商业智能工具提供了企业级的数据管理。SQL Server 2005 数据库引擎为关系型数据和结构化数据提供了更安全可靠的存储功能,使用户可以构建和管理用于业务的高可用和高性能的数据应用程序。

SQL Server 2005 数据引擎是企业数据管理解决方案的核心。此外 SQL Server 2005 结合了分析、报表、集成和通知功能,这使企业可以构建和部署经济有效的商业智能解决方案。

与 Microsoft Visual Studio、Microsoft Office System 以及新的开发工具包(包括 Business Intelligence Development Studio)的紧密集成使 SQL Server 2005 与众不同。无论是开发人员、数据库管理员、信息工作者还是决策者,SQL Server 2005 都可以为其提供创新的解决方案。

SQL Server 2005 是用于大规模联机事务处理(OLTP)、数据仓库和电子商务应用的数据库和数据分析平台。

SQL Server 2005 包含下列技术。

1. SQL Server 数据库引擎

Microsoft SQL Server 2005 Database Engine 数据库引擎是用于存储、处理和保护数据的核心服务。利用数据库引擎可控制访问权限并快速处理事务,从而满足企业内要求极高而且需要处理大量数据的应用需要。数据库引擎还在保持高可用性方面提供了有力的支持。

2. SQL Server Analysis Services

SQL Server Analysis Services(SSAS)为商业智能应用程序提供了联机分析处理(OLAP)和数据挖掘功能。Analysis Services 允许用户设计、创建以及管理其中包含从其他数据源(例如关系数据库)聚合而来的数据的多维结构,从而提供 OLAP 支持。对于数据挖掘应用程序,Analysis Services 允许使用多种行业标准的数据挖掘算法来设计、创建和可视化从其他数据源构造的数据挖掘模型。

3. SQL Server Integration Services

SQL Server Integration Services(SSIS)是生成高性能数据集成解决方案(包括数据仓库的提取、转换和加载包)的平台。

Integration Services 包含用于生成和调试包的图形工具及向导;用于执行工作流功能的任务(如 FTP 操作、SQL 语句执行和电子邮件消息处理),用于提取和加载数据的数据源和目标,用于清理、聚合、合并和复制数据的转换,用于管理 Integration Services 的管理服务 Integration Services,以及对 Integration Services 对象模型进行编程的应用程序编程接口(API)。

4. SQL Server 复制

复制是在数据库之间对数据和数据库对象进行复制和分发,然后在数据库之间进行同步以保持一致性的一组技术。使用复制可以将数据通过局域网、广域网、拨号连接、无线连接和 Internet 分发到不同位置以及分发给远程用户或移动用户。

5. SQL Server Reporting Services

SQL Server Reporting Services(SSRS)是一种基于服务器的解决方案,用于生成从多种关系数据源和多维数据源提取内容的企业报表,发布能以各种格式查看的报表,用户创建的报表可以通过基于 Web 的链接进行查看。

Reporting Services 包含用于创建和发布报表及报表模型的图形工具和向导,用于管理 Reporting Services 的报表服务器管理工具,以及用于对 Reporting Services 对象模型进行编程和扩展的应用程序编程接口(API)。

6. SQL Server Notification Services

Microsoft SQL Server 2005 Notification Services 平台用于开发和部署可生成并发送通知的应用程序。Notification Services 可以生成并向大量订阅方及时发送个性化的消息,还可以向各种各样的设备传递消息。

7. SQL Server Service Broker

Service Broker 是一种用于生成可靠、可伸缩且安全的数据库应用程序的技术。Service Broker 是数据库引擎中的一种技术,它对队列提供了本机支持。Service Broker 还提供了一个基于消息的通信平台,可用于将不同的应用程序组件链接成一个操作整体。Service Broker 提供了许多生成分布式应用程序所必需的基础结构,可显著减少应用程序的开发时间。Service Broker 还可帮助用户轻松自如地缩放应用程序,以适应应用程序所要处理的流量。

8. 全文搜索

使用全文搜索可以快速、灵活地为存储在 Microsoft SQL Server 数据库中的文本数据的基于关键字的查询创建索引。与仅适用于字符模式的 LIKE 谓词不同,全文查询将根据特定语言的规则对词和短语进行操作,从而针对此数据执行语言搜索。

在 Microsoft SQL Server 2005 中,全文搜索用于提供企业级搜索功能。由于在性能、可管理性和功能方面的显著增强,全文搜索可为任意大小的应用程序提供强大的搜索功能。

9. SQL Server 工具和实用工具

SQL Server 提供了设计、开发、部署和管理关系数据库、Analysis Services 多维数据集、数据转换包、复制拓扑、报表服务器和通知服务器所需的工具。

4.2 SQL Server 2005 的安装准备

4.2.1 SQL Server 2005 的版本

根据应用程序的需要,安装要求可能有很大不同。SQL Server 2005 的不同版本能够满足企业和个人独特的性能、运行时的需求以及价格的要求。需要安装哪些 SQL Server 2005 组件也要根据企业或个人的需求而定。

1. SQL Server 2005 Enterprise Edition

Enterprise Edition(企业版)支持 32 位和 64 位计算机。Enterprise Edition 达到了支持超大型企业进行联机事务处理(OLTP)、高度复杂的数据分析、数据仓库系统和网站所需的性能水平。Enterprise Edition 的全面商业智能和分析能力及其高可用性功能(如故障转移群集),使它可以处理大多数关键业务的企业工作负荷。Enterprise Edition 是最全面的 SQL

Server 版本,是超大型企业的理想选择,能够满足最复杂的要求。

2. SQL Server 2005 Standard Edition

Standard Edition(标准版)支持32位和64位计算机。Standard Edition 是适合中小型企业的数据管理和分析平台。它包括电子商务、数据仓库和业务流解决方案所需的基本功能。Standard Edition 的集成商业智能和高可用性功能可以为企业提供支持其运营所需的基本功能。Standard Edition 是需要全面的数据管理和分析平台的中小型企业的理想选择。

3. SQL Server 2005 Workgroup Edition

Workgroup Edition(工作组版)仅适用于32位计算机。对于那些需要在大小和用户数量上没有限制的数据库的小型企业,Workgroup Edition 是理想的数据管理解决方案。Workgroup Edition 可以用作前端 Web 服务器,也可以用于部门或分支机构的运营。它包括 SQL Server 产品系列的核心数据库功能,并且可以轻松地升级至 Standard Edition 或 Enterprise Edition。Workgroup Edition 是理想的入门级数据库,具有可靠、功能强大且易于管理的特点。

4. SQL Server 2005 Developer Edition

Developer Edition(开发版)支持32位64位计算机。Developer Edition 使开发人员可以在 SQL Server 上生成任何类型的应用程序。它包括 SQL Server 2005 Enterprise Edition 的所有功能,但有许可限制,只能用于开发和测试系统,而不能用作生产服务器。Developer Edition 是独立软件供应商、咨询人员、系统集成商、解决方案供应商以及创建和测试应用程序的企业开发人员的理想选择。Developer Edition 可以根据生产需要升级至 SQL Server 2005 Enterprise Edition。

5. SQL Server 2005 Express Edition

Express Edition(精简版)仅适用于32位计算机。SQL Server Express 是一个免费、易用且便于管理的数据库。SQL Server Express 与 Microsoft Visual Studio 2005 集成在一起,可以轻松开发功能丰富、存储安全、可快速部署的数据驱动应用程序。SQL Server Express 是免费的,可以再分发(受制于协议),还可以起到客户端数据库以及基本服务器数据库的作用。SQL Server Express 是低端独立软件供应商、低端服务器用户、创建 Web 应用程序的非专业开发人员以及创建客户端应用程序的编程爱好者的理想选择。

4.2.2 SQL Server 2005 的安装环境

安装环境是 SQL Server 2005 对硬件、软件环境的要求,这些要求也是 SQL Server 2005 运行时必须的条件。在以下的环境中可以安装使用 SQL Server 2005 数据库系统。本书主要介绍32位 SQL Server 2005 的安装环境。

1. 硬件环境

硬件配置的高低会直接影响软件的运行速度。用 SQL Server 存储和管理数据的特点是数据量大,且对数据进行查询、修改和删除等操作频繁,更主要的是要保证多人同时高效地访问数据库,这对硬件性能要求较高。

①显示器。图形工具要求显示器的分辨率最好在1 024 像素×768 像素。

②处理器。需要 Pentium III 兼容处理器或更高速度的处理器,处理器速度最低应为600 MHz,建议使用1 GHz 或更高的速度。

③内存。最小容量为 512 MB,建议使用 1 GB 或更大内存。

④硬盘空间。实际硬盘空间要求取决于系统配置和选择安装的应用程序和功能。表4.1 显示了 SQL Server 2005 各组件对磁盘空间的要求。

表 4.1　SQL Server 2005 各组件对磁盘空间的要求

功能	磁盘空间要求
数据库引擎和数据文件、复制以及全文搜索	150 MB
Analysis Services 和数据文件	35 KB
Reporting Services 和报表管理器	40 MB
Notification Services 引擎组件、客户端组件和规则组件	5 MB
Integration Services	9 MB
客户端组件	12 MB
管理工具	70 MB
开发工具	20 MB
SQL Server 联机丛书和 SQL Server Mobile 联机丛书	15 MB
示例和示例数据库	390 MB

2. 软件环境

（1）操作系统

SQL Server 2005 包括服务器组件和客户端组件。服务器组件必须安装和运行在 Windows 的服务器版本上,客户端组件可以安装和运行在 Windows 的服务器版本或单机版本上。具体要求如下。

①SQL Server 2005 服务器组件要求的 Windows 操作系统版本。Windows 2000 Server + SP4、Windows 2000 Advance Server + SP4、Windows 2003 Server + SP1 或 Windows 2003 Enterprise Editon + SP1。

②SQL Server 2005 客户端组件要求的 Windows 操作系统版本。客户端组件除了可以安装在上面所列的操作系统外,还可以安装在 Windows 2000 Professional + SP4 或 Windows XP + SP2。

（2）网络软件

Windows 2003、Windows XP 和 Windows 2000 都具有内置网络软件。

（3）Internet 要求

需要 Microsoft Internet Explorer 6.0 SP1 或更高版本、Internet 信息服务(IIS)5.0 或更高版本、ASP. NET 2.0。

（4）其他软件

SQL Server 安装程序需要 Microsoft Windows Installer 3.1 或更高版本以及 Microsoft 数据访问组件(MDAC)2.8 SP1 或更高版本。

4.3　SQL Server 2005 实用工具

安装程序完成 Microsoft SQL Server 2005 的安装后,可以使用图形化工具和命令提示实用工具进一步配置 SQL Server。下面介绍用来管理 SQL Server 2005 实例的工具。

1. SQL Server Management Studio

Microsoft SQL Server Management Studio 是 Microsoft SQL Server 2005 提供的一种全新集成环境,用于访问、配置、控制、管理和开发 SQL Server 的所有组件。SQL Server Management Studio 将一组多样化的图形工具与多种功能齐全的脚本编辑器组合在一起,可为各种技术级别的开发人员和管理员提供对 SQL Server 的访问。

SQL Server Management Studio 将以前版本的 SQL Server 中所包括的企业管理器、查询分析器和 Analysis Manager 功能整合到单一环境中。此外,SQL Server Management Studio 还可以和 SQL Server 的所有组件协同工作,例如 Reporting Services、Integration Services、SQL Server Mobile 和 Notification Services。开发人员可以获得熟悉的体验,而数据库管理员可获得功能齐全的单一实用工具,其中包含易于使用的图形工具和丰富的脚本撰写功能。

单击"开始"菜单,选择"所有程序"中的"Microsoft SQL Server 2005"程序组,选择"SQL Server Management Studio"选项,出现如图 4.22 所示的"连接到服务器"对话框。

图 4.22 "连接到服务器"对话框

在图 4.22 界面中可以选择服务器类型,服务器名称及身份验证模式,然后单击【连接】按钮,出现如图 4.23 所示的"Microsoft SQL Server Management Studio"对话框。

2. SQL Server Profiler

Microsoft SQL Server Profiler 是 SQL 跟踪的图形用户界面,用于监视 SQL Server Database Engine 或 SQL Server Analysis Services 的实例。您可以捕获每个事件的有关数据并将其保存到文件或表中供以后分析。例如,可以对生产环境进行监视,了解哪些存储过程由于执行速度太慢影响了性能。

单击"开始"菜单,选择"所有程序"中的"Microsoft SQL Server 2005"程序组,选择"性能工具"程序组中的"SQL Server Profiler"选项,出现如图 4.24 所示的"SQL Server Profiler"窗口。

SQL Server Profiler 可显示 SQL Server 如何在内部解析查询。这就使管理员能够准确查

58

图 4.23 "Microsoft SQL Server Management Studio"对话框

图 4.24 "SQL Server Profiler"窗口

看提交到服务器的 Transact-SQL 语句或多维表达式,以及服务器是如何访问数据库或多维数据集以返回结果集的。

3. 数据库引擎优化顾问

数据库引擎优化顾问可以协助创建索引、索引视图和分区的最佳组合。

单击"开始"菜单,选择"所有程序"中的"Microsoft SQL Server 2005"程序组,选择"性能工具"程序组中的"数据库引擎优化顾问"选项,出现如图 4.22 所示的"连接到服务器"对话框,在该对话框中可以选择服务器类型、服务器名称及身份验证模式,然后单击【连接】按钮,出现如图 4.25 所示的"Database Engine Tuning Advisor"(数据库引擎优化顾问)窗口。

可以使用 dta.exe 文件在命令提示符下访问数据库引擎优化顾问,或通过应用程序的图

图 4.25 "Database Engine Tuning Advisor"窗口

形用户界面(GUI)访问该顾问。命令行实用工具能够将数据库引擎优化顾问的功能整合到脚本和软件程序中。dta 实用工具还支持 XML 输入。使用数据库引擎优化顾问 GUI,可轻松查看现有的优化会话的优化建议。

4. Business Intelligence Development Studio

Business Intelligence Development Studio 是用于 Analysis Services 和 Integration Services 解决方案的集成开发环境。

单击"开始"菜单,选择"所有程序"中的"Microsoft SQL Server 2005"程序组,选择"SQL Server Business Intelligence Development Studio"选项,出现如图 4.26 所示的"Microsoft Visual Studio"窗口。

Business Intelligence Development Studio 是包含特定于 SQL Server 2005 商业智能的附加项目类型的 Microsoft Visual Studio 2005。Business Intelligence Development Studio 是用于开发包括 Analysis Services、Integration Services 和 Reporting Services 项目在内的商业解决方案的主要环境。每个项目类型都提供了用于创建商业智能解决方案所需对象的模板,并提供了用于处理这些对象的各种设计器、工具和向导。

5. 命令提示实用工具

命令提示实用工具提供从命令提示符管理 SQL Server 对象的功能。单击"开始"菜单,选择"所有程序"中的"Microsoft SQL Server 2005"程序组,选择"配置工具"程序组中的"Notification Services 命令提示"选项,出现如图 4.27 所示的命令提示符窗口。

Microsoft SQL Server 2005 提供了一组命令提示实用工具。如可用于在 Microsoft SQL Server 实例和用户指定格式的数据文件之间复制数据的 bcp 实用工具。

6. SQL Server 配置管理器

SQL Server 配置管理器用来管理服务器和客户端网络配置设置。使用 SQL Server 配置

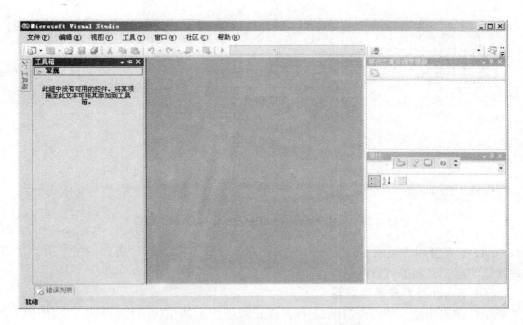

图 4. 26 "Microsoft Visual Studio"窗口

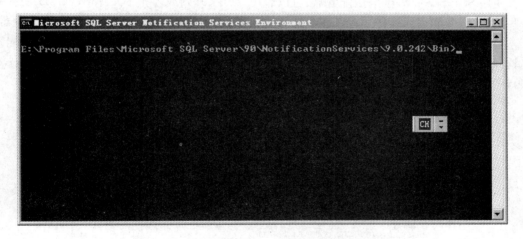

图 4. 27 "Notification Service Environment"窗口

管理器可以启动、暂停、恢复或停止服务,还可以查看或更改服务属性。

　　单击"开始"菜单,选择"所有程序"中的"Microsoft SQL Server 2005"程序组,选择"配置工具"程序组中的"SQL Server Configuration Manager"选项,出现如图 4. 28 所示的"SQL Server Configuration Manager"窗口。

　　SQL Server 配置管理器是一种工具,可用于管理与 SQL Server 相关联的服务、配置 SQL Server 使用的网络协议以及从 SQL Server 客户端计算机管理网络连接配置。SQL Server 配置管理器是一个 Microsoft 管理控制台管理单元,可以从"开始"菜单进行访问,也可以将其添加到其他任何 Microsoft 管理控制台中显示。Microsoft 管理控制台(mmc. exe)使用 Windows System32 文件夹中的 SQLServerManager. msc 文件打开 SQL Server 配置管理器。

图 4.28　SQL Server Configuration Manager"窗口

SQL Server 配置管理器集成了以下 SQL Server 2005 工具的功能,如服务器网络实用工具、客户端网络实用工具和服务管理器。

7. SQL Server 外围应用配置器

减少外围应用是一项安全措施,它涉及停止或禁用未使用的组件。外围应用的减少使得对系统潜在攻击的途径更少,从而有助于提高安全性。

使用 SQL Server 外围应用配置器,可以启用、禁用、开始或停止 SQL Server 2005 安装的一些功能、服务和远程连接。可以在本地和远程服务器中使用 SQL Server 外围应用配置器。

单击"开始"菜单,选择"所有程序"中的"Microsoft SQL Server 2005"程序组,选择"配置工具"程序组中的"SQL Server 外围应用配置器"选项,出现如图 4.29 所示的"SQL Server 2005 外围应用配置器"窗口。

图 4.29　SQL Server 2005 外围应用配置器"窗口

使用"服务和连接的外围应用配置器"来启用或禁用 Windows 服务和远程连接。使用"功能的外围应用置器"来启用或禁用数据库引擎、Analysis Services 和 Reporting Services 的功能。

4.4 SQL Server Management Studio 的使用

4.4.1 SQL Server 2005 服务器的管理

SQL Server 2005 是运行于网络环境下的数据库管理系统,它支持网络中不同计算机上的多个用户同时访问和管理数据库资源。服务器是 SQL Server 2005 数据库管理系统的核心,它为客户端提供网络服务,使用户能够远程访问和管理 SQL Server 数据库。非本机上的 SQL Server 2005 服务器称为远程服务器,对于这类服务器必须先注册才能进行相关管理工作。对于本机服务器,一般在安装时自动完成注册工作。

使用 SQL Server 2005 管理数据库之前,需要启动相应的服务。可以通过 SQL Server 配置管理器组件启动所需服务。如若使用 SQL Server 数据库引擎服务,需启动"SQL Server (MSSQLSERVER)"服务。在"开始"菜单上,依次指向"所有程序"、"Microsoft SQL Server 2005"、"配置工具",再单击"SQL Server Configuration Manager"(SQL Server 配置管理器),出现如图 4.28 所示的"SQL Server Configuration Manager"对话框。在左侧目录树中选择"SQL Server 2005 服务",在右侧显示了服务内容列表,右击所需要的服务,如"SQL Server (MSSQLSERVER)",在快捷菜单中选择"启动"。当不需要相应服务时可以选择"暂停"、"关闭"。

4.4.2 SQL Server 2005 的管理平台

Management Studio 是为 SQL Server 数据库管理员和开发人员提供的新工具。此工具由 Microsoft Visual Studio 内部承载,它提供了用于数据库管理的图形工具和功能丰富的开发环境。Management Studio 将 SQL Server 2000 企业管理器、Analysis Manager 和 SQL 查询分析器的功能集于一身,还可用于编写 MDX、XMLA 和 XML 语句。

SQL Server Management Studio 是一套管理工具,用于管理从属于 SQL Server 的组件。此集成环境使用户可以在一个界面内执行各种任务(如备份数据、编辑查询和自动执行常见函数)。

1. **启动** SQL Server Management Studio

在"开始"菜单上,依次指向"所有程序"、"Microsoft SQL Server 2005",再单击"SQL Server Management Studio",出现如图 4.30 所示的"连接到服务器"对话框。

在"连接到服务器"对话框中提供五种服务器类型,包括数据库引擎、Analysis Services、Reporting Services、SQL Server Mobile 及 Integration Services,选择服务器类型为"数据库引擎",服务器名称选择本地服务器,在身份认证下拉列表框中选择"Windows 身份验证",再单击【连接】按钮,出现图 4.31 所示的"SQL Server Management Studio"对话框。

默认情况下,Management Studio 中将显示三个组件窗口。

(1)"已注册的服务器"窗口

该窗口列出的是经常管理的服务器。可以在此列表中添加和删除服务器。如果计算机

图 4.30 "连接到服务器"界面

图 4.31 "SQL Server Management Studio"对话框

上以前安装了 SQL Server 2000 企业管理器,则系统将提示导入已注册服务器的列表。否则,列出的服务器中仅包含运行 Management Studio 的计算机上的 SQL Server 实例。如果未显示所需的服务器,可以在"已注册的服务器"窗口中右键单击"数据库引擎"项目,在弹出的快捷菜单中再单击"更新本地服务器注册"菜单项。

（2）"对象资源管理器"窗口

该窗口是服务器中所有数据库对象的树状视图。此树状视图可以包括 SQL Server Database Engine、Analysis Services、Reporting Services、Integration Services 和 SQL Server Mobile 的数据库。对象资源管理器包括与其连接的所有服务器的信息。打开 Management Studio 时，系统会提示用户将对象资源管理器连接到上次使用的设置。用户可以在"已注册的服务器"组件中双击任意服务器进行连接，但无需注册要连接的服务器。

（3）文档窗口

该窗口是 Management Studio 中的最大部分。文档窗口可能包含查询编辑器和浏览器窗口。默认情况下，将显示已与当前计算机上的数据库引擎实例连接的"摘要"页。

2. 与已注册的服务器和对象资源管理器连接

（1）连接到服务器

"已注册的服务器"窗口的工具栏中包含用于数据库引擎、Analysis Services、Reporting Services、SQL Server Mobile 和 Integration Services 的按钮，可以注册上述任意服务器类型，以便于管理。

【例 4.1】注册 AdventureWorks 数据库。

AdventureWorks 数据库是 Microsoft SQL Server 2005 的一个更大的新示例数据库，可演示 Microsoft SQL Server 2005 中更复杂的功能。AdventureWorksDW 是一个支持 SQL Server Analysis Services 的关系数据库。为了增强安全性，默认情况下不会安装示例数据库。若要安装示例数据库，可以从"控制面板"的"添加或删除程序"中运行安装程序。

①在"已注册的服务器"窗口工具栏上，单击【数据库引擎】按钮。

②在窗口中右键单击"数据库引擎"，指向"新建"，在子菜单中选择"服务器注册"。此时将打开"新建服务器注册"对话框，如图 4.32 所示。

③在"服务器名称"框中选择 SQL Server 实例的名称。

④在"已注册的服务器名称"文本框中键入注册服务器名称，如 AdventureWorks。

⑤在"连接属性"选项卡的"连接到数据库"列表中选择 AdventureWorks，再单击【保存】按钮，会出现如图 4.33 所示的"已注册的服务器"窗口。

（2）与对象资源管理器连接

与"已注册的服务器"类似，对象资源管理器也可以连接到数据库引擎、Analysis Services、Integration Services、Reporting Services 和 SQL Server Mobile。

【例 4.2】在对象资源管理器中注册 AdventureWorks 数据库。

①在"对象资源管理器"的工具栏上，单击【连接】按钮，在显示可用连接类型下拉列表中选择"数据库引擎"，系统将打开"连接到服务器"对话框。

②在"服务器名称"文本框中，键入 SQL Server 实例的名称。

③单击【选项】按钮，然后设置各选项。

④单击【连接】按钮，连接到服务器。如果已经连接，则将直接返回到对象资源管理器，并将该服务器设置为焦点。

连接到 SQL Server 的某个实例时，对象资源管理器会显示外观和功能与 SQL Server 2000 企业管理器中的控制台根节点非常相似的信息。增强功能包括在浏览数以千计的数据库对象时可具有更大的伸缩性。使用对象资源管理器，可以管理 SQL Server 安全性、SQL Server 代理、复制、数据库邮件以及 Notification Services。对象资源管理器只能管理 Analysis

图 4.32 "新建服务器注册"对话框

Services、Reporting Services 和 SSIS 的部分功能。上述每个组件都有其他专用工具。

⑤在对象资源管理器中,展开"数据库"文件夹,然后选择 AdventureWorks,出现如图 4.34 所示的"对象资源管理器"窗口。

3. 更改环境布局

(1)关闭和隐藏组件窗口

①单击"已注册的服务器"窗口右上角的关闭按钮,可以将其隐藏。已注册的服务器随即关闭。

②在"对象资源管理器"窗口中,单击带有"自动隐藏"工具提示的图钉按钮。"对象资源管理器"将被最小化到屏幕的左侧。在"对象资源管理器"标题栏上移动鼠标,对象资源管理器将重新打开。再次单击图钉按钮,使"对象资源管理器"驻留在打开的位置。

③在"视图"菜单上可以选择各组件,使其可以显示或隐藏。

④激活某组件窗口,在"窗口"菜单中选择该组件的显示方式,包括浮动、可停靠(已选中)、选项卡式文档、自动隐藏、隐藏。

(2)显示摘要页

在"视图"菜单上单击"摘要",或者在"标准"工具栏上单击【摘要】按钮,可以显示"摘要"页。如果"摘要"页没有打开,则此时将打开该页;如果该页从后台打开,则此时将转到前台显示。

图 4.33 "已注册的服务器"窗口

图 4.34 "对象资源管理器"窗口

"摘要"页会在"对象资源管理器"的每一层提供最需要的对象信息。如果对象列表很大,则"摘要"页处理信息的时间可能会很长。

有两个摘要页视图。一个是"详细信息"视图,用于针对每种对象类型提供最可能感兴趣的信息。另一个是"列表"视图,用于提供对象资源管理器中选定节点内的对象的列表。如果要删除多个项,可使用"列表"视图一次选中多个对象。

使用摘要页还可以访问一组预定义的报表。单击"报表"按钮上的箭头,可以显示可用报表的列表。

4.5　SQL 语言概述

SQL 语言是结构化语言(Structure Query Language)的缩写,是一种用于数据库查询和编程的语言,已经成为关系型数据库普遍使用的标准,使用这种标准数据库语言对程序设计和数据库的维护极为方便,广泛应用于各种数据查询。

4.5.1　SQL 语言的发展

SQL 语言是 1974 年在 IBM 的关系数据库 SYSTEM R 上实现的语言。它提供给用户一种表示方法说明要查询的结果特性,至于如何查询以及查询结果的形式都由 DBMS 来完成。由于它具有功能丰富、使用方式灵活、语言简洁易学等突出优点,在计算机工业界和计算机用户中备受欢迎。1986 年 10 月,美国国家标准局(ANSI)的数据库委员会批准了 SQL 作为关系数据库语言的美国标准。1987 年 6 月国际标准化组织(ISO)将其采纳为国际标准。这个标准也称为"SQL-86"。随着 SQL 标准化工作的不断进行,相继出现了"SQL-89"、"SQL-2"(1992)、"SQL-3"(1993)、SQL-99、SQL-2003 等多个版本。SQL 成为国际标准后,对数据库以外的领域也产生了很大影响,不少软件产品将 SQL 语言的数据查询功能与图形功能、软件工程工具、软件开发工具、人工智能程序结合起来。

SQL 语言作为关系数据库的标准语言,其语句可以用来执行各种各样的操作。目前所有的关系数据库管理系统(如 Oracle、Sybase、SQL Server、Visual FoxPro、Access)都支持 SQL 语言,只是不同系统支持的 SQL 语言功能有所区别。

4.5.2　SQL 语言的特点

SQL 语言之所以能为用户和业界接受,并成为国际标准,原因为它是一个综合的、功能极强同时又简捷易学的语言。SQL 语言集数据查询、数据操纵、数据定义和数据控制功能于一体,主要特点如下。

(1)非过程化语言

非关系数据模型的数据操纵语言是面向过程的语言,用其完成某项请求,必须指定路径。而用 SQL 语言进行数据操作,只要提出"做什么",而无需指明"怎么做",无需了解存取路径,存取路径的选择以及 SQL 语句的操作过程由系统自动完成。这大大减轻了用户负担,提高了数据独立性。

(2)综合统一

SQL 语言集数据定义、数据操作、数据控制语言的功能于一体。

（3）关系数据库的公共语言

用户可将使用 SQL 的系统从一个 RDBMS 很容易地转到另一个系统。所有用 SQL 语言写的程序都具有可移植性。

（4）以同一种语法结构提供两种使用方式

SQL 有两种使用方法：一种是以与用户交互的方式联机使用，称为自含式语言，用户可在终端键盘上直接键入 SQL 命令对数据库进行操作；另一种宿主型 SQL，即将 SQL 语句嵌入到高级语言（如 C、FORTRAN、COBOL）程序中。

（5）语言简捷、易学易用

SQL 语言功能极强，设计巧妙，语言简捷，且 SQL 语言接近英语，易于学习。

4.5.3　SQL 语言的功能

设计 SQL 语言的最初目的是查询，但 SQL 语言不仅仅是一个查询工具，它可以完成数据库的全部操作。按照其实现的功能可以将 SQL 划分为如下几类。

①数据查询语言（Data Query Language，DQL），按一定的查询条件从数据库对象中检索符合条件的数据。

②数据定义语言（Data Definition Language，DDL），用于定义数据的逻辑结构以及数据项之间的关系。

③数据操纵语言（Data Manipulation Language，DML），用于更改数据库，包括增加新数据、删除旧数据、修改已有数据等。

④数据控制语言（Data Control Language，DCL），用于控制其对数据库中数据的操作，包括基本表和视图等对象的授权、完整性规则的描述、事务开始和结束控制语句等。

4.5.4　Transact-SQL

Transact-SQL（又称 T-SQL）是 Microsoft 公司在关系型数据库管理系统 SQL Server 中对 SQL-3 标准的实现，是微软对 SQL 的扩展，具有 SQL 的主要特点，同时增加了变量、运算符、函数、流程控制和注释等语言元素，使得其功能更加强大。T-SQL 对 SQL Server 十分重要，SQL Server 中使用图形界面能够完成的所有功能都可以利用 T-SQL 来实现。使用 T-SQL 操作时，与 SQL Server 通信的所有应用程序都通过向服务器发送 T-SQL 语句来进行，而与应用程序的界面无关。

第 5 章　SQL Server 数据库的创建与管理

本章主要介绍 SQL Server 中数据库的概念、数据库文件的类型、系统数据库，以及创建、打开、修改、删除数据库的方法。

5.1　SQL Server 数据库概述

5.1.1　数据库引擎

Microsoft SQL Server 2005 Database Engine(数据库引擎)是存储和处理关系(表格)格式的数据或 XML 文档数据的服务。

数据库引擎的主要任务如下。

①设计并创建数据库，以保存系统所需的关系表或 XML 文档。

②实现系统访问和更改数据库中存储的数据。包括实现网站或使用数据的应用程序，以及生成利用 SQL Server 工具和实用工具以使用数据的过程。

③为单位或客户部署将要实现的系统。

④提供日常管理支持，以优化数据库的性能。

SQL Server 2005 中的数据库由表集合组成。这些表包含数据以及为支持数据操作而定义的其他对象，如视图、索引、存储过程、用户定义函数和触发器。存储在数据库中的数据通常与特定的主题或过程相关，如生产仓库的库存信息。表上有几种类型的控制(例如约束、触发器、默认值和自定义用户数据类型)，用于保证数据的有效性。可以向表上添加完整性约束，以确保不同表中的相关数据保持一致。表上可以有索引，利用索引能够快速找到行。

数据库还可以包含使用 Transact-SQL 或 .NET Framework 编程代码的过程对数据库中数据执行操作。这些操作包括创建用于提供对表数据的自定义访问的视图，或创建用于对部分行执行复杂计算的用户定义函数。

一个 SQL Server 实例可以支持多个数据库。每个数据库可以存储来自其他数据库的相关数据或不相关数据。例如，SQL Server 实例可以有一个数据库用于存储职员数据，另一个数据库用于存储与产品相关的数据。或者，一个数据库可以存储当前客户订单数据，而另一个相关数据库可以存储用于年度报告的历史客户订单。

5.1.2　文件和文件组

SQL Server 2005 将数据库映射为一组操作系统文件。数据和日志信息保存在不同的文件中，而且每个文件仅在一个数据库中使用。文件组是命名的文件集合，用于帮助数据布局和管理任务，例如备份和还原操作。

每个 SQL Server 2005 数据库至少具有两个操作系统文件：一个数据文件和一个日志文件。数据文件包含数据和对象，例如表、索引、存储过程和视图。日志文件包含恢复数据库中的所有事务所需的信息。

70

1. 数据库文件

SQL Server 2005 数据库具有如下三种类型的文件。

（1）主数据文件

主数据文件包含数据库的启动信息，并指向数据库中的其他文件。用户数据和对象可存储在此文件中，也可以存储在次要数据文件中。每个数据库都有一个主数据文件。主数据文件的默认文件扩展名是. mdf。

（2）辅助数据文件

除主数据文件以外的所有其他数据文件都是辅助数据文件。辅助数据文件是可选的，由用户定义并用来存储用户数据。辅助数据文件可以有 0 到多个。辅助数据文件的默认文件扩展名是. ndf。

（3）事务日志文件

事务日志文件保存用于恢复数据库的日志信息。每个数据库必须至少有一个日志文件，也可以有多个。事务日志的默认文件扩展名是. ldf。

在 SQL Server 2005 中，数据库中所有文件的位置都记录在数据库的主文件和 master 数据库中。

默认情况下，数据和事务日志被放在同一驱动器上的同一路径下。这是为处理单磁盘系统而采用的方法。但在生产环境中，这可能不是最佳方法，可将数据和日志文件放在不同的磁盘上。

2. 数据库逻辑和物理文件名称

SQL Server 2005 数据库文件有两个名称。

（1）逻辑文件名

逻辑文件名（logical_file_name）是在所有 Transact-SQL 语句中引用物理文件时使用的名称。逻辑文件名必须符合 SQL Server 标识符规则，而且在数据库中的逻辑文件名必须是唯一的。

（2）物理文件名

物理文件名（os_file_name）是包括目录路径的物理文件名。它必须符合操作系统文件命名规则。

在默认 SQL Server 2005 实例上创建的数据库的逻辑文件名和物理文件名示例如图 4. 1 所示，该数据库有一个主数据库文件，两个辅助数据库文件和两个日志文件。

SQL Server 2005 数据库文件的逻辑文件名与物理文件名的主文件名既可以一致也可以不一致，在图 5. 1 中上面列出的是数据库的逻辑文件名，下面列出的是物理文件名。

3. 数据文件页

SQL Server 中数据存储的基本单位是页。为数据库中的数据文件（. mdf 或. ndf）分配的磁盘空间可以从逻辑上划分成页（从 0 到 n 连续编号）。磁盘 I/O 操作是在页上进行的。也就是说，SQL Server 是以页为单位读写数据的。

区是八个物理上连续的页的集合，用来有效地管理页。所有页都存储在区中。

（1）页

在 SQL Server 中，页的大小为 8 KB。这意味着 SQL Server 数据库中每 MB 有 128 页。每页的开头是 96 字节的标头，用于存储有关页的系统信息。此信息包括页码、页类型、页的

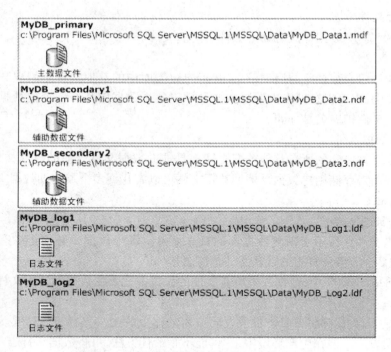

图 5.1 数据库逻辑文件名与物理文件名示例

可用空间以及拥有该页的对象的分配单元 ID。

注意:日志文件不包含页,而是包含一系列日志记录。

(2)区

区是管理空间的基本单位。一个区是八个物理上连续的页(即 64 KB)。这意味着 SQL Server 数据库中每 MB 有 16 个区。

为了使空间分配更有效,SQL Server 不会将所有区分配给包含少量数据的表。SQL Server 有两种类型的区。

①统一区。由单个对象所有。区中的所有 8 页只能由所属对象使用。

②混合区。最多可由八个对象共享。区中 8 页的每页可由不同的对象所有。

(3)文件页

SQL Server 2005 数据文件中的页按顺序编号,文件的首页以 0 开始。数据库中的每个文件都有一个唯一的文件 ID 号。若要唯一标识数据库中的页,需要同时使用文件 ID 和页码。图 5.2 显示了包含 4MB 主数据文件和 1MB 辅助数据文件的数据库中的页码。

4. 文件大小

SQL Server 2005 文件可以从最初指定的大小开始自动增长。在定义文件时,可以指定一个特定的增量。每次填充文件时,其大小均按此增量来增长。如果文件组中有多个文件,则它们在所有文件被填满之前不会自动增长。填满后,这些文件会循环增长。

每个文件还可以指定一个最大容量。如果没有指定最大容量,文件可以一直增长到用完磁盘上的所有可用空间。

5. 数据库文件组

为便于分配和管理,可以将数据库对象和文件一起分成文件组。有以下两种类型的文

图5.2 数据文件页示例

件组。

(1)主要文件组

每个数据库有一个主要文件组(PRIMARY 文件组)。此文件组包含主数据文件和未放入其他文件组的所有次要文件。所有系统表的所有页均分配在主文件组中。

(2)用户定义文件组

可以创建用户定义的文件组,用于将数据文件集合起来,以便于管理、数据分配和放置。用户定义文件组是通过在 CREATE DATABASE 或 ALTER DATABASE 语句中使用 FILEGROUP 关键字指定的任何文件组。

日志文件不包含在文件组内。日志空间与数据空间分开管理。

例如,分别在三个磁盘驱动器上创建三个文件 Data1. ndf、Data2. ndf 和 Data3. ndf,将它们分配给文件组 fgroup1。然后,在文件组 fgroup1 上创建一个表。对表中数据的查询将分散到三个磁盘上,从而提高了性能。

一个文件不可以是多个文件组的成员。表、索引和大型对象数据可以与指定的文件组相关联。在这种情况下,它们的所有页将被分配到该文件组,或者对表和索引进行分区。已分区表和索引的数据被分割为单元,每个单元可以放置在数据库中的单独文件组中。

每个数据库中均有一个文件组被指定为默认文件组。如果创建表或索引时未指定文件组,则将假定所有页都从默认文件组分配。一次只能有一个文件组作为默认文件组。db_owner 固定数据库角色成员(第 12 章介绍)可以将默认文件组从一个文件组切换到另一个文件组。如果没有指定默认文件组,则将 PRIMARY 文件组作为默认文件组。

可以使用 ALTER DATABASE 语句更改默认文件组,但系统对象和表仍然分配给 PRIMARY 文件组,而不是新的默认文件组。

5.1.3 事务日志

每个 SQL Server 2005 数据库都有一个事务日志,用于记录所有事务以及每个事务对数据库所做的修改。事务日志是任何数据库的关键组成部分。如果系统出现故障,它将成为最新数据的唯一源。因此慎做删除或移动事务日志操作。

1. 事务日志支持的操作

事务日志支持以下操作。

（1）恢复个别的事务

如果应用程序发出 ROLLBACK（事务回滚）语句，或者数据库引擎检测到错误，系统使用日志记录回滚未完成的事务所做的修改。

（2）SQL Server 启动时恢复所有未完成的事务

当运行 SQL Server 的服务器发生故障时，数据库可能处于以下不正确的状态：还没有将某些修改从缓存写入数据文件，在数据文件内有未完成的事务所做的修改。当启动 SQL Server 实例时，它对每个数据库执行恢复操作。前滚日志中记录的、可能尚未写入数据文件的每个修改，在事务日志中找到的每个未完成的事务都将回滚，以确保数据库的完整性。

（3）将还原的数据库、文件、文件组或页前滚到故障点

在硬件丢失或磁盘故障影响到数据库文件后，可以将数据库还原到故障点。首先还原上一次的完整备份和差异备份，然后将事务日志备份后续序列还原到故障点。当还原每个日志备份时，数据库引擎重新应用日志中记录的所有修改，以前滚所有事务。当最后的日志备份还原后，数据库引擎将使用日志信息回滚到该点未完成的所有事务。

（4）支持事务复制

日志读取器代理程序监视已为事务复制配置的每个数据库的事务日志，并将已设复制标记的事务从事务日志复制到分发数据库中。

（5）支持备用服务器解决方案

备用服务器解决方案、数据库镜像和日志传送高度依赖于事务日志。在日志传送方案中，主服务器将主数据库的活动事务日志发送到一个或多个目标服务器。每个辅助服务器将该日志还原为其本地的辅助数据库。

在数据库镜像方案中，数据库（主体数据库）的每次更新都在独立的、完整的数据库（镜像数据库）副本中立即重新生成。主体服务器实例立即将每条日志记录发送到镜像服务器实例，镜像服务器实例将传入的日志记录应用于镜像数据库，从而将其继续前滚。

2. 事务日志的特征

①事务日志是作为数据库中的单独的文件或一组文件实现的。日志缓存与数据页缓存分开管理，从而使数据库引擎内的编码更简单、更快速和更可靠。

②日志记录和页的格式不必遵守数据页的格式。

③事务日志可以在几个文件上实现。通过设置日志的 FILEGROWTH 值可以将这些文件定义为自动扩展。这样可减少事务日志内空间不足的可能性，同时减少管理开销。

④重用日志文件中的空间机制，其速度快且对事务吞吐量影响最小。

5.1.4 数据库快照

数据库快照是 Microsoft SQL Server 2005 中的新增功能。数据库快照仅在 Microsoft SQL Server 2005 Enterprise Edition 中可用。

数据库快照是数据库（源数据库）的只读、静态视图。多个快照可以位于一个源数据库中，并且可以作为数据库始终驻留在同一服务器实例上。创建快照时，每个数据库快照在事务上与源数据库一致。在被数据库所有者显式删除之前，快照始终存在。

快照可用于报表。另外，如果源数据库出现用户错误，还可将源数据库恢复到创建快照时的状态。丢失的数据仅限于创建快照后数据库更新的数据。

74

5.2 系统数据库

SQL Server 2005 安装成功后,系统自动安装了 5 个系统数据库和 2 个示例数据库,下面分别介绍。

1. master 数据库

master 数据库记录 SQL Server 系统的所有系统级信息。包括实例范围的元数据、端点、链接服务器和系统配置设置。master 数据库还记录所有其他数据库是否存在以及这些数据库文件的位置。另外,master 也记录 SQL Server 的初始化信息。因此,如果 master 数据库不可用,则 SQL Server 无法启动。在 SQL Server 2005 中,系统对象不再存储在 master 数据库中,而是存储在 Resource 数据库中。

表 5.1 列出了 master 数据库的数据和日志文件的初始配置值。对于 SQL Server 2005 的不同版本,这些文件的大小可能略有不同。

表 5.1　master 数据库的初始配置

文件	逻辑名称	物理名称	文件增长
主数据文件	master	master. mdf	按 10% 自动增长,直到磁盘已满
日志文件	mastlog	mastlog. ldf	按 10% 自动增长,直到达到最大值 2 TB

不能在 master 数据库中执行下列操作。

- 添加文件或文件组。
- 更改排序规则,默认排序规则为服务器排序规则。
- 更改数据库所有者,master 归 dbo 所有。
- 创建全文目录或全文索引。
- 在数据库的系统表上创建触发器。
- 删除数据库。
- 从数据库中删除 guest 用户。
- 参与数据库镜像。
- 删除主文件组、主数据文件或日志文件。
- 重命名数据库或主文件组。
- 将数据库设置为 OFFLINE。
- 将数据库或主文件组设置为 READ_ONLY。

使用 master 数据库时,建议如下。

- 始终有一个 master 数据库的当前备份可用。
- 执行下列操作后,尽快备份 master 数据库:
  ☞ 创建、修改或删除数据库;
  ☞ 更改服务器或数据库的配置值;
  ☞ 修改或添加登录帐户。
- 不要在 master 中创建用户对象,否则,必须更频繁地备份 master。

2. model 数据库

model 数据库是在 SQL Server 实例上创建的所有数据库的模板。因为每次启动 SQL Server 时都会创建 tempdb 数据库,所以 model 数据库必须始终存在于 SQL Server 系统中。

当发出 CREATE DATABASE 语句时,将通过复制 model 数据库中的内容来创建数据库的第一部分,然后用空页填充新数据库的剩余部分。

如果修改 model 数据库,之后创建的所有数据库都将继承这些修改。

表 5.2 列出了 model 数据库的数据和日志文件的初始配置值。对于 SQL Server 2005 的不同版本,这些文件的大小可能略有不同。

表 5.2   model 数据库的初始配置

文件	逻辑名称	物理名称	文件增长
主数据文件	modeldev	model. mdf	按 10% 自动增长,直到磁盘已满
日志文件	modellog	modellog. ldf	按 10% 自动增长,直至达到最大值 2 TB

不能在 model 数据库中执行下列操作。

- •添加文件或文件组。
- •更改排序规则,默认排序规则为服务器排序规则。
- •更改数据库所有者,model 归 dbo 所有。
- •删除数据库。
- •从数据库中删除 guest 用户。
- •参与数据库镜像。
- •删除主文件组、主数据文件或日志文件。
- •重命名数据库或主文件组。
- •将数据库设置为 OFFLINE。
- •将数据库或主文件组设置为 READ_ONLY。

3. msdb 数据库

msdb 数据库由 SQL Server 代理用来计划警报和作业。

表 5.3 列出了 msdb 数据库的数据和日志文件的初始配置值。对于 SQL Server 2005 的不同版本,这些文件的大小可能略有不同。

表 5.3   msdb 数据库的初始配置

msdb 文件	逻辑名称	物理名称	文件增长
主数据	MSDBData	MSDBData. mdf	按 256 KB 自动增长,直到磁盘已满
Log	MSDBLog	MSDBLog. ldf	按 256 KB 自动增长,直至达到最大值 2 TB

不能在 msdb 数据库中执行下列操作。

- •更改排序规则,默认排序规则为服务器排序规则。
- •删除数据库。

- 从数据库中删除 guest 用户。
- 参与数据库镜像。
- 删除主文件组、主数据文件或日志文件。
- 重命名数据库或主文件组。
- 将数据库设置为 OFFLINE。
- 将主文件组设置为 READ_ONLY。

4. tempdb 数据库

tempdb 系统数据库是连接到 SQL Server 实例的所有用户都可用的全局资源,它保存所有临时表和临时存储过程。另外,它还用来满足所有其他临时存储要求,例如存储 SQL Server 生成的工作表。

每次启动 SQL Server 时,都要重新创建 tempdb,以便系统启动时,该数据库总是空的。在断开连接时会自动删除临时表和存储过程,并且在系统关闭后没有活动连接。

tempdb 用于保存以下内容。

- 显式创建的临时对象,例如表、存储过程、表变量或游标;
- 所有版本的更新记录(如果启用了快照隔离);
- SQL Server Database Engine 创建的内部工作表;
- 创建或重新生成索引时,临时排序的结果(如果指定了 SORT_IN_TEMPDB)。

tempdb 中的操作是最小日志记录操作,这样可以回滚事务,但 tempdb 不能备份或还原。

表 5.4 列出了 tempdb 数据库的数据和日志文件的初始配置值。对于 SQL Server 2005 的不同版本,这些文件的大小可能略有不同。

表 5.4　tempdb 数据库的初始配置

文件	逻辑名称	物理名称	文件增长
主数据文件	tempdev	tempdb. mdf	按 10% 自动增长,直到磁盘已满
日志文件	templog	templog. ldf	按 10% 自动增长,直至达到最大值 2 TB

tempdb 的大小可以影响系统性能。如果 tempdb 的大小太小,则每次启动 SQL Server 时,系统处理可能忙于数据库的自动增长,而不能支持工作负荷要求。可以通过增加 tempdb 的大小来避免此开销。

不能对 tempdb 数据库执行以下操作。

- 添加文件组。
- 备份或还原数据库。
- 更改排序规则。默认排序规则为服务器排序规则。
- 更改数据库所有者,tempdb 的所有者是 dbo。
- 删除数据库。
- 从数据库中删除 guest 用户。
- 参与数据库镜像。
- 删除主文件组、主数据文件或日志文件。

•重命名数据库或主文件组。

•将数据库设置为 OFFLINE。

•将数据库或主文件组设置为 READ_ONLY。

5. Resource 数据库

Resource 数据库是只读数据库,它包含了 SQL Server 2005 中的所有系统对象。SQL Server 系统对象(例如 sys.objects)在物理上持续存在于 Resource 数据库中,但在逻辑上它们出现于每个数据库的 sys 架构中。Resource 数据库不包含用户数据或用户元数据。

Resource 数据库具有显著的优点。例如,快速的版本升级和易于回滚 Service Pack 的能力。

Resource 数据库的物理文件名为 Mssqlsystemresource.mdf。默认情况下,此文件位于 C:\\Program Files\\Microsoft SQL Server\\MSSQL.1\\MSSQL\\Data\\Mssqlsystemresource.mdf。

注意:不要移动或重命名 Resource 数据库文件。如果该文件已重命名或移动,SQL Server 将不启动。另外,不要将 Resource 数据库放置在压缩或加密的 NTFS 文件系统文件夹中,此操作会降低性能并阻止升级。

每个 SQL Server 实例都具有一个(也是唯一的一个)关联的 Mssqlsystemresource.mdf 文件,并且实例间不共享此文件。在群集中,Resource 数据库位于共享磁盘上的 \\Data 文件夹中。

5.3　创建数据库

若要创建数据库,必须确定数据库的名称、所有者、大小以及存储该数据库的文件和文件组。其中所有者是创建数据库的用户。

在创建数据库之前,必须至少拥有 CREATE DATABASE、CREATE ANY DATABASE 或 ALTER ANY DATABASE 权限(在第 12 章介绍)。

对于一个 SQL Server 实例,最多可以创建 32 767 个数据库。

数据库名称必须遵循为标识符指定的规则。

model 数据库中的所有用户定义对象都将复制到所有新创建的数据库中。可以向 model 数据库中添加任何对象(例如表、视图、存储过程和数据类型),以将这些对象包含到所有新创建的数据库中。

在 SQL Server 2005 中,可以通过 SQL Server Management Studio 的图形工具或 Transact-SQL 语句创建数据库,下面将分别介绍。

5.3.1　使用图形工具创建数据库

【例 5.1】　创建表 1.1 至表 1.4 的教学数据库,名称为 teaching,该数据库贯穿本书的后续章节。

在 SQL Server Management Studio 下创建教学数据库过程如下。

①启动"SQL Server Management Studio"。

②在"对象资源管理器"的树状结构中右击"数据库",在出现的快捷菜单中选择"新建数据库…"菜单项,如图 5.3 所示。

③出现"新建数据库"窗口,如图 5.4 所示。

图 5.3　创建数据库界面

图 5.4　"新建数据库"窗口

在图 5.4"常规"选项页中数据库名称处输入"teaching"，在"逻辑名称"下输入主数据库文件的逻辑名称为"teaching_data"，在初始大小下可以设置主数据库文件的大小，单击"自动增长"下的【...】按钮，出现如图 5.5 所示的"更改 teaching_data 的自动增长设置"对话框。

图 5.5 "更改 teaching_data 的自动增长设置"对话框

在该对话框中可以设置自动增长的方式是按百分比增长还是按 MB 字节增长，还可以设置文件增长是否有上界，本例设置每次增长 2 MB，不限制文件增长，设置好后单击【确定】按钮返回图 5.4 中。

在图 5.4 中的"路径"下单击【...】按钮，出现图 5.6 所示的"定位文件夹"窗口。

在该对话框中可以改变文件存放路径，本例选择默认路径，设置好后单击【确定】按钮，返回图 5.4。

在图 5.4 中的"数据库文件"列表框中的第二行可以同样设置日志文件。

可以单击【添加】按钮，增加数据库的辅助数据文件及日志文件，如图 5.7 所示建立了一个主数据库文件 teaching_data，一个辅助数据库文件 teaching_data1，两个日志文件 teaching_log 和 teaching_log1 的数据库 teaching。

在图 5.7 中也可以单击【删除】按钮，删除设置错误的数据库文件。

④在图 5.7 中左侧"选择页"框中选择"选项"页，出现如图 5.8 所示的"选项"页窗口。

在图 5.8 中显示数据库的各选项及其值。图 5.9 显示了"文件组"页窗口。默认只有 PRIMARY 文件组，且是默认文件组。可以选择【添加】按钮新建用户定义文件组。

⑤设置好各项后单击【确定】按钮，返回 SQL Server Management Studio 界面，数据库创建完成，如图 5.10 所示。

5.3.2 用 Transact-SQL 命令创建数据库

CREATE DATABASE 命令用来创建一个新数据库和存储该数据库文件，命令语法格式如下。

图 5.6 "定位文件夹"窗口

CREATE DATABASE database_name

[ON

    [PRIMARY] [< filespec > [,... ,n]

    [, < filegroup > [,... ,n]]

    [LOG ON { < filespec > [,... ,n] }]]

]

[;]

    注意:在 Transact-SQL 命令的语法格式中,"[ ]"表示该项可以省略,省略时该参数取默认值。"{}"表示该项是必选项。"|"用于分隔括号或大括号内的项,这些项只能选择一

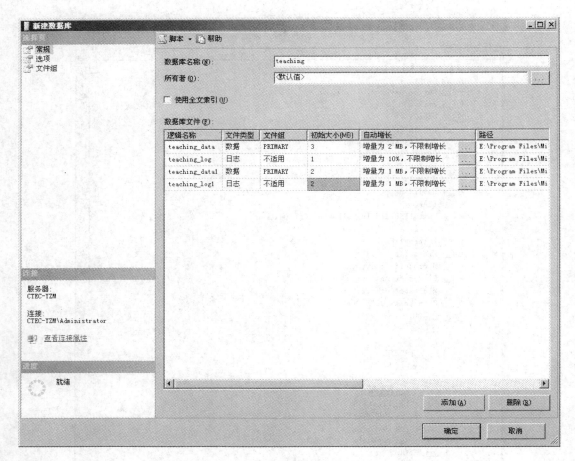

图 5.7　添加数据库文件界面

个。"[,…n]"表示前面的项可重复 n 次,每一项用逗号分隔。"< 标签 >∷ ="是语法块的名称,此规则用于对可在语句中的多个位置使用的过长语法单元部分进行标记,适合使用语法块的位置由带尖括号的标签表示:< 标签 >。本书所有语句的语法格式都遵守此约定。另外,Transact-SQL 命令语句在书写时不区分大小写,一般习惯用大写表示关键字,用小写表示用户自定义的名称,且一条语句可以写在多行上。

各选项含义如下。

• database_name:是新创建的数据库名称。数据库名称在 SQL Server 的实例中必须唯一,并且必须符合标识符规则,最多可以包含 128 个字符。

• ON:指定用来存储数据库数据文件的磁盘文件(数据文件),其后面是以逗号分隔的、用以定义主文件组的数据文件的 < filespec > 项列表,或用以定义用户文件组及其文件的 < filegroup > 项列表(可选)。

• PRIMARY 定义主文件。在主文件组的 < filespec > 项列表中的第一个文件成为主文件。一个数据库只能有一个主文件。

•如果没有指定 PRIMARY,那么 CREATE DATABASE 语句中列出的第一个文件将成为主文件。

图 5.8 "选项"页窗口

• LOG ON:指定显式定义用来存储数据库日志的磁盘文件(日志文件)。LOG ON 后跟以逗号分隔的用以定义日志文件的<filespec>项列表。如果没有指定 LOG ON,将自动创建一个日志文件,其大小为该数据库的所有数据文件大小总和的 25% 或 512 KB,取两者之中的较大者。

> <filespec> ::=
>
> {
>
> (NAME = logical_file_name,
>
> FILENAME = 'os_file_name'
>
> [, SIZE = size [KB|MB|GB|TB]]
>
> [, MAXSIZE = {max_size [KB|MB|GB|TB]|UNLIMITED }]
>
> [, FILEGROWTH = growth_increment [KB|MB|GB|TB|%]]
>
>) [,...,n]
>
> }

各选项含义如下。

• NAME = logical_file_name:指定文件的逻辑名称。logical_file_name 必须在数据库中唯

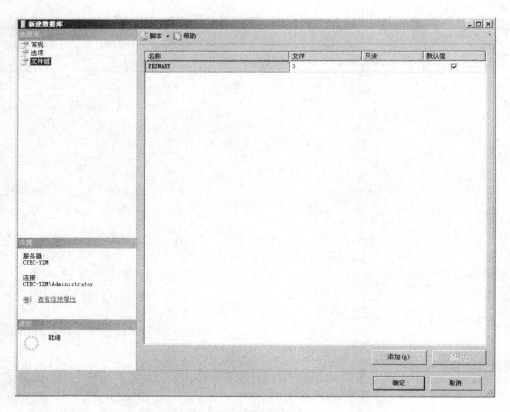

图 5.9　"文件组"页窗口

一,必须符合标识符规则。名称可以是字符或 Unicode 常量,也可以是常规标识符或分隔标识符。

- FILENAME = 'os_file_name':指定操作系统(物理)文件名称。'os_file_name'是创建文件时由操作系统使用的路径和文件名。

- SIZE = size:指定文件的大小。如果没有为主数据文件提供 size,则默认为 model 数据库中的主文件的大小。如果未指定辅助数据文件或日志文件的 size,则数据库引擎将以 1 MB 作为该文件的大小。可以使用千字节(KB)、兆字节(MB)、千兆字节(GB)或兆兆字节(TB)后缀,默认为 MB。size 必须是一个整数。

- MAXSIZE = max_size:指定文件可增大到的最大大小。可以使用 KB、MB、GB 和 TB 后缀,默认为 MB。指定一个整数,不包含小数位。如果未指定 max_size,则文件将一直增大,直至磁盘已满。

- UNLIMITED:指定文件将增长到磁盘已满。在 SQL Server 2005 中,指定为不限制增长的日志文件的最大大小为 2 TB,而数据文件的最大大小为 16 TB。

- FILEGROWTH = growth_increment:指定文件的自动增量。文件的 FILEGROWTH 设置不能超过 MAXSIZE 设置。该值可以 KB、MB、GB、TB 或百分比(%)为单位指定。如果未在数字后面指定 MB、KB 或%,则默认值为 MB。如果指定%,则增量大小为发生增长时文件大小的指定百分比。指定的大小舍入为最接近的 64 KB 的倍数。值为 0 时表明自动增长被设置为关闭,不允许增加空间。如果未指定 FILEGROWTH,则数据文件的默认值为 1 MB,

图 5.10　teaching 数据库创建完成界面

日志文件的默认增长比例为 10%,并且最小值为 64 KB。

  < filegroup > : : =

  {

   FILEGROUP filegroup_name ［ DEFAULT ］ < filespec > ［ ,. . . ,n ］

  }

各选项含义如下。

 •filegroup_name:文件组的逻辑名称。filegroup_name 必须在数据库中唯一,不能是系统提供的名称 PRIMARY 和 PRIMARY_LOG。名称可以是字符或 Unicode 常量,也可以是常规标识符或分隔标识符。名称必须符合标识符规则。

 •DEFAULT:指定命名文件组为数据库中的默认文件组。

【例 5. 2】　使用 Transact-SQL 命令创建教学数据库。

单击工具栏中的"新建查询"按钮,进入 SQL 命令状态,输入以下 Transact-SQL 命令。

  CREATE DATABASE teaching

  ON PRIMARY

  (NAME = teaching_data,FILENAME = 'e:\\sql_data\\teaching_data. mdf',

  SIZE = 3MB, FILEGROWTH = 2MB) ,

  (NAME = teaching_data1 ,FILENAME = 'e:\\sql_data\\teaching_data1. ndf',

  SIZE = 2MB, FILEGROWTH = 1MB)

  LOG ON

（NAME = teaching_log, FILENAME = 'e：\\sql_data\\teaching_log. ldf'，

SIZE = 1MB， FILEGROWTH = 10%），

（NAME = teaching_log1, FILENAME = 'e：\\sql_data\\teaching_log1. ldf'，

SIZE = 2MB， FILEGROWTH = 1MB）

单击工具栏中的【执行】按钮，可以执行以上 Transact-SQL 命令，可以在左侧窗口看到建立的新数据库 teaching，与使用图形方式创建数据库 teaching 结果相同。

5.4 管理数据库

5.4.1 查看数据库信息

在 SQL Server 中，可以通过 SQL Server Management Studio 的图形工具或 Transact-SQL 语句查看已建立的数据库信息。

1. 使用图形工具查看

在"对象资源管理器"窗口中右击要查看的数据库名称，在级联菜单中选择"属性"，会出现如图 5.11 所示的"数据库属性 – teaching"窗口。

图 5.11 "数据库属性 – teaching"窗口

通过选择左侧的不同选择页，可以查看数据库的相应信息和修改相应参数。

2. 使用 Transact-SQL 命令查看

可以通过系统存储过程 sp_helpdb 查看数据库信息。

语法格式：EXEC sp_helpdb［database_name］

若省略数据库名，则显示所有数据库信息。

【例5.3】 查看教学数据库的信息。

EXEC sp_helpdb teaching

结果如图 5.12 所示。

图 5.12　teaching 数据库信息

EXEC sp_helpdb

结果如图 5.13 所示。

图 5.13　所有数据库信息

5.4.2　打开数据库

使用命令对数据库进行操作之前，必须先打开数据库。可以使用 Transact-SQL 命令 USE 打开数据库。

语法格式：USE database_name

【例5.4】 打开教学数据库。

USE teaching

5.4.3 修改数据库

可以使用图形工具或 Transact-SQL 语句修改已创建的数据库。

1. 使用图形工具修改

在"对象资源管理器"窗口中右击要修改的数据库名称,在级联菜单中选择"属性",会出现如图 5.11 所示的"数据库属性"窗口,可以在窗口左侧选择需修改的选择页,如"常规"、"文件"、"文件组"等,在窗口右侧中对相应的项目进行修改,操作类似于创建数据库。

2. 使用 Transact-SQL 命令修改

可以使用 Transact-SQL 命令 ALTER DATABASE 修改数据库。命令语法格式如下。

```
ALTER DATABASE database_name
{
    < add_or_modify_files >
    | < add_or_modify_filegroups >
    | MODIFY NAME = new_database_name
}
[ ; ]
```

各选项含义如下。

- database_name:要修改的数据库的名称。
- MODIFY NAME = new_database_name:为重命名后的数据库名称。

```
< add_or_modify_files > : : =
{
    ADD FILE  < filespec >  [ ,...,n ] [ TO FILEGROUP { filegroup_name|DEFAULT } ]
    | ADD LOG FILE  < filespec >  [ ,...,n ]
    | REMOVE FILE logical_file_name
    | MODIFY FILE  < filespec >
}
```

各选项含义如下。

- ADD FILE < filespec >:将指定的文件添加到数据库中。
- TO FILEGROUP {filegroup_name|DEFAULT }:指定要添加数据文件的文件组。如果指定了 DEFAULT,则将文件添加到当前的默认文件组中。
- ADD LOG FILE < filespec >:将指定的日志文件添加到数据库中。
- REMOVE FILE logical_file_name:从数据库中删除指定的文件,且物理文件一并删除。除非文件为空,否则无法删除文件。logical_file_name 是在 SQL Server 中引用文件时所用的逻辑名称。
- MODIFY FILE < filespec >:指定应修改的文件。一次只能更改文件的一个属性。必须在 < filespec > 中指定 NAME,以标识要修改的文件。如果指定了 SIZE,那么文件修改后的大小必须比文件修改前的大小要大。若要修改数据文件或日志文件的逻辑名称,需在 NAME 子句中指定要重命名的逻辑文件名称,并在 NEWNAME 子句中指定文件的新逻辑名称。

< add_or_modify_filegroups > : : =

　　{　| ADD FILEGROUP filegroup_name

　　　| REMOVE FILEGROUP filegroup_name

　　}

各选项含义如下。

· ADD FILEGROUP filegroup_name：将文件组添加到数据库中。

· REMOVE FILEGROUPfilegroup_name：从数据库中删除文件组。除非文件组为空,否则无法将其删除。首先通过将所有文件移至另一个文件组来删除文件组中的文件,如果文件为空,则可通过删除文件实现此目的。

【例5.5】　向 teaching 数据库添加另一个辅助数据库文件。

　　ALTER DATABASE teaching

　　ADD FILE

　　(NAME = teaching_data2 , FILENAME = ′e : \\sql_data \\teaching_data2. ndf′ ,

　　　SIZE = 5MB , MAXSIZE = 50MB , FILEGROWTH = 2MB)

5.4.4　删除数据库

在 SQL Server 中,可以通过 SQL Server Management Studio 的图形工具或 Transact-SQL 命令删除数据库。

1. 使用图形工具删除

在"对象资源管理器"窗口中右击要删除的数据库名称,在级联菜单中选择"删除",会出现如图5.14 所示的"删除对象"窗口。

图5.14　"删除对象"窗口

在图 5.14 中单击【确定】按钮,即可删除数据库。

2. 使用 Transact-SQL 命令删除

可以使用 Transact-SQL 命令 DROP DATABASE 删除数据库。

语法格式:DROP DATABASE database_name[,…,n]

【例 5.6】 删除教学数据库。

   DROP DATABASE teaching

第6章　数据表的创建与管理

本章主要介绍 SQL Server 2005 中数据表的创建及对数据表的基本操作,包括创建数据表结构、查看数据表结构、修改数据表结构及删除数据表操作。

6.1　数据表的建立

在 SQL Server 2005 中,数据表是处理数据和建立关系型数据库及应用程序的基本单元,数据表的操作是建立数据库系统的基础。

表是包含 SQL Server 2005 数据库中的所有数据的对象。每个表代表一类对用户有意义的对象。

在设计数据库时,必须先确定数据库所需的表、每个表中数据的类型以及可以访问每个表的用户。在创建表及其对象之前,要先确定表的下列特征:

①表包含的数据的类型;

②表中的列数,每一列中数据的类型和长度;

③允许空值列有哪些;

④是否使用以及何处使用约束、默认设置和规则;

⑤所需索引的类型,哪里需要索引,哪些列是主键,哪些是外键。

创建表的最有效的方法是同时定义表中所需的所有内容。这些内容包括表的数据限制和其他组件。创建后,再对表进行更为细致的设计。

6.1.1　数据类型

设计表时首先要执行的操作之一是为每个列指定数据类型。数据类型定义了各列允许使用的数据值。通过下列方法之一可以为列指定数据类型。

①使用 SQL Server 2005 系统数据类型。

②创建基于系统数据类型的用户定义数据类型。

1.系统数据类型

在 SQL Server 2005 中,每个列、局部变量、表达式和参数都具有一个相关的数据类型。数据类型是一种属性,用于指定对象可保存的数据的类型:整数数据、字符数据、货币数据、日期和时间数据、二进制字符串等。

SQL Server 提供了系统数据类型集,类型集中定义了可与 SQL Server 一起使用的所有数据类型。

(1)精确数值类型

• bigint、int、smallint、tinyint 为整数数据类型,所占字节长度及表示范围如表 6.1 所示。

表 6.1　bigint、int、smallint、tinyint 类型

数据类型	范围	所占字节
bigint	$-2^{63}(-9,223,372,036,854,775,808)\sim2^{63}-1(9,223,372,036,854,775,807)$	8 字节
int	$-2^{31}(-2,147,483,648)\sim2^{31}-1(2,147,483,647)$	4 字节
smallint	$-2^{15}(-32,768)\sim2^{15}-1(32,767)$	2 字节
tinyint	$0\sim2^{8}-1(255)$	1 字节

• bit 可以取值为 1、0 或 NULL 的整数数据类型。

• decimal 与 numeric 为带固定精度和小数位数的数值数据类型。

decimal[(p[,s])]和 numeric[(p[,s])]:固定精度和小数位数。使用最大精度时,有效值从 $-10^{38}+1$ 到 $10^{38}-1$。numeric 在功能上等价于 decimal。

p(精度):最多可以存储的十进制数字的总位数,包括小数点左边和右边的位数。该精度必须是从 1 到最大精度 38 之间的值。默认精度为 18。

s(小数位数):小数点右边可以存储的十进制数字的最大位数。小数位数必须是从 0 到 p 之间的值。仅在指定精度后才可以指定小数位数。默认的小数位数为 0;因此,0≤s≤ p。最大存储的值基于精度而变化。

• money 和 smallmoney 为代表货币或货币值的数据类型。所占字节长度及表示范围如表 6.2 所示。

表 6.2　money、smailmoney 类型

数据类型	范围	所占字节
money	$-922,337,203,685,477.5808\sim922,337,203,685,477.5807$	8 字节
smallmoney	$-214,748.3648\sim214,748.3647$	4 字节

money 和 smallmoney 数据类型可以精确到它们所代表的货币单位的万分之一。

(2)近似数值类型

• float 和 real 用于表示浮点数值数据的近似数值数据类型。浮点数据为近似值,因此,并非数据类型范围内的所有值都能精确地表示。所占字节长度及表示范围如表 6.3 所示。

表 6.3　float、real 类型

数据类型	范围	所占字节
float	$-1.79E+308\sim-2.23E-308$、0 以及 $2.23E-308\sim1.79E+308$	取决于 n 的值
real	$-3.40E+38\sim-1.18E-38$、0 以及 $1.18E-38\sim3.40E+38$	4 字节

float[(n)]:其中 n 为用于存储以科学计数法表示的 float 数值尾数的位数,可以确定精度和存储大小。n 是介于 1 和 53 之间的某个值,n 的默认值为 53。

(3)日期和时间类型

• datetime 和 smalldatetime 用于表示日期和时间的数据类型。精确度及表示范围如表

6.4 所示。

表 6.4　datetime、smalldatetime 类型

数据类型	范围	精确度
datetime	1753 年 1 月 1 日 ～ 9999 年 12 月 31 日	3.33 毫秒
smalldatetime	1900 年 1 月 1 日 ～ 2079 年 6 月 6 日	1 分钟

SQL Server 2005 用两个 4 字节的整数存储 datetime 数据类型的值。第一个 4 字节存储"基础日期"(即 1900 年 1 月 1 日)之前或之后的天数。基础日期是系统参照日期。另外一个 4 字节存储时间(以午夜后经过的毫秒数表示)。

• smalldatetime 数据类型存储日期和时间,但精确度低于 datetime。数据库引擎将 smalldatetime 值存储为两个 2 字节的整数。第一个 2 字节存储 1900 年 1 月 1 日后的天数,另外一个 2 字节存储午夜后经过的分钟数。

(4)字符串类型

• char 和 varchar 为固定长度或可变长度的字符数据类型。

char[(n)]:固定长度的非 Unicode 字符数据,长度为 n 个字节。n 的取值范围为 1 至 8 000。

varchar [(n | max)]为可变长度的非 Unicode 字符数据。n 的取值范围为 1 至 8 000。max 指示最大存储容量是 $2^{31}-1$ 个字节。存储容量是输入数据的实际长度加 2 个字节。所输入数据的长度可以为 0 个字符。

如果未在数据定义或变量声明语句中指定 n,则默认长度为 1。如果在使用 CAST 和 CONVERT 函数时未指定 n,则默认长度为 30。

• text 用于存储大型非 Unicode 字符、Unicode 字符及二进制数据的固定长度数据类型和可变长度数据类型。

(5)Unicode 字符串类型

• nchar 和 nvarchar 为固定长度或可变长度的 Unicode 字符数据类型。Unicode 字符数据使用 UNICODE UCS－2 字符集。

nchar [(n)]:n 个字符的固定长度的 Unicode 字符数据。n 值必须在 1 到 4 000 之间。存储大小为两倍 n 字节。

nvarchar [(n | max)]:可变长度 Unicode 字符数据。n 值在 1 到 4 000 之间。max 指示最大存储容量为 $2^{31}-1$ 字节。存储容量是所输入字符个数的两倍加 2 个字节。所输入数据的长度可以为 0 个字符。

• ntext 用于存储大型非 Unicode 字符、Unicode 字符及二进制数据的固定长度数据类型和可变长度数据类型。

长度可变的 Unicode 数据,最大长度为 $2^{30}-1$(1 073 741 823)个字符。存储容量是所输入字符个数的两倍(以字节为单位)。

(6)二进制字符串类型

• binary 和 varbinary 为固定长度或可变长度的二进制数据类型。

binary[(n)]:长度为 n 字节的固定长度二进制数据,其中 n 是从 1 到 8 000 的值。存储

容量为 n 字节。

varbinary [(n | max)]：可变长度二进制数据。n 可以取从 1 到 8 000 的值。max 指示最大的存储容量为 $2^{31}-1$ 字节。存储大小为所输入数据的实际长度加 2 个字节。所输入数据的长度可以是 0 字节。

如果未在数据定义或变量声明语句中指定 n，则默认长度为 1。如果未使用 CAST 函数指定 n，则默认长度为 30。

• image 用于存储大型非 Unicode 字符、Unicode 字符及二进制数据的固定长度数据类型和可变长度数据类型。

长度可变的二进制数据，存储容量为从 0 到 $2^{31}-1(2,147,483,647)$ 个字节。

（7）其他数据类型

• cursor。游标是变量或存储过程参数（OUTPUT）的一种数据类型，这些参数包含对游标的引用。使用 cursor 数据类型创建的变量可以为空。

• sql_variant。用于存储 SQL Server 2005 支持的各种数据类型（不包括 text、ntext、image、timestamp 和 sql_variant）的值。

sql_variant 可以用在列、参数、变量和用户定义函数的返回值中。sql_variant 使这些数据库对象能够支持其他数据类型的值。

类型为 sql_variant 的列可能包含不同数据类型的行。例如，定义为 sql_variant 的列可以存储 int、binary 和 char 值。表 6.5 列出了不能使用 sql_variant 存储的数据类型。

表 6.5　不能使用 sql_variant 存储的数据类型

varchar(max)	varbinary(max)
nvarchar(max)	xml
text	ntext
image	timestamp
sql_variant	用户定义类型

• table。一种特殊的数据类型，用于存储结果集以进行后续处理。table 主要用于临时存储一组行，这些行是作为表值函数的结果集返回的。

可将函数和变量声明为 table 类型。table 变量可用于函数、存储过程和批处理中。

• timestamp。公开数据库中自动生成的唯一二进制数值的数据类型。timestamp 通常用作给表行加版本戳。存储容量为 8 个字节。

每个数据库都有一个计数器，当对数据库中包含 timestamp 列的表执行插入或更新操作时，该计数器值就会增加。该计数器是数据库时间戳。这个时间戳是跟踪数据库内的相对时间，而不是与时钟相关联的实际时间。一个表只能有一个 timestamp 列。每次修改或插入包含 timestamp 列的行时，就会在 timestamp 列中插入增量数据库时间戳的值。这一属性使 timestamp 列不适合作为键使用，尤其是不能作为主键使用。

• uniqueidentifier。全局唯一标识符（GUID）。

uniqueidentifier 数据类型的列或局部变量可通过以下方式初始化为一个值：

☞使用 NEWID 函数。

☞从 xxxxxxxx-xxxx-xxxx-xxxx-xxxxxxxxxxxx 形式的字符串常量转换,其中,每个 x 是一个在 0 ~ 9 或 a ~ f 范围内的十六进制数字。

• xml。存储 xml 数据的数据类型。可以在列中或者 xml 类型的变量中存储 xml 实例。存储的 xml 实例大小不能超过 2 GB。

2. 用户定义数据类型

用户定义数据类型是基于 SQL Server 2005 中的系统数据类型的。当多个表必须在一个列中存储相同类型的数据,而必须确保这些列具有相同的数据类型、长度和为空性时,可以使用别名类型。例如,可以基于 char 数据类型创建名为 postal_code 的别名类型。表变量中不支持用户定义数据类型。

创建用户定义数据类型时,必须提供下列参数:Name,新数据类型基于的系统数据类型,为空性(数据类型是否允许空值)。

如果未明确定义为空性,系统将基于数据库或连接的 ANSI NULL 默认设置进行指定。

注意:如果用户定义数据类型是在 model 数据库中创建的,它将存在于所有用户定义的新数据库中。但是,如果数据类型是在用户定义的数据库中创建的,该数据类型将只存在于该用户定义的数据库中。

6.1.2 数据表的创建

在 SQL Server 2005 中,每个数据库最多可包含 20 亿个表,每个表可包含 1 024 列。表的行数及大小仅受可用存储空间的限制。每行最多包括 8 060 个字节。对于带 varchar、nvarchar、varbinary 或 sql_variant 列(导致已定义表的总宽超过 8 060 字节)的表,此限制将放宽。其中每列的长度仍必须在 8 000 字节的限制内,但是它们的总宽度可以超过表的 8 060 字节的限制。

另外,每个表最多可以有 249 个非聚集索引和 1 个聚集索引。其中包括为支持表中所定义的 PRIMARY KEY 和 UNIQUE 约束而生成的索引。

在 SQL Server 中,可以通过 SQL Server Management Studio 的图形工具或 Transact-SQL 命令实现数据表的创建。

【例 6.1】 在已创建的教学数据库中创建如下三张数据表,学生表(student)、课程表(course)、选课表(s_c),其表结构如表 6.6、表 6.7 和表 6.8 所示。

表 6.6 学生表(student)的结构

列名	数据类型	允许空	备注
SNO	char(4)	否	主键
SNAME	nchar(10)	否	
SEX	char(1)	是	'M'或'F'
AGE	smallint	是	18 ~ 25

表 6.7　课程表(course)的结构

列名	数据类型	允许空	备注
CNO	char(4)	否	主键
CNAME	char(10)	否	
CREDIT	smallint	是	0~10

表 6.8　选课表(s_c)的结构

列名	数据类型	允许空	备注
SNO	char(4)	否	主键(外键)
CNO	char(4)	否	主键(外键)
GRADE	smallint	是	0~100

下面以表 6.6 为例说明数据表结构的创建,数据表数据的输入在第 7 章 7.2.1 插入数据一节中介绍,三张数据表的数据可参见图 7.1~图 7.3。

1. 使用图形工具创建数据表

①在 SQL Server Management Studio 中的对象资源管理器中,右键单击"teaching"数据库下的"表"项,在弹出的快捷菜单中选择【新建表】,出现如图 6.1 所示的表设计器界面。

②在图 6.1 中的"列名"下依次键入列名,在"数据类型"下选择数据类型,并选择各个列是否允许空值,也可在下面的"列属性"框中修改某列的属性,输入后的学生数据表结构如图 6.2 所示。

③选中 SNO 属性的所在行,单击工具栏上的【设置主键】按钮设置主键。

④单击工具栏上的【管理 CHECK 约束】按钮,设置用户定义约束,如图 6.3 所示的"CHECK 约束"对话框。

⑤在图 6.3 中,单击"表达式"后的【浏览】按钮,可以设置 CHECK 约束。单击"名称"后的文本框,可以设置 CHECK 约束的名称。单击【添加】或【删除】按钮,可以添加新的CHECK 约束或删除已有的 CHECK 约束。设置好 CHECK 约束后单击【关闭】按钮返回表设计器界面。

⑥单击工具栏中的【保存】按钮,出现如图 6.4 所示的"选择名称"对话框,在该框中输入表名 student,然后单击【确定】按钮。

此时,在"对象资源管理器"中的"表"项就会出现用户表 student。

可按照以上步骤,依次建立课程表 course 和选课表 s_c。

在建立选课表 s_c 时设置主键的方法是:在表设计器中同时选中 SNO 和 CNO 所在的两个定义行,再单击工具栏中的【设置主键】按钮。

在建立选课表 s_c 时设置外键的方法是:单击工具栏中的【关系】按钮,出现如图 6.5 所示的"外键关系"对话框。

在图 6.5 中单击【添加】按钮,再单击右侧窗口中"表和列规范"右侧的按钮,出现如图6.6 所示的"表和列"对话框。

在图 6.6 中选择主键表为 student,选择主键为 SNO,然后单击【确定】按钮,返回如图

图 6.1　表设计器界面

6.5 所示的"外键关系"对话框,再单击【添加】按钮,添加 CNO 外键,同时可以在"标识"中更改外键的名称,如图 6.7 所示。

2. 使用 Transact-SQL 命令创建数据表

使用 CREATE TABLE 命令同样可以建立数据表,命令的语法格式如下。

CREATE TABLE ［ database_name. ［ schema_name ］. | schema_name. ］ table_name
（
　　｛ < column_definition > ｝
　　< table_constraint > ］［ ,…,n ］
）

各选项含义如下。

• database_name:在其中创建表的数据库的名称。database_name 必须指定为已有数据库的名称,如果未指定,则 database_name 默认为当前数据库。当前连接的登录名必须与 database_name 所指定数据库中的一个现有用户 ID 关联,并且该用户 ID 必须具有 CREATE TABLE 权限。

• schema_name:新表所属架构的名称。

• table_name:新表的名称。表名必须遵循标识符命名规则。除了本地临时表名(以单个数字符号(#)为前缀的名称)不能超过 116 个字符外,table_name 最多可包含 128 个字符。

图 6.2 学生数据表结构界面

图 6.3 "CHECK 约束"对话框

< column_definition > :: =
column_name   < data_type >
[NULL | NOT NULL]

图 6.4 "选择名称"对话框

图 6.5 "外键关系"对话框

图 6.6 "表和列"对话框

　　[[CONSTRAINT constraint_name] DEFAULT constant_expression]]
　　各选项含义如下。
　　• column _ name：表中列的名称。列名必须遵循标识符规则，并在表中唯一。
column_name 可包含 1 至 128 个字符。对于使用 timestamp 数据类型创建的列，可以省略

99

图6.7 "外键关系"对话框

column_name。如果未指定 column_name，则 timestamp 列的名称将默认为 timestamp。

• NULL | NOT NULL：指定列中是否允许使用空值。严格来讲，NULL 不是约束，但可以像指定 NOT NULL 那样指定它。

• DEFAULT constant_expression：指定列的默认值。DEFAULT 定义可适用于除定义为 timestamp 或带 IDENTITY 属性的列以外的任何列。如果为用户定义类型列指定了默认值，则该类型应当支持从 constant_expression 到用户定义类型的隐式转换。删除表时，也将删除 DEFAULT 定义。constant_expression 只能是常量值（例如字符串）、标量函数（系统函数、用户定义函数或 CLR 函数）或 NULL。

• CONSTRAINT constraint_name：可选关键字，表示 PRIMARY KEY、NOT NULL、UNIQUE、FOREIGN KEY 或 CHECK 约束定义的开始。constraint_name：约束的名称。约束名称必须在表所属的架构中唯一。

$$< data type > ::=$$
$$[\ type\_schema\_name\ .\ ]\ type\_name$$
$$[\ (\ precision\ [\ ,\ scale\ ]\ |\ max\ )\ ]$$

各选项含义如下。

•[type_schema_name.] type_name：指定列的数据类型以及该列所属的架构。数据类型可以是基于 SQL Server 系统数据类型的用户定义数据类型。必须先用 CREATE TYPE 语句创建用户定义数据类型，然后才能将其用于表定义中。在 CREATE TABLE 语句中，可以覆盖用户定义数据类型的 NULL 或 NOT NULL 赋值。但是，指定的长度不能更改，不能在 CREATE TABLE 语句中指定用户定义数据类型的长度。

如果未指定 type_schema_name，则 SQL Server Database Engine 将按以下顺序引用 type_name：

①SQL Server 系统数据类型；

②当前数据库中当前用户的默认架构；

100

③当前数据库中的 dbo 架构。

•[（precision［，scale］| max）]:指定数据类型的精度和小数位数。其中 max 只适用于 varchar、nvarchar 和 varbinary 数据类型,用于存储 231 个字节的字符和二进制数据,以及 230 个字节的 Unicode 数据。

```
< table_constraint >  :: =
    [ CONSTRAINT constraint_name ]
    {  { PRIMARY KEY|UNIQUE }
    [ CLUSTERED | NONCLUSTERED ]
    | [ FOREIGN KEY ]
        REFERENCES [ schema_name . ] referenced_table_name [ ( ref_column ) ]
    | CHECK ( logical_expression )
    }
```

各选项含义如下。

• PRIMARY KEY:主键约束,通过唯一索引对给定的一列或多列强制实体完整性的约束。对于每个表只能创建一个 PRIMARY KEY 约束。

• UNIQUE:唯一约束,该约束通过唯一索引为指定的一列或多列提供实体完整性。一个表可以有多个 UNIQUE 约束。

• CLUSTERED | NONCLUSTERED:为 PRIMARY KEY 或 UNIQUE 约束创建聚集索引或非聚集索引。PRIMARY KEY 约束默认为 CLUSTERED,UNIQUE 约束默认为 NONCLUSTERED。

在 CREATE TABLE 语句中,只能为一个约束指定 CLUSTERED。如果在为 UNIQUE 约束指定 CLUSTERED 的同时又指定了 PRIMARY KEY 约束,则 PRIMARY KEY 将默认为 NONCLUSTERED。

• FOREIGN KEY:为列中的数据提供参照完整性的约束。FOREIGN KEY 约束要求列中的每个值都存在于参照表的对应被引用列中。FOREIGN KEY 约束只能引用在参照表中是 PRIMARY KEY 或 UNIQUE 约束的列,或引用本表中在 UNIQUE INDEX 内的列。

• REFERENCES [schema_name.] referenced_table_name [(ref_column)]:指定 FOREIGN KEY 约束引用的表的名称,以及该表所属架构的名称。ref_column 是 FOREIGN KEY 约束所引用的表中的列。

• CHECK（logical_expression）:通过限制可输入到一列或多列中的可能值来强制域完整性的约束。logical_expression 是返回 TRUE 或 FALSE 的逻辑表达式。用户定义数据类型不能作为表达式的一部分。

【例 6.1 续】 利用 Transact-SQL 创建教学数据库中的三张表。

```
CREATE TABLE student
(    SNO CHAR(4) PRIMARY KEY,
    SNAME NCHAR(10) NOT NULL,
    SEX CHAR(1),
    AGE SMALLINT,
```

```
        CHECK（SEX = 'F' OR SEX = 'M'），
        CHECK（AGE BETWEEN 18 AND 25）
)

CREATE TABLE course
(    CNO CHAR(4)，
     CNAME CHAR(10) NOT NULL，
     CREDIT SMALLINT，
     PRIMARY KEY（CNO），
     CHECK（CREDIT BETWEEN 1 AND 10）
)

CREATE TABLE s_c
(    SNO CHAR(4)，
     CNO CHAR(4)，
     GRADE SMALLINT，
     PRIMARY KEY（SNO,CNO），
     FOREIGN KEY（SNO）REFERENCES student(SNO)，
     FOREIGN KEY（CNO）REFERENCES course(CNO)，
     CHECK（GRADE BETWEEN 0 AND 100）
)
```

以上 Transact-SQL 命令的执行结果与图形工具创建表的结果相同。

6.1.3 特殊类型表

除了基本用户定义表的标准角色外，SQL Server 2005 还提供了下列类型的表：①已分区表；②临时表；③系统表。这些表在数据库中起着特殊的作用。

1. 已分区表

已分区表是将数据水平划分为多个单元的表，这些单元可以分布到数据库中的多个文件组中。在维护整个集合的完整性时，使用分区可以快速而有效地访问或管理数据子集，从而使大型表或索引更易于管理。在分区方案下，将数据从 OLTP 加载到 OLAP 系统中这样的操作只需几秒钟，而不是像在早期版本中那样需要几分钟或几小时。对数据子集执行的维护操作也将更有效，因为它们的目标只是所需的数据，而不是整个表。

如果表非常大或者有可能变得非常大，并且属于下情况之一：①表中包含或可能包含以不同方式使用的许多数据；②对表的查询或更新没有按照预期的方式执行，或者维护开销超出了预定义的维护期。那么分区表将很有用处。

已分区表支持所有与设计和查询标准表关联的属性和功能，包括约束、默认值、标识和时间戳值、触发器和索引。因此，如果要实现一台服务器本地的分区视图，应该使用已分区表。

2. 临时表

临时表有本地表和全局表两种。在与首次创建或引用表时相同的 SQL Server 实例连接期间，本地临时表只对于创建者是可见的。当用户与 SQL Server 实例断开连接后，将删除本地临时表。全局临时表在创建后对任何用户和任何连接都是可见的，当引用该表的所有用户都与 SQL Server 实例断开连接后，将删除全局临时表。本地临时表的名称以单个数字符号"#"开头，全局临时表的名称以两个数字符号"##"开头。

3. 系统表

SQL Server 将定义服务器配置及其所有表的数据存储在一组特殊的表中，这组表称为系统表。除非通过专用的管理员连接 DAC（只能在 Microsoft 客户服务的指导下使用），否则用户无法直接查询或更新系统表。通常在 SQL Server 的每个新版本中更改系统表。对于直接引用系统表的应用程序，可能必须经过重写才能升级到具有不同版本的系统表的 SQL Server 更新版本。可以通过目录视图查看系统表中的信息。

6.2 数据表的修改

6.2.1 查看数据表

在数据库中创建表之后，可能需要查找有关表的定义信息（例如，列的名称、数据类型或其索引的性质），还可以显示表的依赖关系来确定哪些对象（如视图、存储过程和触发器）是由表决定的。

查看表定义信息可以使用系统存储过程 sp_help。

语法格式：sp_help [[@ objname =] 'name']

[@ objname =] 'name'：SQL Server 系统数据类型或用户定义数据类型的某个对象的名称。name 的数据类型为 nvarchar(776)，默认值为 NULL。不能接受数据库名称。

sp_help 系统存储过程仅在当前数据库中查找对象。返回代码值：0（成功）或 1（失败）。

sp_help 系统存储过程返回的结果集取决于 name 是否已指定、何时指定以及属于何种数据库对象。

☞如果执行不带参数的 sp_help，则返回当前数据库中现有的所有类型对象的汇总信息，包括对象名称、所有者和对象类型。

☞如果 name 是 SQL Server 数据类型或用户定义数据类型，则 sp_help 将返回该对象的结果集。

☞如果 name 是数据库对象而不是数据类型，则 sp_help 将根据指定的对象类型返回结果集，同时返回其他结果集。

☞如果 name 是系统表、用户表或视图，则 sp_help 将返回该对象的相关信息结果集。但不会为视图返回说明数据文件在文件组中位置的结果集。

【例 6.2】 查看系统当前所有对象的信息。

单击工具栏上【新建查询】按钮，输入以下代码：

```
USE master
GO
EXEC sp_help
```

GO

然后单击工具栏中的【执行】按钮,结果如图 6.8 所示。

图 6.8   查询结果

【例 6.3】   查看教学数据库中学生表的信息。

USE teaching

GO

EXEC sp_help 'student'

GO

结果如图 6.9 所示。

6.2.2   修改数据表

1. 使用图形工具修改数据表

在对象资源管理器中,右键单击要修改的数据表,再选择"修改"菜单项,进入图 5.2 所示的表设计器。在表设计器中可以做如下修改:

①修改列属性值;

②添加和删除列;

③修改约束。

(1)修改列属性值

①列的数据类型。如果要将现有列中的现有数据转换为新的数据类型,则可以更改该列的数据类型。

②列的数据长度。选择数据类型时,将自动定义长度。只能增加或减少具有 binary、

图 6.9　查询结果

char、nchar、varbinary、varchar 或 nvarchar 数据类型的列的长度属性。对于其他数据类型的列,其长度由数据类型确定,无法更改。如果新指定的长度小于原列长度,则列中超过新列长度的所有值将被截断,而无任何警告。无法更改用 PRIMARY KEY 或 FOREIGN KEY 约束定义的列的长度。

　　③列的精度。数值列的精度是选定数据类型所使用的最大位数。非数值列的精度指最大长度或定义的列长度。

　　除 decimal 和 numeric 外,所有数据类型的精度都是自动定义的。如果要重新定义那些具有 decimal 和 numeric 数据类型的列所使用的最大位数,则可以更改这些列的精度。数据库引擎不允许更改不具有这些指定数据类型之一的列的精度。

　　④列的小数位数。numeric 或 decimal 列的小数位数是指小数点右侧的最大位数。选择数据类型时,列的小数位数默认设置为 0。对于含有近似浮点数的列,因为小数点右侧的位数不固定,所以未定义小数位数。如果要重新定义小数点右侧可显示的位数,则可以更改 numeric 或 decimal 列的小数位数。

　　⑤列的为空性。可以将列定义为允许或不允许为空值。默认情况下,列允许为空值。仅当现有列中不存在空值且没有为该列创建索引时,才可以将该列更改为不允许为空值。若要使含有空值的现有列不允许为空值,需要执行下列步骤:

　　☞添加具有 DEFAULT 定义的新列,插入有效值而不是 NULL;

105

☞将原有列中的数据复制到新列；

☞删除原有列。

可以将不允许为空值的现有列更改为允许为空值，除非为该列定义了 PRIMARY KEY 约束。

（2）添加和删除列

在 SQL Server 2005 中，如果列允许空值或对列创建 DEFAULT 约束，则可以将列添加到现有表中。将新列添加到表时，SQL Server 2005 Database Engine 在该列为表中的每个现有数据行插入一个值。因此，在向表中添加列时先向列添加 DEFAULT 定义会很有用。如果新列没有 DEFAULT 定义，则必须指定该列允许空值。数据库引擎将空值插入该列，如果新列不允许空值，则返回错误。

反之，可以删除现有表中的列，但具有下列特征的列除外：

☞用于索引；

☞用于 CHECK、FOREIGN KEY、UNIQUE 或 PRIMARY KEY 约束；

☞与 DEFAULT 定义关联或绑定到某一默认对象；

☞绑定到规则；

☞已注册支持全文；

☞用作表的全文键。

①添加列。在表设计器中，将光标置于"列名"列的第一个空白单元格中。也可以右键单击表中的行，再从快捷菜单中选择"插入列"。此时，将插入一个空白列行。在"列名"列的单元格中键入列名，列名是必需设置的值，在后面的列中设置其他属性。

②删除列。在表设计器中，选择要删除的列，右键单击该列，然后从快捷菜单中选择"删除列"。如果该列参与了关系，则将显示一条消息，提示您确认删除所选列及其关系。然后选择【是】按钮，确认操作。

如果该列未参与 CHECK 约束，则将暂时从数据库中移除该列，附加到该列的任何约束、该列参与的任何关系以及该列中包含的任何数据。当保存该表时，将从数据库中永久删除这些内容。

如果该列参与了 CHECK 约束，则当试图保存工作结果时，数据库服务器将拒绝所做的修改，即提交操作失败。若要删除参与 CHECK 约束的列，在删除该列之前，必须首先修改或移除 CHECK 约束。

2. 使用 Transact-SQL 命令修改数据表

可以使用 ALTER TABLE 命令修改已创建的数据表结构，命令的语法格式如下。

```
ALTER TABLE [ database_name . [ schema_name ] . |schema_name . ] table_name
{
    ALTER COLUMN column_name
    { [ type_schema_name. ] type_name [ ( { precision [ , scale ] |max } ) ]
        [ NULL|NOT NULL ]
    }
    | [ WITH { CHECK|NOCHECK } ]
    | ADD
```

```
  |    < column_definition >
  |< table_constraint >
} [ , . . . , n ]
| DROP
{    [ CONSTRAINT ] constraint_name
  |COLUMN column_name
} [ , . . . , n ]
}
[ ; ]
```

各选项含义如下。

• ALTER COLUMN column_name：指定要更改的列名。column_name 最多可以包含 128 个字符。对于新列，如果创建列时使用的数据类型为 timestamp，则可以省略 column_name。对于数据类型为 timestamp 的列，如果未指定 column_name，则使用名称 timestamp。更改后的列不能为以下任意一种情况。

☞数据类型为 timestamp 的列。

☞表的 ROWGUIDCOL 列。

☞计算列或用于计算列的列。

☞用在索引中的列，除非该列数据类型为 varchar、nvarchar 或 varbinary，数据类型没有更改，而且新列大小等于或者大于旧列大小。

☞用于由 CREATE STATISTICS 语句生成的统计信息中的列。首先，用 DROP STATISTICS 语句删除统计信息。由查询优化器自动生成的统计信息将被 ALTER COLUMN 自动删除。

☞用于 PRIMARY KEY 或 [FOREIGN KEY] REFERENCES 约束中的列。

☞用于 CHECK 或 UNIQUE 约束中的列。但是，允许更改用于 CHECK 或 UNIQUE 约束中的长度可变的列的长度。

☞与默认定义关联的列。但是，如果不更改数据类型，则可以更改列的长度、精度或小数位数。

仅能通过下列方式更改 text、ntext 和 image 列的数据类型。

☞text 更改为 varchar(max)、nvarchar(max)或 xml。

☞ntext 更改为 varchar(max)、nvarchar(max)或 xml。

☞image 更改为 varbinary(max)。

某些数据类型的更改可能导致数据的更改。例如，如果将 nchar 或 nvarchar 列更改为 char 或 varchar，则可能导致转换扩展字符。降低列的精度或减少小数位数可能导致数据截断。

• NULL | NOT NULL：指定列是否可接受空值。如果列不允许空值，则只有在指定了默认值或表为空的情况下，才能用 ALTER TABLE 语句添加该列。

如果新列允许空值，但没有指定默认值，则新列在表中的每一行都包含一个空值。如果新列允许空值，并且指定了新列的默认值，则可以使用 WITH VALUES 将默认值存储到表中每个现有行的新列中。

如果新列不允许空值,并且表不为空,那么 DEFAULT 定义必须与新列一起添加,并且加载新列时,每个现有行的新列中将自动包含默认值。

在 ALTER COLUMN 语句中指定 NULL,可以强制 NOT NULL 列允许空值,但 PRIMARY KEY 约束中的列除外。只有列中不包含空值时,才可以在 ALTER COLUMN 中指定 NOT NULL。必须将空值更新为某个值后,才允许执行 ALTER COLUMN NOT NULL 语句。

如果 ALTER COLUMN 与 NULL 或 NOT NULL 一起指定,则必须同时指定 new_data_type [(precision [, scale])]。如果未更改数据类型、精度和小数位数,则指定当前的列值。

• WITH CHECK | WITH NOCHECK:指定表中的数据是否用新添加的或重新启用的 FOREIGN KEY 或 CHECK 约束进行验证。如果未指定,对于新约束,假定为 WITH CHECK,对于重新启用的约束,假定为 WITH NOCHECK。

• ADD { < column_definition > | < table_constraint > }:指定添加一个或多个列定义或者表约束。

• DROP { [CONSTRAINT] constraint_name|COLUMN column_name }:指定从表中删除名为 constraint_name 的约束或名为 column_name 的列。可以删除多个列或约束。

除非已删除相应的引用,否则无法删除以下列。

☞用于索引的列。

☞用于 CHECK、FOREIGN KEY、UNIQUE 或 PRIMARY KEY 约束的列。

☞与默认值(由 DEFAULT 关键字定义)相关联的列,或绑定到默认对象的列。

☞绑定到规则的列。

【例 6.4】 为教学数据库中的表 student 添加一个允许空值的列 PLACE,而且没有通过 DEFAULT 定义提供的值。在该新列中,每一行都将有 NULL 值。

```
USE teaching
GO
ALTER TABLE student ADD PLACE VARCHAR(20) NULL
GO
EXEC sp_help student
GO
```

【例 6.5】 删除表 student 中的列 PLACE。

```
USE teaching
GO
ALTER TABLE student DROP COLUMN PLACE
GO
EXEC sp_help student
GO
```

【例 6.6】 将表 student 中列 PLACE 的数据类型由 VARCHAR(20)更改为 VARCHAR (10)。

```
USE teaching
GO
```

```
ALTER TABLE student ALTER COLUMN PLACE VARCHAR(10)
GO
EXEC sp_help student
GO
```

【例 6.7】 为表 student 添加一个包含 UNIQUE 约束的新列 SCARDID。

```
USE teaching
GO
ALTER TABLE student ADD SCARDID CHAR(18) NULL
        CONSTRAINT my_constraint UNIQUE
GO
EXEC sp_help student
GO
```

【例 6.8】 从表 student 中删除 UNIQUE 约束。

```
USE teaching
GO
ALTER TABLE student DROP CONSTRAINT my_constraint
GO
EXEC sp_help student
GO
```

6.2.3 删除数据表

有些情况下必须删除表,删除表后,该表的结构定义、数据、全文索引、约束和索引都从数据库中永久删除,原来存储表及其索引的空间可用来存储其他表。

如果要删除通过 FOREIGN KEY 和 UNIQUE 或 PRIMARY KEY 约束相关联的表,则必须先删除具有 FOREIGN KEY 约束的表。如果要删除 FOREIGN KEY 约束中引用的表但不能删除整个外键表,则必须删除 FOREIGN KEY 约束。

1. 使用图形工具删除数据表

在 SQL Server Management Studio 中的对象资源管理器中,右键单击数据库下的“表”项中要删除的表名,在弹出的快捷菜单中选择“删除”,在出现的“删除对象”窗口中,单击【确定】按钮,即可将表删除。

2. 使用 Transact-SQL 命令删除数据表

使用 DROP TABLE 命令可以删除数据表,命令的语法格式如下。

```
DROP TABLE
    [ database_name . [ schema_name ] . | schema_name . ]
    table_name [ , … , n ] [ ; ]
```

若要使用 DROP TABLE 删除被 FOREIGN KEY 约束引用的表,必须先删除引用FOREIGN KEY 约束或引用表。如果要在同一个 DROP TABLE 语句中删除引用表以及包含主键的表,则必须先列出引用表。

可以在任何数据库中删除多个表。如果一个要删除的表引用了另一个也要删除的表的主键,则必须先列出包含该外键的引用表,然后再列出包含要引用的主键的表。

删除表时,表的规则或默认值将被解除绑定,与该表关联的任何约束或触发器将被自动删除。如果要重新创建表,则必须重新绑定相应的规则和默认值,重新创建某些触发器,并添加所有必需的约束。

【例 6.9】 从当前数据库中删除 test1 表及其数据和索引。

DROP TABLE test1

【例 6.10】 删除 teaching 数据库中的 test2 表。

DROP TABLE teaching. dbo. test2

第 7 章 数据查询与更新

本章主要介绍如何查询表中的数据,以及如何向表中添加数据,如何修改和删除表中的数据。

7.1 数据查询

查询是对存储在 SQL Server 2005 中的数据的一种请求。Transact-SQL 命令中的 SELECT 命令可以实现从 SQL Server 中检索出数据,检索结果以结果集的形式返回给用户。结果集是检索结果的表格排列。

7.1.1 Transact-SQL 查询语句

SELECT 语句的语法格式如下,其中的每一行为一个子句。

    SELECT select_list ［ INTO new_table_name ］
    FROM table_list
    ［ WHERE search_conditions ］
    ［ GROUP BY group_by_list ］
    ［ HAVING search_conditions ］
    ［ ORDER BY order_list ［ ASC | DESC ］ ］

各子句含义如下。

• SELECT select_list ［ INTO new_table_name ］:描述结果集的列。select_list 是一个用逗号分隔的表达式列表。通常,每个表达式都是对数据所在的源表或视图中的列的引用,但也可能是对任何其他表达式(例如,常量或 Transact-SQL 函数)的引用。如果列表为“ ＊ ”,表示返回源表的所有列。INTO new_table_name 表示创建一个新表并将结果集写入新表 new_table_name 中。

• FROM table_list:指定被检索的数据表可以是以下内容。

☞运行 SQL Server 2005 的本地服务器中的基表。

☞本地 SQL Server 实例中的视图。

☞链接表。它们是 OLE DB 数据源中的表,SQL Server 可以访问它们,称为“分布式查询”。

• WHERE search_conditions:它定义了检索的条件。只有符合条件的行才能作为结果集中的数据。

• GROUP BY group_by_list:GROUP BY 子句根据 group_by_list 列中的值将结果集分成组。

• HAVING search_conditions:是应用于结果集的附加筛选。从逻辑上讲,HAVING 子句是从应用了任何 FROM、WHERE 或 GROUP BY 子句的 SELECT 语句而生成的中间结果集中筛选行。尽管 HAVING 子句前并不是必须要有 GROUP BY 子句,但 HAVING 子句通常与

GROUP BY 子句一起使用。

• ORDER BY order_list［ASC | DESC］：ORDER BY 子句用于对结果集中行的排序 order_list 指定组成排序列表的结果集的列。关键字 ASC 和 DESC 用于指定排列顺序是升序还是降序，若缺省，则默认为升序。

在 SELECT 命令中对数据库对象的每个引用都不得引起歧义。下列情况可能导致多义性。

☞在一个系统中可能有多个对象具有相同的名称。例如，Schema1 和 Schema2 可能都含有一个名为 TableX 的表。若要解决多义性问题并指定 TableX 为 User1 所有，至少应使用架构名称来限定表名称。

SELECT ∗

FROM Schema1.TableX

☞在执行 SELECT 语句时，对象所驻留的数据库不一定总是当前数据库。若要确保使用的对象始终是正确的，而不考虑当前数据库的设置，则应以数据库和架构来限定对象名称。

SELECT ∗

FROM AdventureWorks. Purchasing. ShipMethod

☞在 FROM 子句中所指定的表和视图可能有相同的列名。外键经常与它们的相关主键有相同的列名称。若要解决重复名称之间的多义性问题，必须使用表或视图名称来限定列名。

SELECT DISTINCT Sales. Customer. CustomerID，Sales. Store. Name

FROM Sales. Customer JOIN Sales. Store ON

（Sales. Customer. CustomerID ＝ Sales. Store. CustomerID）

WHERE Sales. Customer. TerritoryID ＝ 1

当表和视图名称都必须完全限定时，语法将变得复杂。可以在 FROM 子句中使用 AS 关键字为表指定一个相关名称（也称为作用域变量或别名）来解决此问题。

7.1.2 SELECT 子句

下面通过一些例子说明 SELECT 子句的使用，7.1 节中的所有例子均假定 student, course, s_c 三张表中已使用7.2.1 节中插入数据的方法输入如图7.1 ~ 图7.3 所示的数据。

1. 选择所有列

在 SELECT 子句中，星号" ∗ "用于对 FROM 子句中指定的所有表或视图中的所有列的引用。

【例7.1】 显示所有学生的情况。

USE teaching

GO

SELECT ∗

FROM student

GO

执行结果如图7.1 所示。

112

图 7.1　例 7.1 执行结果

②两个或多个表或视图之间的联接类型。这些类型由 ON 子句中指定的联接条件限定。FROM 子句中使用逗号分隔表名、视图名和 JOIN 子句的列表。

【例 7.2】　检索 course 表中的所有列,然后按照创建 course 表时所定义的顺序显示这些列,再按照学分升序排序结果。

```
USE teaching
GO
SELECT *
FROM course
ORDER BY CREDIT ASC
GO
```

执行结果如图 7.2 所示。

图 7.2　例 7.2 执行结果

【例 7.3】　检索存储在 s_c 表中所有选课信息,并按照课程号升序排序结果。

```
USE teaching
GO
SELECT *
FROM s_c
ORDER BY CNO
```

GO

　　执行结果如图7.3所示。

图7.3　例7.3执行结果

　　当使用星号"＊"时,结果集中的列的顺序与 CREATE TABLE、ALTER TABLE 或 CREATE VIEW 语句中所指定的顺序相同。

　　由于 SELECT ＊ 查找表中当前存在的所有列,因此每次执行 SELECT ＊ 语句时,表结构的更改(通过添加、删除或重命名列)都会自动反映出来。

　　在 SELECT 子句后按顺序列出表中的所有列名,可以获得完全相同的结果。

　　USE teaching

　　GO

　　SELECT SNO, CNO, GRADE

　　FROM s_c

　　ORDER BY CNO

　　GO

2. 选择特定列

　　若要选择表中的特定列,应在 SELECT 子句的选择列表中明确地列出列名。

【例7.4】 列出所有课程的课程编号和学分。

　　USE teaching

　　GO

　　SELECT CNO, CREDIT

　　FROM course

　　ORDER BY CREDIT ASC

　　GO

　　执行结果如图7.4所示。

3. 指定结果集列的名称

　　在 SELECT 子句中,对列的指定还可以使用别名或其他表达式。如果结果集列是通过对表或视图中某一列的引用所定义的,则该结果集列的名称与所引用列的名称相同。AS 子句可用来为结果集列分配不同的名称或别名。这样做可以增加可读性。

【例7.5】 指定课程名显示时的别名。

114

图7.4 例7.4 执行结果

USE teaching

GO

SELECT CNAME AS ″Course name″

FROM course

GO

执行结果如图7.5 所示。

图7.5 例7.5 执行结果

在选择列表中,有些列进行了具体指定,而不是指定为对列的简单引用,这些列便是派生列。除非使用 AS 子句分配了名称,否则派生列没有名称。

【例7.6】 为表达式指定显示名称。

USE teaching

GO

SELECT CNO, CREDIT * 18 AS CREDIT_HOUR

FROM course

GO

执行结果如图7.6 所示。

如果去掉 AS 子句,则 CREDIT * 18 表达式指定的派生列将会没有名称。

AS 子句是在 SQL-92 标准中定义的语法,用来为结果集列分配名称。在 Microsoft SQL

115

图 7.6　例 7.6 执行结果

Server 2005 中使用的首选语法如下。

    column_name AS column_alias

或　　　result_column_expression AS derived_column_name

为了与 SQL Server 的早期版本兼容,在 Transact-SQL 中可以用"＝"代替"AS"。选择列表的形式为:

    column_alias ＝ column_name

或

    derived_column_name ＝ result_column_expression

例 7.6 可用下列代码替换:

    USE teaching

    GO

    SELECT CNO, CREDIT_HOUR ＝ CREDIT * 18

    FROM course

    GO

4. 使用 DISTINCT 消除重复项

DISTINCT 关键字可从 SELECT 查询的结果中消除重复的行。如果没有指定 DISTINCT,将返回查询结果所有行,包括重复的行。

【例 7.7】　查询选课的学生学号,在 s_c 表中含有同一名学生选多门课的情况。

    USE teaching

    GO

    SELECT DISTINCT SNO

    FROM s_c

    ORDER BY SNO

    GO

执行结果如图 7.7 所示。

注意:涉及 DISTINCT 的语句的输出取决于应用 DISTINCT 的列或表达式的排序规则。

对于 DISTINCT 关键字来说,空值将被认为是相互重复的内容。当 SELECT 子句中包括 DISTINCT 时,不论遇到多少个空值,结果中只返回一个 NULL。

图 7.7　例 7.7 执行结果

5. 使用 TOP 和 PERCENT 限制结果集

可以使用 TOP 子句限制结果集中返回的行数,语法格式如下。

TOP（expression）［ PERCENT ］［ WITH TIES ］

• expression:指定返回行数的数值表达式,如果指定了 PERCENT,则是指返回的结果集行的百分比(由 expression 指定)。

当 expression 为 n 时,即 TOP n 表示返回结果集的前 n 行。如果指定了 ORDER BY,则将在对结果集排序之后选择行。n 是要返回的行数,除非指定了 PERCENT 关键字。PERCENT 将指定 n 为要返回的结果集中的行所占的百分比。

例如:

```
TOP（12）                    /* 返回结果集中的前 12 行 */
TOP（15）PERCENT             /* 返回结果集中的前 15% 的行 */.
DECLARE @n AS BIGINT
SET @n = 2
TOP（@n）                    /* 返回结果集中的前@n 行 */
```

【例 7.8】　从 course 表中返回 2 门学分最多的课程。

```
USE teaching
GO
SELECT TOP 2 CNO, CNAME, CREDIT
FROM course
ORDER BY CREDIT DESC
GO
```

执行结果如图 7.8 所示。

如果指定了 WITH TIES,将返回包含 ORDER BY 子句返回的最后一个值的所有行,即便超过 expression 指定的数量。

6. 选择列表中的计算值

在 SELECT 子句的选择列表中可包含使用运算符生成的表达式。这使结果集中得以包含基表中不存在但可以根据基表中存储的值计算得到的值。这些结果集中的列称为派生列。

117

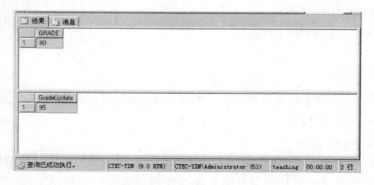

图 7.8　例 7.8 执行结果

①在 SELECT 子句中可以使用算术运算符或函数进行运算。算术运算符允许对数值数据进行加(+)、减(-)、乘(*)、除(/)以及模(%)运算。进行加、减、乘、除运算的算术运算符可在 int、smallint、tinyint、decimal、numeric、float、real、money 或 smallmoney 数值列或表达式中使用。模运算符只能在 int、smallint 或 tinyint 列或表达式中使用。

也可使用日期函数或常规加或减算术运算符对 datetime 和 smalldatetime 列进行算术运算。

【例 7.9】　显示学生 S2 的 C1 课程的成绩提高 15 分后的结果。

```
USE teaching
GO
SELECT GRADE
FROM s_c
WHERE SNO = 'S2' AND CNO = 'C1'
GO
SELECT GRADE + 15 AS GradeUpdate
FROM s_c
WHERE SNO = 'S2' AND CNO = 'C1'
GO
```

执行结果如图 7.9 所示。

图 7.9　例 7.9 执行结果

118

注意:例7.9只显示成绩提高15分后的结果,数据表中的数据并不修改,即对列使用算术运算符并不改变数据表中的数据,只是返回给用户的结果集改变。

②在 SELECT 子句中还可以使用聚合函数。聚合函数对一组值执行计算并返回单个值。除了 COUNT 以外,聚合函数都会忽略空值。聚合函数只能在以下位置作为表达式使用。

☞SELECT 子句的选择列表(子查询或外部查询)。

☞COMPUTE 或 COMPUTE BY 子句。

☞HAVING 子句。

聚合函数有如下几种。

(1)AVG 函数

语法格式:AVG (〔 ALL|DISTINCT 〕 expression)

功能:返回组中各值的平均值。空值将被忽略。

各选项含义如下。

• ALL:对所有的值进行聚合函数运算。ALL 是默认值。

• DISTINCT:指定 AVG 只在每个值的唯一实例上执行,而不管该值出现了多少次。

• expression:是精确数值或近似数值数据类型(bit 数据类型除外)的表达式。不允许使用聚合函数和子查询。

(2)SUM 函数

语法格式:SUM (〔 ALL|DISTINCT 〕 expression)

功能:返回表达式中所有值的和或仅非重复值的和。SUM 只能用于数字列。空值将被忽略。

• expression:常量、列名、函数与算术运算符、位运算符和字符串运算符的任意组合。expression 是精确数字或近似数字数据类型(bit 数据类型除外)的表达式。不允许使用聚合函数和子查询。

(3)COUNT 函数

语法:COUNT ({〔〔 ALL|DISTINCT〕 expression〕| * })

功能:返回 expression 的个数,返回值的数据类型是 int。

各选项含义如下。

• DISTINCT:指定 COUNT 返回唯一非空值的数量。

• expression:除 text、image 或 ntext 以外任何类型的表达式。不允许使用聚合函数和子查询。

• * :指定应该计算的所有行的总数。COUNT(*)不需要任何参数,而且不能与 DISTINCT 一起使用。COUNT(*)返回指定表中行数而不删除副本。它对各行分别计数,包括包含空值的行。

(4)MIN 函数

语法格式:MIN (〔 ALL|DISTINCT 〕 expression)

功能:返回表达式 expression 中的最小值。MIN 忽略任何空值。对于字符数据列,MIN 查找排序序列的最低值。

• expression:常量、列名、函数以及算术运算符、位运算符和字符串运算符的任意组合。

MIN 可以用于数值列、char 列、varchar 列或 datetime 列,但不能用于 bit 列。不允许使用聚合函数和子查询。

(5)MAX 函数

语法格式:MAX（〔ALL|DISTINCT〕expression）

功能:返回表达式 expression 的最大值。MAX 忽略任何空值。对于字符列,MAX 查找按排序序列排列的最大值。

各选项含义同 MIN 函数。

【例 7.10】 查询年龄最大的学生的年龄。

USE teaching
GO
SELECT MAX(AGE)
FROM student
GO

执行结果如图 7.10 所示。

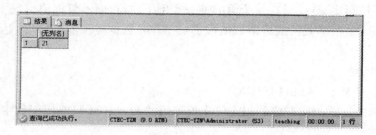

图 7.10 例 7.10 执行结果

【例 7.11】 查询选课学生的人数。

USE teaching
GO
SELECT COUNT(DISTINCT SNO)
FROM s_c
GO

执行结果如图 7.11 所示。

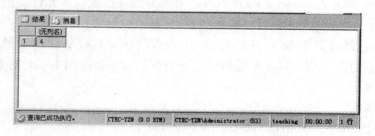

图 7.11 例 7.11 执行结果

【例 7.12】 计算学生总数。

```
USE teaching
GO
SELECT COUNT( * )
FROM student
GO
```
执行结果如图 7.12 所示。

图 7.12 例 7.12 执行结果

【例 7.13】 统计男生的人数和平均年龄,此例在 SELECT 子句选择列表中组合使用 COUNT(*)和其他聚合函数。

```
USE teaching
GO
SELECT COUNT( * ), AVG( AGE)
FROM student
WHERE SEX = 'M'
GO
```
执行结果如图 7.12 所示。

图 7.13 例 7.13 执行结果

7.1.3 FROM 子句

每一个要从表或视图中检索数据的 SELCET 语句都需要使用 FROM 子句。FROM 子句可以指明如下信息。

①列出 SELECT 子句中的选择列表和 WHERE 子句中所引用的列所在的一个或多个表和视图。可以使用 AS 子句为表和视图的名称指定别名。

【例 7.14】 显示所有学生的学号,姓名,所选课程名称及成绩。

```
USE teaching
```

GO

SELECT s.SNO, s.SNAME, c.CNAME, sc.GRADE

FROM student AS s JOIN s_c AS sc ON s. SNO = sc. SNO

JOIN course AS c ON sc. CNO = c. CNO

GO

执行结果如图 7.14 所示。

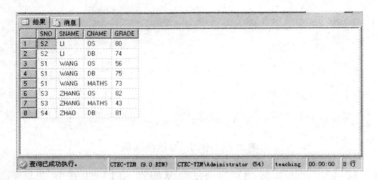

图 7.14　例 7.14 执行结果

当不需要从数据库内的任何表中选择数据时,SELECT 语句可以没有 FROM 子句。这些 SELECT 语句只从局部变量或不对列进行操作的 Transact-SQL 函数中选择数据。

例如:

SELECT @MyIntVariable　　　/＊显示变量 MyIntVariable 的值＊/

SELECT @@VERSION　　　　/＊显示全局变量 VERSION 的值＊/

SELECT 语句的可读性可通过为表指定别名来提高,别名也称为相关名称或范围变量。分配表别名时,可以使用 AS 关键字,也可以不使用。

语法格式:table_name AS table_alias

或　　　table_name table_alias

例如:将别名 sc 分配给 s_c,而将别名 s 分配给 student。

SELECT sc. CNO, s. SNAME

FROM s_c AS sc JOIN student AS s ON sc. SNO = s. SNO

如果为表分配了别名,那么 Transact-SQL 语句中对该表的所有显式引用都必须使用别名,而不能使用表名。例如,以下 SELECT 语句将产生语法错误,因为该语句在已分配别名的情况下又使用了表名。

SELECT sc. CNO, student. SNAME

FROM s_c AS sc JOIN student AS s ON sc. SNO = s. SNO

7.1.4　WHERE 子句和 HAVING 子句

用于 SELECT 语句中的 WHERE 和 HAVING 子句指定一系列搜索条件,只有那些满足搜索条件的行才用于生成结果集。

【例 7.15】　查询选修了 C2 课的学生的学号、姓名和成绩。

```
USE teaching
GO
SELECT s. SNO, s. SNAME, sc. GRADE
FROM s_c AS sc JOIN student AS s ON sc. SNO = s. SNO
WHERE sc. CNO = 'C2'
GO
```
执行结果如图 7.15 所示。

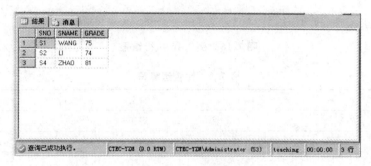

图 7.15　例 7.15 执行结果

HAVING 子句通常与 GROUP BY 子句一起使用以筛选聚合值结果。但是 HAVING 也可以在不使用 GROUP BY 的情况下单独指定。HAVING 子句指定在应用 WHERE 子句筛选后再进一步的筛选。这些筛选可以应用于 SELECT 列表中所用的聚合函数。

【例 7.16】　在以下示例中，WHERE 子句仅限定选修 C2 课程的学生，而 HAVING 子句进一步将结果限制为只包括选修两门课程以上的学生。

```
USE teaching
GO
SELECT SNO
FROM s_c
WHERE CNO = 'C2'
GROUP BY SNO
HAVING COUNT(CNO) >= 2
GO
```
执行结果如图 7.16 所示。

SELECT 语句执行时先执行 WHERE 子句，这样限定了分组对象中只有选 C2 课程的学生记录，然后按照学号分组，分组后每组只有一人，没有满足 HAVING 条件的组，结果集为空。

WHERE 和 HAVING 子句中的搜索条件或限定条件可包括如下条件。

1. 比较搜索条件

Microsoft SQL Server 2005 使用表 7.1 中的比较运算符。比较运算符用于在两个表达式之间的比较。

图 7.16　例 7.16 执行结果

表 7.1　比较运算符

运算符	含义
=	等于
>	大于
<	小于
> =	大于或等于
< =	小于或等于
< >	不等于(SQL-92 兼容)
! >	不大于
! <	不小于
! =	不等于

【例 7.17】　查询 s_c 表中成绩在 80 分以上(含)的学生。

```
USE teaching
GO
SELECT SNO, CNO, GRADE
FROM s_c
WHERE GRADE >= 80
GO
```

执行结果如图 7.17 所示。

【例 7.18】　从 student 表中检索学生姓名为 WANG 的学生姓名。

```
USE teaching
GO
SELECT SNAME
FROM student
WHERE SNAME = 'WANG'
ORDER BY SNO
GO
```

图 7.17　例 7.17 执行结果

执行结果如图 7.18 所示。

图 7.18　例 7.18 执行结果

☞表示所有记录可用 ALL 关键字(= ALL、> ALL、<= ALL、ANY)。

【例 7.19】　从 s_c 表中检索成绩大于 C2 课程的任意成绩的学生选课情况。

```
USE teaching
GO
SELECT SNO, CNO, GRADE
FROM s_c AS s1
WHERE s1. GRADE > ALL
    (SELECT s2. GRADE
     FROM s_c s2
     WHERE s2. CNO = 'C2')
GO
```

执行结果如图 7.19 所示。

图 7.19　例 7.19 执行结果

2. 范围搜索条件

范围搜索返回介于两个指定值之间的所有值。

☞BETWEEN 关键字指定要检索的包括范围。

【例 7.20】 以下查询从 student 表中检索年龄在 20 ~ 22 之间的学生。

```
USE teaching
GO
SELECT SNO , SNAME
FROM student
WHERE AGE BETWEEN 20 AND 22
ORDER BY SNO
GO
```

执行结果如图 7.20 所示。

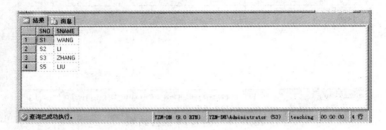

图 7.20　例 7.20 执行结果

以下查询使用大于和小于运算符的返回结果与上面示例返回的结果不同,因为这些运算符不包括与限定范围的值相匹配的行。

```
USE teaching
GO
SELECT SNO , SNAME
FROM student
WHERE AGE >20 AND AGE <22
ORDER BY SNO
GO
```

☞NOT BETWEEN 查找指定范围之外的所有行。

【例 7.21】 查询年龄不在 20 ~ 22 之间的学生。

```
USE teaching
GO
SELECT SNO , SNAME
FROM student
WHERE AGE NOT BETWEEN 20 AND 22
ORDER BY SNO
GO
```

执行结果如图 7.21 所示。

126

图 7.21　例 7.21 执行结果

3. 列表搜索条件

IN 关键字可以选择与列表中的任意值匹配的行。

【例 7.22】　检索 student 表中姓名为 WANG 或 LIU 的学生。

```
USE teaching
GO
SELECT SNO, SNAME
FROM student
WHERE SNAME IN ('WANG', 'LIU')
ORDER BY SNO
GO
```

执行结果如图 7.22 所示。

图 7.22　例 7.22 执行结果

IN 关键字之后的各项必须用逗号隔开,并且括在括号中。IN 关键字最重要的应用是在嵌套查询(也称为子查询)中。

以下示例不使用 IN 关键字,也得到同样的结果。

```
USE teaching
GO
SELECT SNO, SNAME
FROM student
WHERE SNAME = 'WANG' OR SNAME = 'LIU'
ORDER BY SNO
GO
```

4. 搜索条件中的模式匹配

LIKE 关键字搜索与指定模式匹配的字符串、日期或时间值。模式中包含要搜索的字符

127

串,字符串中可包含四种通配符的任意组合,通配符如表 7.2 所示。

表 7.2　通配符

通配符	含 义
%	包含零个或多个字符的任意字符串
_	任何单个字符
[ ]	指定范围(例如 [a-f])或集合(例如 [abcdef])内的任何单个字符
[^]	不在指定范围(例如 [^a - f])或集合(例如 [^abcdef])内的任何单个字符

可以将通配符和字符串用单引号引起来,例如:

☞LIKE 'Mc%' 将搜索以字母 Mc 开头的所有字符串(如 McBadden)。

☞LIKE '%inger' 将搜索以字母 inger 结尾的所有字符串(如 Ringer 和 Stringer)。

☞LIKE '%en%' 将搜索任意位置包含字母 en 的所有字符串(如 Bennet、Green 和 McBadden)。

☞LIKE '_heryl' 将搜索以字母 heryl 结尾的所有六个字母的字符串(如 Cheryl 和 Sheryl)。

☞LIKE '[CK]ars[eo]n' 将搜索 Carsen、Karsen、Carson 和 Karson(如 Carson)。

☞LIKE '[M-Z]inger' 将搜索以字母 inger 结尾、以 M 到 Z 中的任何单个字母开头的所有字符串(如 Ringer)。

☞LIKE 'M[^c]%' 将搜索以字母 M 开头,并且第二个字母不是 c 的所有字符串(如 MacFeather)。

【例 7.23】　从 student 表中检索学生姓名以字母 W 开头的学生学号及姓名。

```
USE teaching
GO
SELECT SNO, SNAME
FROM student
WHERE SNAME LIKE 'W%'
ORDER BY SNO
GO
```

执行结果如图 7.23 所示。

图 7.23　例 7.23 执行结果

128

可以将 NOT LIKE 与通配符结合使用。

【例 7.24】 若要检索学生姓名不以字母 W 开头的学生学号及姓名,可以使用下列等价查询中的任意一个。

```
USE teaching
GO
SELECT SNO, SNAME
FROM student
WHERE SNAME NOT LIKE 'W%'
ORDER BY SNO
GO
```

执行结果如图 7.24 所示。

图 7.24 例 7.24 执行结果

或

```
USE teaching
GO
SELECT SNO, SNAME
FROM student
WHERE NOT SNAME LIKE 'W%'
ORDER BY SNO
GO
```

可以在 text 列中使用的唯一 WHERE 条件是 LIKE、IS NULL 或 PATINDEX。

不与 LIKE 一同使用的通配符将解释为常量而非模式,换言之,这些通配符仅代表其本身的值。

【例 7.25】 查询学生姓名只由两个字符 W% 组成的学号及姓名。该查询将不会查找以 W 开头的学生。

```
USE teaching
GO
SELECT SNO, SNAME
FROM student
WHERE SNAME = 'W%'
ORDER BY SNO
GO
```

执行结果如图 7.25 所示。

图 7.25　例 7.25 执行结果

可以搜索通配符字符串。有两种方法可指定平常用作通配符的字符。

①使用 ESCAPE 关键字定义转义符　在模式中,当转义符置于通配符之前时,该通配符就解释为普通字符。

例如,要搜索在任意位置包含字符串 5% 的字符串,可以使用:

　　　　WHERE ColumnA LIKE '%5/%%' ESCAPE '/'

在上述 LIKE 子句中,前导和结尾百分号(%)解释为通配符,而斜杠(/)之后的百分号解释为字符%。

②在方括号([　])中只包含通配符本身　若要搜索破折号(－)而不是用它指定搜索范围,可以将破折号指定为方括号内的第一个字符。

例如:WHERE ColumnA LIKE '9[－]5'

表 7.3 显示了括在方括号内的通配符的用法。

表 7.3　括在方括号内的通配符的用法

符号	含义
LIKE '5[%]'	5%
LIKE '5%'	5 后跟 0 个或多个字符的字符串
LIKE '[_]n'	_n
LIKE '_n'	an, in, on (and so on)
LIKE '[a-cdf]'	a、b、c、d 或 f
LIKE '[－acdf]'	－、a、c、d 或 f
LIKE '[[ ]'	[
LIKE ']'	]·

如果使用 LIKE 执行字符串比较,模式串中的所有字符(包括每个前导空格和尾随空格)都有意义。如果要求比较返回带有字符串 LIKE 'abc '(abc 后跟一个空格)的所有行,将不会返回列值为 abc(abc 后没有空格)的行。但是反过来,情况并非如此。可以忽略模式所要匹配的表达式中的尾随空格。如果要求比较返回带有字符串 LIKE 'abc'(abc 后没有空格)的所有行,将返回以 abc 开头且具有零个或多个尾随空格的所有行。

5. NULL 比较搜索条件

NULL 值表示列的数据值未知或不可用。NULL 可用于数字列和字符列。

可以通过以下两种方式在允许空值的列中输入 NULL 值(根据 CREATE TABLE 语句中的指定):

①如果无数据输入并且列或数据类型上无 DEFAULT 约束,则 SQL Server 2005 将自动输入值 NULL。

②通过键入不带引号的 NULL 输入 NULL 值。如果在字符列中键入带引号的 NULL,则它将被视为字母 N、U、L 和 L,而非空值。

当检索到空值时,应用程序通常会在相应的位置显示诸如 NULL、(NULL)或(null)的字符串。

当搜索的列中包括定义为允许空值的列时,可以通过以下模式查找数据库中的空值或非空值。

WHERE column_name IS [NOT] NULL

【例 7.26】 从 s_c 表中检索成绩不是 NULL 的行。

USE teaching
GO
SELECT *
FROM s_c
WHEREGRADE IS NOT NULL
ORDER BY SNO
GO

执行结果如图 7.26 所示。

图 7.26 例 7.26 执行结果

注意:指定 = NULL 与指定 IS NULL 是不同的。

6. 逻辑运算符

逻辑运算符包括 AND、OR 和 NOT。AND 和 OR 用于连接 WHERE 子句中的搜索条件。NOT 用于反转搜索条件的结果。

☞AND 连接两个条件,只有当两个条件都符合时才返回 TRUE。

【例 7.27】 检索年龄在 21 岁以上(含)的男学生的情况。

```
USE teaching
GO
SELECT *
FROM student
WHERE AGE >= 21 AND SEX = 'M'
GO
```

执行结果如图 7.27 所示。

图 7.27　例 7.27 执行结果

☞OR 也用于连接两个条件,但只要有一个条件符合便返回 TRUE。

【例 7.28】　查询选修 C1 或 C2 的学生。

```
USE teaching
GO
SELECT SNO, CNO, GRADE
FROM s_c
WHERE CNO = 'C1' OR CNO = 'C2'
GO
```

执行结果如图 7.28 所示。

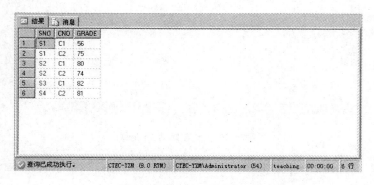

图 7.28　例 7.28 执行结果

逻辑运算符运算的优先级依次为 NOT、AND 和 OR。算术运算符和位运算符优先于逻辑运算符。

【例 7.29】　以下查询显示年龄为 20 岁的学生或年龄为 21 岁的男学生。

```
USE teaching
```

132

GO

SELECT SNO，SNAME，SEX，AGE

FROM student

WHERE AGE＝20 OR AGE＝21 AND SEX＝'M'

GO

执行结果如图 7.29 所示。

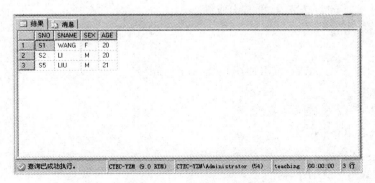

图 7.29　例 7.29 执行结果

☞可以通过添加括号强制先计算 OR 来改变查询的含义。

【例 7.30】　查询年龄为 20 岁或 21 岁的男学生。

USE teaching

GO

SELECT SNO，SNAME，SEX，AGE

FROM student

WHERE（AGE＝20 OR AGE＝21）AND SEX＝'M'

GO

执行结果如图 7.30 所示。

图 7.30　例 7.30 执行结果

使用括号可以提高查询的可读性。下面的示例比原始示例例 7.29 更可读,它们在语义上是相同的。

USE teaching

GO

SELECT SNO，SNAME，SEX，AGE

```
FROM student
WHERE AGE = 20 OR（AGE = 21 AND SEX = 'M'）
```

7.1.5 GROUP BY 子句

GROUP BY 子句用来为结果集中的每一行产生聚合值。如果聚合函数没有使用 GROUP BY 子句,则只为 SELECT 语句报告一个聚合值。

【例7.31】 查询每个学生的平均成绩。

```
USE teaching
GO
SELECT SNO，AVG(GRADE) AS avg_grade
FROM s_c
GROUP BY SNO
ORDER BY SNO
GO
```

执行结果如图 7.31 所示。

图 7.31 例 7.31 执行结果

☞可以在包含 GROUP BY 子句的查询中使用 WHERE 子句。在完成任何分组之前,将消除不符合 WHERE 子句中的条件的行。

【例7.32】 查询每个学生的及格成绩课程的平均成绩。

```
USE teaching
GO
SELECT SNO，AVG(GRADE) AS avg_grade
FROM s_c
WHERE GRADE >= 60
GROUP BY SNO
ORDER BY SNO
GO
```

执行结果如图 7.32 所示。只有成绩在 60 分以上的行才包含在查询结果所显示的组中。

134

图 7.32 例 7.32 执行结果

　　HAVING 子句对 GROUP BY 子句设置条件的方式与 WHERE 和 SELECT 子句中的方式类似。WHERE 搜索条件在进行分组操作之前应用,而 HAVING 搜索条件在进行分组操作之后应用。HAVING 语法与 WHERE 语法类似,但 HAVING 可以包含聚合函数。HAVING 子句可以引用 SELECT 子句的选择列表中显示的任意项。

　　【例 7.33】　查询平均成绩在 80 分以上(含)的学生的平均成绩。

```
USE teaching
GO
SELECT SNO, AVG(GRADE) AS avg_grade
FROM s_c
GROUP BY SNO
HAVING AVG(GRADE) >= 80
ORDER BY SNO
GO
```

执行结果如图 7.33 所示。

图 7.33 例 7.33 执行结果

　　注意:如果 HAVING 中包含多个条件,可以通过 AND、OR 或 NOT 组合在一起。

　　理解应用 WHERE、GROUP BY 和 HAVING 子句的正确顺序对编写高效的查询代码会有所帮助。

　　☞WHERE 子句用来筛选 FROM 子句中指定操作所产生的行。

☞GROUP BY 子句用来分组 WHERE 子句的输出。

☞HAVING 子句用来从分组的结果中筛选行。

对于可以在分组操作之前或之后应用的任何搜索条件,在 WHERE 子句中指定它们会更有效。这样可以减少必须分组的行数。应当在 HAVING 子句中指定那些必须在执行分组操作之后应用的搜索条件。

注意:ORDER BY 子句可用于排序 GROUP BY 子句的输出。

7.1.6　ORDER BY 子句

用于指定查询结果的排序顺序。除非同时指定了 TOP,否则 ORDER BY 子句在视图、内联函数、派生表和子查询中无效。

ORDER BY 子句的语法格式如下:

```
[ ORDER BY
    {    order_by_expression
        [ COLLATE collation_name ]
        [ ASC|DESC ]
    } [  ,...,n ]
]
```

各选项含义如下。

• order_by_expression:指定要排序的列。可以是一个名称或列的别名,也可以是一个表示该名称或别名在 SELECT 子句的选择列表中所处位置的顺序号。列名和别名可由表名或视图名加以限定。在 Microsoft SQL Server 2005 中,可将限定的列名和别名解析到 FROM 子句中列出的列。如果 order_by_expression 未限定,则它必须在 SELECT 子句中列出的所有列中是唯一的。

可指定多个排序列。ORDER BY 子句中的排序列定义了排序结果集的结构。

注意:ntext、text、image 或 xml 列不能用于 ORDER BY 子句。

• COLLATE collation_name:指定根据 collation_name 中指定的排序规则,而不是表或视图中所定义的列的排序规则。collation_name 可以是 Windows 排序规则名称或 SQL 排序规则名称。COLLATE 仅适用于 char、varchar、nchar 和 nvarchar 数据类型的列。

• ASC:指定按升序从最低值到最高值对指定列中的值进行排序。

• DESC:指定按降序从最高值到最低值对指定列中的值进行排序。

如果未指定是升序还是降序,则默认为 ASC。空值被视为最低的值。

ORDER BY 子句中引用的列名必须明确地对应于 SELECT 子句的选择列表中的列或 FROM 子句中的表中的列。如果列名已在 SELECT 子句的选择列表中有了别名,则 ORDER BY 子句中只能使用别名。同样,如果表名已在 FROM 子句中有了别名,则 ORDER BY 子句中只能使用别名来限定它们的列。

【例 7.34】　下面的查询返回 student 表中按年龄升序排序的结果。

```
USE teaching
GO
SELECT SNO, AGE
```

```
FROM student
ORDER BY AGE
GO
```
执行结果如图7.34所示。

图 7.34　例 7.34 执行结果

如果 ORDER BY 子句中指定了多个列,则排序是嵌套的。

【例7.35】　下面的查询对 student 表先按性别降序排序,然后按 AGE 升序排序。

```
USE teaching
GO
SELECT SNO, SEX, AGE
FROM student
ORDER BY SEX DESC, AGE
GO
```
执行结果如图7.35所示。

图 7.35　例 7.35 执行结果

ORDER BY 子句的结果取决于被排序的列的排序规则。对于 char、varchar、nchar 和 nvarchar 列,可以指定 ORDER BY 按照表或视图中定义的列的排序规则之外的排序规则执行。可以指定 Windows 排序规则名称或 SQL 排序规则名称。

无法对数据类型为 text、ntext、image 或 xml 的列使用 ORDER BY。此外,在 ORDER BY 列表中也不允许使用子查询、聚合和常量表达式。但是,可以在聚合或表达式的选择列表中使用用户指定的名称。

【例7.36】 对 student 表先按性别升序排序,然后按学号降序排序。

USE teaching
GO
SELECT SNO AS 学号, SEX AS 性别
FROM student
ORDER BY SEX, SNO DESC
GO

执行结果如图 7.36 所示。

图 7.36 例 7.36 执行结果

7.1.7 联接查询

通过联接,可以从两个或多个表中根据各个表之间的逻辑关系来检索数据。联接指明了应如何使用一个表中的数据来选择另一个表中的行。

联接条件可通过以下方式定义两个表在查询中的关联方式,即联连条件。

☞指定每个表中要用于联接的列。典型的联接条件是在一个表中指定一个外键,而在另一个表中指定与其关联的键。

☞指定用于比较各列的值的逻辑运算符(例如 = 或 < >)。

可以在 FROM 或 WHERE 子句中指定内部联接,但只能在 FROM 子句中指定外部联接。联接条件与 WHERE 和 HAVING 搜索条件相结合,用于控制从 FROM 子句所引用的基表中选定的行。

在 FROM 子句中指定联接条件有助于将这些联接条件与 WHERE 子句中可能指定的其他任何搜索条件分开,简化的 FROM 子句联接语法如下。

FROM first_table join_type second_table ［ON (join_condition)］

☞join_type:指定要执行的联接类型有内部联接、外部联接或交叉联接。

☞join_condition:定义用于对每一对联接行进行求值的谓词。

下面是 FROM 子句联接规范示例。

FROM student JOIN s_c ON (student. SNO = s_c. SNO)

【例7.37】 使用联接查询成绩在 60 分以上的女学生所选各门课程的情况。

138

```
USE teaching
GO
SELECT student. SNO, SNAME, CNO, GRADE
FROM student JOIN s_c ON (student. SNO = s_c. SNO)
WHERE GRADE >= 60 AND SEX = 'F'
GO
```

执行结果如图 7.37 所示。

	SNO	SNAME	CNO	GRADE
1	S1	WANG	C2	75
2	S1	WANG	C3	73
3	S3	ZHANG	C1	82

图 7.37　例 7.37 执行结果

当在单个查询中引用多个表时,所有列引用都必须是明确的。在上例中,student 和 s_c 表都含有名为 SNO 的一列。在查询所引用的两个或多个表中,任何重复的列名都必须用表名加以限定。此示例中对 SNO 列的所有引用均已限定。

下例与上例相同,只不过分配了表的别名并且用表的别名对列加以限定,从而提高了可读性。

```
USE teaching
GO
SELECT s. SNO, s. SNAME, sc. CNO, sc. GRADE
FROM student s JOIN s_c sc ON (s. SNO = sc. SNO)
WHERE sc. GRADE >= 60 AND s. SEX = 'F'
GO
```

上例是在 FROM 子句中指定联接条件的,这是首选的方法。下列查询包含相同的联接条件,该联接条件在 WHERE 子句中指定。

```
USE teaching
GO
SELECT s. SNO, s. SNAME, sc. CNO, sc. GRADE
FROM student s , s_c sc
WHERE sc. GRADE >= 60 AND s. SEX = 'F' AND s. SNO = sc. SNO
GO
```

联接查询中 SELECT 子句的选择列表可以引用联接表中的所有列或任意一部分列。SELECT 子句的选择列表不必包含联接中每个表的列。例如,在三表联接中,只能用一个表作为中间表来联接另外两个表,而选择列表不必引用该中间表的任何列。

虽然联接条件通常使用相等比较(=),但也可以像指定其他谓词一样指定其他比较运算符或关系运算符。

当 SQL Server 处理联接时,查询引擎会从多种可行的方法中选择最有效的方法来处理联接。尽管各种联接的实际执行过程会采用多种不同的优化方式,但是逻辑顺序均为:

①应用 FROM 子句中的联接条件;

②应用 WHERE 子句中的联接条件和搜索条件;

③应用 HAVING 子句中的搜索条件。

如果在 FROM 和 WHERE 子句之间移动条件,则这一顺序有时会影响查询结果。

联接条件中用到的列不必具有相同的名称或相同的数据类型。但如果数据类型不相同,则必须兼容,或者是可由 SQL Server 进行隐式转换的类型。如果数据类型不能进行隐式转换,则联接条件必须使用 CAST 函数显式转换数据类型。

注意:不能在 ntext、text 或 image 列上直接联接表。

联接条件可在 FROM 或 WHERE 子句中指定,建议在 FROM 子句中指定联接条件。WHERE 和 HAVING 子句还可以包含搜索条件,以进一步筛选根据联接条件选择的行。

联接分为以下几类。

•内部联接(典型的联接运算,使用类似于 = 或 < > 的比较运算符)。内部联接包括同等联接和自然联接。

•内部联接使用比较运算符。根据每个表的通用列中的值匹配两个表中的行。例如,检索 student 和 s_c 表中学号相同的所有行。

•外部联接。外部联接可以是左向外部联接、右向外部联接或完整外部联接。

在 FROM 子句中可以用下列某一组关键字来指定外部联接。

☞LEFT JOIN 或 LEFT OUTER JOIN。

左向外部联接的结果集包括 LEFT OUTER 子句中指定的左表的所有行,而不仅仅是联接列所匹配的行。如果左表的某一行在右表中没有匹配行,则在关联的结果集行中,来自右表的所有选择列表列均为空值。

☞RIGHT JOIN 或 RIGHT OUTER JOIN

右向外部联接是左向外部联接的反向联接,将返回右表的所有行。如果右表的某一行在左表中没有匹配行,则将为左表返回空值。

☞FULL JOIN 或 FULL OUTER JOIN

完整外部联接将返回左表和右表中的所有行。当某一行在另一个表中没有匹配行时,另一个表的选择列表列将包含空值。如果表之间有匹配行,则整个结果集行包含基表的数据值。

•交叉联接。交叉联接将返回左表中的所有行,左表中的每一行均与右表中的所有行组合。交叉联接也称作笛卡儿积。

1. 使用内部联接

内部联接是使用比较运算符比较要联接列中的值的联接。

在 SQL-92 标准中,可以在 FROM 子句或 WHERE 子句中指定内部联接。这是 WHERE 子句中唯一一种 SQL-92 支持的联接类型。WHERE 子句中指定的内部联接称为旧式内部联接。

【例7.38】 使用内部联接实现查询学生的基本情况和选课情况。

```
USE teaching
GO
SELECT *
FROM student AS s INNER JOIN s_c AS sc ON s. SNO = sc. SNO
ORDER BY S. SNO
GO
```

执行结果如图7.38所示。

图7.38 例7.38 执行结果

此内部联接称为同等联接。它返回两个表中的所有列包括两表中相同的列,但只返回在联接列中具有相等值的行。

2. 使用外部联接

仅当两个表中都至少有一行符合联接条件时,内部联接才返回行。内部联接消除了与另一个表中不匹配的行。而外部联接会返回 FROM 子句中提到的至少一个表或视图中的所有行,只要这些行符合任何 WHERE 或 HAVING 搜索条件。将检索通过左向外部联接引用的左表中的所有行,以及通过右向外部联接引用的右表中的所有行。在完全外部联接中,将返回两个表的所有行。

Microsoft SQL Server 2005 对 FROM 子句中指定的外部联接使用下列关键字。

LEFT OUTER JOIN 或 LEFT JOIN

RIGHT OUTER JOIN 或 RIGHT JOIN

FULL OUTER JOIN 或 FULL JOIN

•使用左向外部联接,见下例。

【例7.39】 查询所有学生的选课情况,包括没选课的学生。

```
USE teaching
GO
SELECT *
FROM student AS s LEFT OUTER JOIN s_c AS sc ON s. SNO = sc. SNO
ORDER BY S. SNO
```

141

GO

执行结果如图 7.39 所示。

图 7.39　例 7.39 执行结果

不管是否与 s_c 表的 SNO 列相匹配,LEFT OUTER JOIN 都会在结果中包括 student 表的所有行。注意,对于结果中没有匹配的学号 SNO 的学生,行的 s_c 表中的列值则包含一个空值。

•使用右向外部联接。右外部联接运算符 RIGHT OUTER JOIN 指明:不管第一个表中是否有匹配的数据,结果中都将包括第二个表中的所有行。

例如:上例查询所有学生的选课情况,包括没选课的学生,可以使用右向外部联接来实现。

```
USE teaching
GO
SELECT *
FROM s_c AS sc RIGHT OUTER JOIN student AS s ON sc. SNO  = s. SNO
ORDER BY S. SNO
GO
```

使用谓词可以进一步限定外部联接。

【例 7.40】　使用右外部联接实现查询只包括年龄在 21 岁以上的学生的选课信息。

```
USE teaching
GO
SELECT *
FROM s_c AS sc RIGHT OUTER JOIN student AS s ON sc. SNO = s. SNO
WHERE s. AGE  >= 21
GO
```

执行结果如图 7.40 所示。

•使用完全外部联接。若要通过在联接的结果中包括不匹配的行来保留不匹配信息,可以使用完全外部联接。SQL Serve 提供了完全外部联接运算符 FULL OUTER JOIN,它将包括两个表中的所有行。

查询所有学生的选课情况,包括没选课的学生,也包括没有学生选的课程,可以使用完

142

图 7.40 例 7.40 执行结果

全外部联接来实现。

```
USE teaching
GO
SELECT *
FROM student AS s FULL OUTER JOIN s_c AS sc ON sc.SNO = s.SNO
    FULL OUTER JOIN course AS c ON sc.CNO = c.CNO
GO
```

3. 使用交叉连接

没有 WHERE 子句的交叉联接将产生联接所涉及的表的笛卡儿积。第一个表的行数乘以第二个表的行数等于笛卡儿积结果集的大小。

【例 7.41】 下列是 Transact-SQL 交叉联接示例。

```
USE teaching
GO
SELECT *
FROM student AS s CROSS JOIN s_c AS sc
ORDER BY S.SNO
GO
```

执行结果如图 7.41 所示。结果集包含 40 行(student 有 5 行,s_c 有 8 行;5 乘以 8 等于 40)。

如果添加一个 WHERE 子句,则交叉联接的作用将同内部联接一样。

【例 7.42】 下列 Transact-SQL 查询生成相同的结果集。

```
USE teaching
GO
SELECT *
FROM student AS s CROSS JOIN s_c AS sc
WHERE s.SNO = sc.SNO
ORDER BY S.SNO
GO
```

143

图 7.41　例 7.41 执行结果

或

　　USE teaching
　　GO
　　SELECT *
　　FROM student AS s INNER JOIN s_c AS sc ON s. SNO = sc. SNO
　　ORDER BY S. SNO
　　GO
执行结果如图 7.42 所示。

	SNO	SNAME	SEX	AGE	SNO	CNO	GRADE
1	S1	WANG	F	20	S1	C1	56
2	S1	WANG	F	20	S1	C2	75
3	S1	WANG	F	20	S1	C3	73
4	S2	LI	M	20	S2	C1	80
5	S2	LI	M	20	S2	C2	74
6	S3	ZHANG	F	21	S3	C1	82
7	S3	ZHANG	F	21	S3	C3	43
8	S4	ZHAO	M	19	S4	C2	81

图 7.42　例 7.42 执行结果

4. 使用自联接

表可以通过自联接实现与自身进行联接。

【例 7.43】　查询选修 C2 和 C3 的学生的学号。

144

```
USE teaching
GO
SELECT x. SNO
FROM s_c AS x INNER JOIN s_c AS y ON x. SNO = y. SNO
WHERE x. CNO = 'C2' AND y. CNO = 'C3'
ORDER BY x. SNO
GO
```
执行结果如图 7.43 所示。

图 7.43　例 7.43 执行结果

7.1.8　子查询

子查询是一个嵌套在 SELECT、INSERT、UPDATE 或 DELETE 语句或其他子查询中的查询。任何允许使用表达式的地方都可以使用子查询。

子查询也称为内部查询或内部选择,而包含子查询的语句也称为外部查询或外部选择。

许多包含子查询的 Transact-SQL 语句都可以改用联接表示。其他问题只能通过子查询提出。在 Transact-SQL 中,包含子查询的语句和语义上与等效的不包含子查询的语句在性能上通常没有差别。但是,在一些必须检查存在性的情况中,使用联接会产生更好的性能。否则,为确保消除重复值,必须为外部查询的每个结果都处理嵌套查询。所以在这些情况下,联接方式会产生更好的效果。

【例 7.44】　查询选修 C2 课程的学生的姓名。以下示例显示了返回相同结果集的 SELECT 子查询和 SELECT 联接查询。
```
／＊使用子查询的 SELECT 语句 ＊／
SELECT SNAME
FROM student
WHERE SNO IN
    （SELECT SNO
     FROM s_c
     WHERE CNO = 'C2'）


／＊使用联接查询的 SELECT 语句 ＊／
```

145

SELECT SNAME

FROM student AS s JOIN s_c AS sc ON (s. SNO = sc. SNO)

WHERE sc. CNO = 'C2'

执行结果如图 7.44 所示。

图 7.44 例 7.44 执行结果

子查询可以包括以下组件。

☞包含常规选择列表组件的常规 SELECT 查询。

☞包含一个或多个表或视图名称的常规 FROM 子句。

☞可选的 WHERE 子句。

☞可选的 GROUP BY 子句。

☞可选的 HAVING 子句。

作为子查询的 SELECT 查询使用圆括号括起来。它不能包含 COMPUTE 或 FOR BROWSE 子句,如果同时指定了 TOP 子句,则只能包含 ORDER BY 子句。

子查询可以嵌套在外部 SELECT、INSERT、UPDATE 或 DELETE 语句的 WHERE 或 HAVING 子句内,也可以嵌套在其他子查询内。任何可以使用表达式的地方都可以使用子查询,只要它返回的是单个值。

如果某个表只出现在子查询中,而没有出现在外部查询中,那么该表中的列就无法包含在输出(外部查询的选择列表)中。

包含子查询的语句通常采用以下语法格式中的一种。

☞WHERE expression [NOT] IN (subquery):通过未修改的比较运算符引入且必须返回单个值。

☞WHERE expression comparison_operator [ANY|ALL] (subquery):由 ANY 或 ALL 修改的比较运算符引入的列表操作。

☞WHERE [NOT] EXISTS (subquery):通过 EXISTS 引入的存在测试。

1. 子查询规则

子查询受下列限制的制约。

☞通过比较运算符引入的子查询的选择列表只能包括一个表达式或列名称(对 SELECT * 执行的 EXISTS 或对列表执行的 IN 子查询除外)。

☞如果外部查询的 WHERE 子句包括列名称,它必须与子查询选择列表中的列是联接

146

兼容的。

☞ntext、text 和 image 数据类型不能用在子查询的选择列表中。

☞由于必须返回单个值,所以由未修改的比较运算符(即后面未跟关键字 ANY 或 ALL 的运算符)引入的子查询不能包含 GROUP BY 和 HAVING 子句。

☞包含 GROUP BY 的子查询不能使用 DISTINCT 关键字。

☞不能指定 COMPUTE 和 INTO 子句。

☞只有指定了 TOP 时才能指定 ORDER BY。

☞不能更新使用子查询创建的视图。

由 EXISTS 引入的子查询的选择列表是一个星号" * ",而不是单个列名。因为由 EXISTS 引入的子查询返回的是 TRUE 或 FALSE 而非数据。

2. 在子查询中限定列名

在下列示例中,外部查询的 WHERE 子句中的 SNO 列是由外部查询的 FROM 子句中的表名 student 隐性限定的,即外部查询的 WHERE 子句中的 SNO 列是来源于 student 表的。对子查询的选择列表中 SNO 的引用则是由子查询的 FROM 子句(通过 s_c 表)来限定的,即子查询的 SELECT 子句中的 SNO 列来源于 s_c。

```
USE teaching
GO
SELECT SNAME
FROM student
WHERE SNO IN
    (SELECT SNO
    FROM s_c
    WHERE CNO = 'C2')
GO
```

一般的规则是,语句中的列名通过同级 FROM 子句中引用的表来隐性限定。如果子查询的 FROM 子句中引用的表中不存在列,则它是由外部查询的 FROM 子句中引用的表隐性限定的。

下例是使用这些隐性假设限定后查询的样式。

```
USE teaching
GO
SELECT student. SNAME
FROM student
WHERE student. SNO IN
    (SELECT s_c. SNO
    FROM s_c
    WHERE s_c. CNO = 'C2')
GO
```

注意:如果子查询的 FROM 子句中引用的表中不存在子查询中引用的列,而外部查询的 FROM 子句引用的表中存在该列,则该查询可以正确执行。SQL Server 用外部查询中的

147

表名隐性限定子查询中的列。

3. 子查询类型

(1) 使用别名的子查询

子查询和外部查询引用同一表的 SELECT 语句可称为自联接(将某个表与自身联接)。

【例7.45】 使用子查询查找与 WANG 同年龄的学生的学号和年龄。

```
USE teaching
GO
SELECT SNO, AGE
FROM student
WHERE AGE =
    (SELECT AGE
     FROM student
     WHERE SNAME = 'WANG')
GO
```

执行结果如图 7.45 所示。

图 7.45　例 7.45 执行结果

也可以使用自联接,例如:

```
USE teaching
GO
SELECT SNO, AGE
FROM student AS s1 INNER JOIN student s2
    ON s1. SNO = s2. SNO AND SNAME = 'WANG'
GO
```

由于自联接的表会以两种不同的角色出现,因此必须有表别名。别名也可用于在内部查询和外部查询中引用同一表的嵌套查询。例如:

```
USE teaching
GO
SELECT s1. SNO, s1. AGE
FROM student AS s1
```

148

```
    WHERE s1. AGE =
        (SELECT s2. AGE
        FROM student AS s2
        WHERE s2. SNAME = 'WANG')
    GO
```

显式别名清楚地表明,在子查询中对 student 的引用并不等同于在外部查询中的该引用。

(2)使用 IN 和 NOT IN 的子查询

通过 IN 或 NOT IN 引入的子查询结果是包含零个值或多个值的列表。子查询返回结果之后,外部查询将利用这些结果。

【例7.46】 下面的查询查找学生 S3 所选所有课程的名称。

```
    USE teaching
    GO
    SELECT CNAME
    FROM course
    WHERE CNO IN
        (SELECT CNO
        FROM s_c
        WHERE SNO = 'S3')
    GO
```

执行结果如图 7.46 所示。

图7.46 例7.46 执行结果

该语句分两步执行。首先,内部查询返回与学号'S3'匹配的 CNO,值为'C1'和'C2'。然后,这些值将替换到外部查询中,此外部查询将在 course 中查找与'C1'或'C2'匹配的课程名称,等同于以下代码。

```
    USE teaching
    GO
    SELECT CNAME
    FROM course
```

WHERE CNO IN ('C1', 'C2')

GO

使用联接而不使用子查询处理该问题及类似问题的一个不同之处在于,联接可以在结果中显示多个表中的列。

【例7.47】 如果要在结果中包括所选课程的成绩,则必须使用联接查询。

USE teaching

GO

SELECT CNAME, GRADE

FROM course AS c INNER JOIN s_c AS sc

　　　　ON c. CNO = sc. CNO AND SNO = 'S3'

GO

执行结果如图7.47所示。

图7.47 例7.47执行结果

联接总是可以表示为子查询。子查询经常(但不总是)可以表示为联接。这是因为联接是对称的,无论以何种顺序联接表 A 和 B,都将得到相同的结果。而对子查询来说,情况则并非如此。

通过 NOT IN 关键字引入的子查询也返回一列零值或更多值。

【例7.48】 以下查询将查找不选 C2 课程的学生姓名。

USE teaching

GO

SELECT SNAME

FROM student

WHERE SNO NOT IN

　　(SELECT SNO

　　　FROM s_c

　　　WHERE CNO = 'C2')

GO

执行结果如图7.48所示。此语句无法转换为一个联接。

(3)使用比较运算符的子查询

图 7.48 例 7.48 执行结果

子查询可以由一个比较运算符 = 、< > 、> 、> = 、< 、! > 、! < 或 < = 引入。

与使用 IN 引入的子查询一样,由未修改的比较运算符(即后面不接 ANY 或 ALL 的比较运算符)引入的子查询必须返回单个值而不是值列表。如果这样的子查询返回多个值,Microsoft SQL Server 2005 将显示一条错误信息。

【例 7.49】　查询与 WANG 同学同性别的学生。因为每个学生的性别只有一个值,所以可以使用带上简单的“ = ”比较运算符引入的子查询。

```
USE teaching
GO
SELECT SNAME, SEX
FROM student
WHERE SEX =
    (SELECT SEX
    FROM student
    WHERE SNAME = 'WANG')
GO
```

执行结果如图 7.49 所示。

图 7.49 例 7.49 执行结果

由未修改的比较运算符引入的子查询经常包括聚合函数,因为这些子查询要返回单个值。

【例7.50】 查询年龄高于平均年龄的所有学生的姓名。

```
USE teaching
GO
SELECT SNAME, AGE
FROM student
WHERE AGE >
    (SELECT AVG(AGE)
    FROM student)
GO
```

执行结果如图 7.50 所示。

图 7.50　例 7.50 执行结果

因为由未修改的比较运算符引入的子查询必须返回单个值,所以除非知道 GROUP BY 或 HAVING 子句本身会返回单个值,否则不能包括 GROUP BY 或 HAVING 子句。

【例7.51】 查询成绩高于 C2 课程平均成绩的学生学号、课程号及成绩。

```
USE teaching
GO
SELECT SNO, CNO, GRADE
FROM s_c
WHERE GRADE >
    (SELECT AVG(GRADE)
    FROM s_c
    GROUP BY CNO
    HAVING CNO = 'C2')
GO
```

执行结果如图 7.51 所示。

(4)用 ANY、SOME 或 ALL 修改的比较运算符

可以用 ALL 或 ANY 关键字修改引入子查询的比较运算符。SOME 是与 ANY 等效的另一个 SQL 标准。

通过修改的比较运算符引入的子查询返回零个值或多个值的列表,并且可以包括

图 7.51　例 7.51 执行结果

GROUP BY 或 HAVING 子句。这些子查询可以用 EXISTS 重新表述。

以 > 比较运算符为例, > ALL 表示大于每一个值。换句话说,它表示大于最大值。例如, > ALL(1, 2, 3)表示大于 3。 > ANY 表示至少大于一个值,即大于最小值。因此 > ANY(1, 2, 3)表示大于 1。

若要使带有 > ALL 的子查询中的行满足外部查询中指定的条件,引入子查询的列中的值必须大于子查询返回的值列表中的每个值。

同样, > ANY 表示要使某一行满足外部查询中指定的条件,引入子查询的列中的值必须至少大于子查询返回的值列表中的一个值。

【例 7.52】　下面的查询提供一个由 ANY 修改的比较运算符引入的子查询的示例。它查找某门课程成绩高于或等于任何一门课程的最高成绩的学生学号。

```
USE teaching
GO
SELECT DISTINCT SNO
FROM s_c
WHERE GRADE >= ANY
    (SELECT MAX(GRADE)
    FROM s_c
    GROUP BY CNO)
GO
```

执行结果如图 7.52 所示。

对于每门课程,内部查询查找最高成绩,外部查询查看所有这些值,并确定成绩高于或等于任何课程的最高成绩的学生学号。

【例 7.53】　如果 ANY 更改为 ALL,查询将只返回成绩高于或等于内部查询返回的所有课程的最高分的学生学号。

执行结果如图 7.53 所示。

如果子查询不返回任何值,那么整个查询将不会返回任何值。

= ANY 运算符与 IN 等效。但是, < > ANY 运算符则不同于 NOT IN。

< > ANY ('a', 'b', 'c')表示不等于'a',或者不等于'b',或者不等于'c'。

图 7.52　例 7.52 执行结果

图 7.53　例 7.53 执行结果

NOT IN（'a'，'b'，'c'）表示不等于'a'、不等于'b'并且不等于'c'。

＜＞ALL 与 NOT IN 表示的意思相同。

（5）使用 EXISTS 和 NOT EXISTS 的子查询

使用 EXISTS 关键字引入一个子查询时,相当于进行一次存在测试。外部查询的 WHERE 子句测试子查询返回的行是否存在。子查询实际上不产生任何数据,它只返回 TRUE 或 FALSE 值。

使用 EXISTS 引入的子查询的语法格式如下。

WHERE ［NOT］ EXISTS（subquery）

【例 7.54】　查询选修 C2 课程的所有学生的姓名。

```
USE teaching
GO
SELECT SNAME
FROM student
WHERE EXISTS
    （SELECT *
    FROM s_c
    WHERE SNO = student. SNO  AND CNO = 'C2'）
GO
```

154

执行结果如图 7.54 所示。

图 7.54 例 7.54 执行结果

若要确定此查询的结果,可以依次考虑每个学生的姓名。此值是否使子查询至少返回一行? 换句话说,它是否使存在测试的计算结果为 TRUE?

在这种情况下,第一名学生是 WANG,其 SNO 是 S1。s_c 表中是否存在 SNO 为 S1 且 CNO 为 C2 的行? 如果存在,WANG 应是选定的值之一。对其他每个学生姓名重复相同的过程。

使用 EXISTS 引入的子查询在以下几方面与其他子查询略有不同。

☞EXISTS 关键字前面没有列名、常量或其他表达式。

☞由 EXISTS 引入的子查询的选择列表通常几乎都是由星号(*)组成。由于只是测试是否存在符合子查询中指定条件的行,所以不必列出列名。

由于通常没有备选的、非子查询的表示法,所以 EXISTS 关键字很重要。尽管一些使用 EXISTS 表示的查询不能以任何其他方法表示,但所有使用 IN 或由 ANY 或 ALL 修改的比较运算符的查询都可以通过 EXISTS 表示。

例如,可以用 IN 表示上述查询。

```
USE teaching
GO
SELECT SNAME
FROM student
WHERE SNO IN
    ( SELECT SNO
     FROM s_c
      WHERE CNO = 'C2')
GO
```

NOT EXISTS 与 EXISTS 的工作方式类似,只是满足的条件相反。

【例 7.55】 查找不选修 C2 课程的学生姓名。

```
USE teaching
GO
SELECT SNAME
```

```
FROM student
WHERE NOT EXISTS
    (SELECT *
    FROM s_c
    WHERE SNO = student. SNO AND CNO = 'C2')
GO
```

执行结果如图 7.55 所示。

图 7.55　例 7.55 执行结果

7.2　数据更新

若对数据进行更新需要对目标表有相应的 INSERT 权限、UPDATE 权限和 DELET 权限 (在第 12 章介绍)。

默认情况下，INSERT 权限被授予 sysadmin 固定服务器角色成员、db_owner 和 db_datawriter 固定数据库角色成员以及表的所有者。sysadmin、db_owner 和 db_securityadmin 角色成员和表所有者可以将权限传递给其他用户。

如果 UPDATE 语句包含 WHERE 子句，或 SET 子句中的 expression 使用了表中的某个列，则还要求对更新的表具有 SELECT 权限。

UPDATE 权限默认授予 sysadmin 固定服务器角色的成员、db_owner 和 db_datawriter 固定数据库角色的成员以及表的所有者。sysadmin、db_owner 和 db_securityadmin 角色的成员和表所有者可以将权限传输给其他用户。

如果 DELETE 语句包含 WHERE 子句，则还必须有 SELECT 权限。

默认情况下，将 DELETE 权限授予 sysadmin 固定服务器角色成员、db_owner 和 db_datawriter 固定数据库角色成员以及表所有者。sysadmin、db_owner 和 db_securityadmin 角色成员和表所有者可以将权限转让给其他用户。

更改对表的操作权限步骤如下：

①在"对象管理器"中右击要删除数据行的表名，在出现的快捷菜单中选择"属性"，如图 7.56 所示；

②在出现的图 7.57 所示的"表属性"窗口的左侧窗口中选择"权限"选择页，在右侧可以通过【添加】按钮增加数据库角色，在下面的权限窗口选择权限，然后单击【确定】按钮即

图 7.56　数据表快捷菜单

可。

7.2.1　插入数据

可以使用图形工具或 Transact-SQL 命令向数据表输入数据。

1. 使用 INSERT 命令插入数据

INSERT 语句可向表中添加一个或多个新行。INSERT 命令的语法格式如下。

　　　INSERT［INTO］table_or_view［(column_list)］VALUES data_values

该语句将 data_values 作为一行或多行插入到已命名的表或视图中。column_list 是用逗号分隔的一些列名称,用来指定接收数据的列。如果未指定 column_list,表或视图中的所有列都将接收到数据。

如果 column_list 未列出表或视图中所有列的名称,将在未列出的列中插入默认值(如果为列定义了默认值)或 NULL 值。未指定的列必须允许插入空值或指定的默认值。

VALUES 子句用于指定插入的一行数据值,所提供的数据值必须与列表中的匹配。数据值的数目必须与列数相同,每个数据值的数据类型、精度和小数位数也必须与相应的列的这些属性匹配。

【例 7.56】　向数据表 student 中插入一新学生的信息。

　　　USE teaching

157

图 7.57 "表属性"窗口

GO

INSERT INTO student（SNO，SNAME，SEX，AGE）

VALUES（'S7'，'WU'，'F'，22）

GO

SELECT ＊ FROM student

GO

执行结果如图 7.58 所示。

如果没有指定 columm_list，VALUES 指定值的顺序必须与表或视图中的列顺序一致。

上例可使用以下语句。

USE teaching

GO

INSERT INTO student VALUES（'S7'，'WU'，'F'，22）

GO

SELECT ＊ FROM student

GO

图 7.58 例 7.56 执行结果

【例 7.57】 按与表列不同的顺序插入数据。以下示例使用 column_list 显式指定插入到每个列的值。

USE teaching
GO
INSERT INTO student (SNO, SNAME, AGE, SEX)
VALUES ('S8', 'JIANG', 21, 'M')
GO
SELECT * FROM student
GO

执行结果如图 7.59 所示。

图 7.59 例 7.57 执行结果

【例 7.58】 插入值的个数少于列个数的数据。

USE teaching
GO
INSERT INTO student (SNO, SNAME)
VALUES ('S9', 'ZHU')
GO
SELECT * FROM student
GO

执行结果如图 7.60 所示。

图 7.60 例 7.58 执行结果

2. 将查询结果插入数据表

INSERT 语句中的 SELECT 子查询可用于将一个或多个表或视图中的值添加到另一个表中。使用 SELECT 子查询还可以同时插入多行。

☞用 SELECT 子查询为一行或多行指定数据值。

【例 7.59】 将所有女学生的学号、姓名放入新表 F_student 中。

```
USE teaching
GO
CREATE TABLE F_student (SNO char (4) PRIMARY KEY, SNAME char (10) not
NULL)
GO
INSERT INTO F_student (SNO, SNAME)
    SELECT SNO, SNAME
    FROM student
    WHERE SEX = 'F'
GO
SELECT * FROM F_student
GO
```

执行结果如图 7.61 所示。

图 7.61 例 7.59 执行结果

子查询的 SELECT 子句的选择列表必须与 INSERT 语句的列的列表匹配。如果没有指定列的列表,选择列表必须与正在其中执行插入操作的表或视图的列匹配。

3. 使用图形工具插入数据

使用图形工具插入数据的步骤如下。

①在"对象管理器"中右击要插入数据的表名,出现如图 7.62 所示的快捷菜单。

图 7.62　快捷菜单

②在出现的快捷菜单中选择"打开表",出现如图 7.63 所示的输入数据窗口。在每一行中输入数据,每当输入完一个字段数据后会在其后出现红色叹号,提示用户该数据已经修改,还未写入数据库中。

③输入数据后,单击工具栏上的【执行 SQL】按钮,将数据写入数据库中。

注意:输入数据时先输入主表数据,再输入子表数据。

7.2.2　更新数据

创建表并添加数据之后,更改或更新表中的数据就成为维护数据库的日常操作之一。可以使用图形工具或 Transact-SQL 命令更新数据。

1. 使用 UPDATE 命令更新数据

UPDATE 命令的语法格式如下。

    UPDATE

        〔 TOP（expression）〔 PERCENT 〕〕

        { <object> }

    SET

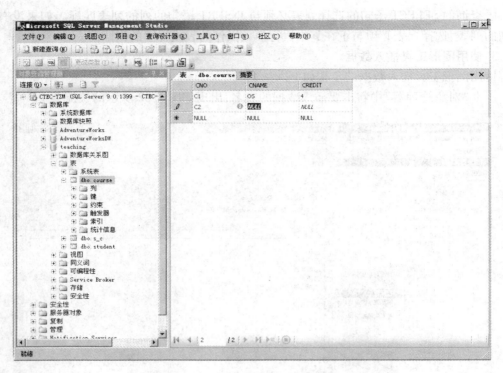

图 7.63　输入数据窗口

$\{$ column_name $=\{$ expression ｜ DEFAULT ｜ NULL $\}$
$\}$ ［ ,...,n ］
［FROM $\{$ ＜ table_source ＞ $\}$ ［ ,...,n ］］
［ WHERE $\{$ ＜ search_condition ＞ $\}$］
［ ; ］

＜ object ＞ :: =
$\{$
［ server_name . database_name . schema_name
｜ database_name . ［ schema_name ］
｜ schema_name
｜ table_or_view_name
$\}$

各选项含义如下。

• TOP (expression) ［ PERCENT ］:指定将要更新的行数或行百分比。expression 可以为行数或行百分比。

与 INSERT、UPDATE 或 DELETE 一起使用的 TOP 表达式中被引用行将不按任何顺序排列。在 INSERT、UPDATE 和 DELETE 语句中,需要使用括号分隔 TOP 中的 expression。

• server_name:表或视图所在服务器的名称(使用链接服务器名称)。如果指定了

162

server_name，则需要 database_name 和 schema_name。

- database_name：数据库的名称。
- schema_name：表或视图所属架构的名称。
- table_or_view_name：需要更新行的表或视图的名称。

table 变量在其作用域内可以用作 UPDATE 语句中的表源。table_or_view_name 引用的视图必须可更新，并且只在该视图的 FROM 子句中引用一个基表。

- SET ｛ column_name = ｛ expression ｜ DEFAULT ｜ NULL ｝｝：指定要更新的列或变量名称的列表。

column_name 包含要更改的数据的列。column_name 必须已存在于 table_or_view_name 中。不能更新标识列。expression 指返回单个值的变量、文字值、表达式或嵌套 select 语句（加括号）。expression 返回的值替换 column_name 或@ variable 中的现有值。DEFAULT 指定用为列定义的默认值替换列中的现有值。如果该列没有默认值并且定义为允许空值，则该参数也可用于将列更改为 NULL。

- FROM ＜table_source＞：指定用于更新的表、视图或派生表。

如果所更新对象与 FROM 子句中的对象相同，并且在 FROM 子句中对该对象只有一个引用，则指定或不指定对象别名均可。如果更新的对象在 FROM 子句中出现了不止一次，则对该对象的一个（且仅仅一个）引用不能指定表别名。FROM 子句中对该对象的所有其他引用都必须包含对象别名。

带 INSTEAD OF UPDATE 触发器的视图不能是含有 FROM 子句的 UPDATE 的目标。

- WHERE ＜search_condition＞：指定条件来限定所更新的行。search_condition 为要更新的行指定需满足的条件。

【例 7.60】 使用简单 UPDATE 语句对 student 表中的所有行更新 AGE 列中的值。

```
USE teaching
GO
SELECT * FROM student
GO
UPDATE student
SET AGE = AGE + 1
GO
SELECT * FROM student
GO
```

执行结果如图 7.64 所示。

【例 7.61】 使用 WHERE 子句指定要更新的行。以下示例将选 C2 课程的学生的成绩提高 5%。

```
USE teaching
GO
SELECT * FROM s_c
GO
UPDATE s_c
```

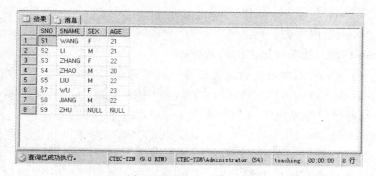

图 7.64　例 7.60 执行结果

SET GRADE = GRADE * 1.05

WHERE CNO = 'C2'

GO

SELECT * FROM s_c

GO

执行结果如图 7.65 所示。

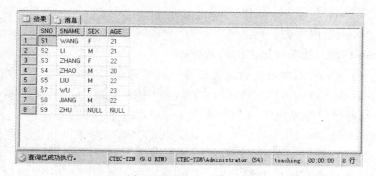

图 7.65　例 7.61 执行结果

【例 7.62】　带子查询的 UPDATE 语句。下面的示例将选修 OS 课程的学生的成绩增加 10 分。

USE teaching

GO

SELECT * FROM s_c

GO

UPDATE s_c

SET GRADE = GRADE + 10

WHERE CNO IN

（SELECT CNO FROM course WHERE CNAME = ′OS′）

    GO

    SELECT ＊ FROM s_c

    GO

执行结果如图 7.66 所示。

图 7.66　例 7.62 执行结果

2. 使用图形工具更新数据

使用图形工具进行数据更新的步骤如下。

①在"对象管理器"中右击要更新数据的表名,出现如图 7.67 所示的快捷菜单。

②在出现的快捷菜单中选择"打开表"。在打开的窗口中更新需要修改的数据,修改后,单击工具栏上的【执行 SQL】按钮,将数据写入数据库引擎中。

注意:修改主表主键时会影响子表外键数据。

7.2.3　删除数据

可以使用图形工具或 Transact-SQL 命令删除数据表中的数据。

1. 使用 DELETE 命令删除数据

DELETE 命令可删除表或视图中的一行或多行。DELETE 命令的语法格式如下。

    DELETE

        ［TOP（expression）［PERCENT］］

        ［FROM］

        ｛　｛table_alias|＜object＞｝

            ［FROM table_source［,...,n］］

            ［WHERE｛＜search_condition＞｝］

        ｝

        ［;］

图 7.67　快捷菜单

```
< object >  :: =
{
    [ server_name . database_name . schema_name .
    | database_name . [ schema_name ] .
    | schema_name .
    ] table_or_view_name
}
```

table_or_view:指定要从中删除行的表或视图。table_or_view 中所有符合 WHERE 搜索条件的行都将被删除。如果没有指定 WHERE 子句,将删除 table_or_view 中的所有行。FROM table_source 子句指定 WHERE 子句搜索条件中的谓词使用的其他表或视图及联接条件。

任何已删除所有行的表仍会保留在数据库中。DELETE 语句只从表中删除行,要从数据库中删除表,可以使用 DROP TABLE 语句。

【例 7.63】　从 s_c 表中删除所有行,该例未使用 WHERE 子句限制删除的行数。

```
USE teaching
GO
SELECT ∗ FROM s_c
GO
```

```
DELETE FROM s_c
GO
SELECT * FROM s_c
GO
```

【例 7.64】 从 s_c 表中删除选修 C2 课程的选课信息。

```
USE teaching
GO
SELECT * FROM s_c
GO
DELETE FROM s_c WHERE CNO = 'C2'
GO
SELECT * FROM s_c
GO
```

2. 使用 TRUNCATE TABLE 命令删除所有行

TRUNCATE TABLE 命令的语法格式如下。

```
TRUNCATE TABLE
    [ { database_name. [ schema_name ]. I schema_name . } ]
    table_name
[ ; ]
```

该命令删除表中的所有行。TRUNCATE TABLE 在功能上与没有 WHERE 子句的 DELETE 语句相同,但是 TRUNCATE TABLE 速度更快,使用的系统资源和事务日志资源更少。

TRUNCATE TABLE 删除表中的所有行,但表结构及其列、约束、索引等保持不变。若要删除表定义及其数据,可以使用 DROP TABLE 语句。

不能对以下表使用 TRUNCATE TABLE。

☞由 FOREIGN KEY 约束引用的表。

☞参与索引视图的表。

☞通过使用事务复制或合并复制发布的表。

对于具有以上一个或多个特征的表,可以使用 DELETE 语句。

【例 7.65】 删除 s_c 表中的所有选课信息。

```
USE teaching
GO
SELECT * FROM s_c
GO
TRUNCATE TABLE s_c
GO
SELECT * FROM s_c
GO
```

3. 使用图形工具删除数据行

使用图形工具删除数据行的步骤如下。

①在"对象管理器"中右击要删除数据行的表名,在出现的快捷菜单中选择"打开表",出现如图 7.68 所示的数据窗口。

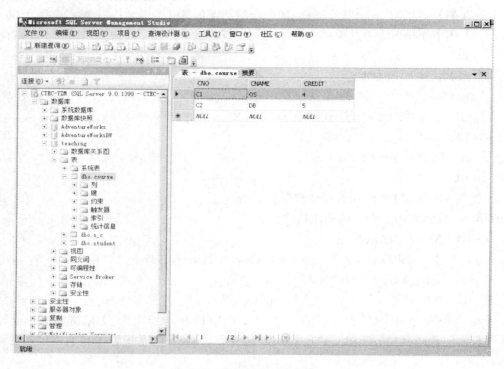

图 7.68　打开表后的数据窗口

②在数据窗口中单击要删除的行左侧按钮,选中该行,然后选择"编辑"菜单中的"删除"命令,会出现如图 7.69 所示的删除确认对话框。

图 7.69　删除确认对话框

③在图 7.69 中选择【是】按钮将彻底删除该数据行,删除后无法恢复。

第8章　索引与视图

本章主要介绍 SQL Server 2005 中索引与视图的创建方法和使用方法,以及使用视图更新数据。

8.1　使用索引

数据库中的索引可以快速找到表或索引视图中的特定信息。索引包含从表或视图中一个或多个列生成的键,以及映射到指定数据的存储位置的指针。索引是与表或视图关联的磁盘上结构,索引中的键存储在一个结构中,使 SQL Server 可以快速有效地查找与键值关联的行。通过创建设计良好的索引,可以显著提高数据库查询和应用程序的性能。索引可以减少为返回查询结果集而必须读取的数据量。索引还可以强制表中的行具有唯一性,从而确保表数据的数据完整性。

8.1.1　索引类型

表或视图可以包含以下类型的索引。

(1)聚集索引

①聚集索引根据数据行的键值在表或视图中排序和存储这些数据行,即聚集索引决定了数据的物理顺序。索引定义中包含聚集索引列。每个表只能有一个聚集索引,因为数据行本身只能按一个顺序排序。

②只有当表包含聚集索引时,表中的数据行才按排序顺序存储。如果表具有聚集索引,则该表称为聚集表。如果表没有聚集索引,则其数据行存储在一个称为堆的无序结构中。

(2)非聚集索引

①非聚集索引具有独立于数据行的结构。非聚集索引包含非聚集索引键值,并且每个键值项都有指向包含该键值的数据行的指针。

②从非聚集索引中的索引行指向数据行的指针称为行定位器。行定位器的结构取决于数据页是存储在堆中还是聚集表中。对于堆,行定位器是指向行的指针。对于聚集表,行定位器是聚集索引键。

聚集索引和非聚集索引都可以是唯一的。这意味着任何两行都不能有相同的索引键值。另外,索引也可以不是唯一的,即多行可以共享同一键值。

每当修改了表数据后,都会自动维护表或视图的索引。

(3)唯一索引

唯一索引确保索引键不包含重复的值,使得表或视图中的每一行在某种程度上是唯一的。

(4)包含性列索引

一种非聚集索引,它扩展后不仅包含键列,还包含非键列。

（5）索引视图

视图的索引将具体化（执行）视图，并将结果集永久存储在唯一的聚集索引中，而且其存储方法与带聚集索引的表的存储方法相同。创建聚集索引后，可以为视图添加非聚集索引。

（6）全文索引

一种特殊类型的基于标记的功能性索引，由 Microsoft SQL Server 全文引擎（MSFTESQL）服务创建和维护，用于帮助在字符串数据中搜索复杂的词。

（7）XML 索引

xml 数据类型列中 XML 二进制大型对象的已拆分持久表示形式。

对表中的列定义了 PRIMARY KEY 约束和 UNIQUE 约束时，会自动创建索引。例如，如果创建了表并将一个特定列标识为主键，则 SQL Server 2005 Database Engine 自动对该列创建 PRIMARY KEY 约束和索引。

8.1.2　索引设计准则

要设计出好的索引集，需要了解数据库、查询和数据列的特征。

1. 数据库准则

设计索引时，应考虑以下数据库准则。

①一个表如果建有大量索引，会影响 INSERT、UPDATE 和 DELETE 语句的性能，因为在更改表中的数据时，所有索引都须进行适当的调整。

☞避免对经常更新的表创建过多的索引，并且列要尽可能少。

☞使用多个索引可以提高更新少而数据量大的查询的性能。大量索引可以提高不修改数据的查询（例如 SELECT 语句）的性能，因为查询优化器有更多的索引可供选择，从而可以确定最快的访问方法。

②对小表进行索引可能不会产生优化效果，因为查询优化器在遍历用于搜索数据的索引时，花费的时间可能比执行简单的表扫描还长。因此，小表的索引可能从来不用，但仍必须在表中的数据更改时进行维护。

③当视图包含聚合、表联接或聚合和联接的组合时，视图的索引可以显著地提升性能。若要使查询优化器使用视图，并不一定非要在查询中显式引用该视图。

2. 查询准则

设计索引时，应考虑以下查询准则。

①为经常用于查询中的谓词和联接条件的所有列创建非聚集索引。

注意：避免添加不必要的列。添加太多索引列可能对磁盘空间和索引维护性能产生负面影响。

②涵盖索引可以提高查询性能，因为符合查询要求的全部数据都存在于索引本身中。也就是说，只需要索引页，而不需要表的数据页或聚集索引来检索所需数据，因此，减少了总体磁盘 I/O。例如，对某一表（其中对列 a、列 b 和列 c 创建了组合索引）的列 a 和列 b 的查询，仅仅从该索引本身就可以检索指定数据。

③将插入或修改尽可能多的行的查询写入单个语句内，而不要使用多个查询更新相同的行。仅使用一个语句，就可以利用优化的索引维护。

④评估查询类型以及如何在查询中使用列。例如,在完全匹配查询类型中使用的列就适合用于非聚集索引或聚集索引。

3. 列准则

设计索引时,应考虑以下列准则。

①对于聚集索引,应保持较短的索引键长度。另外,对唯一列或非空列创建聚集索引可以使聚集索引效率高。

②不能将 ntext、text、image、varchar(max)、nvarchar(max)和 varbinary(max)数据类型的列指定为索引键列。不过,varchar(max)、nvarchar(max)、varbinary(max)和 xml 数据类型的列可以作为非键索引列参与非聚集索引。

③xml 数据类型的列只能在 XML 索引中用作键列。

④如果索引包含多个列,则应考虑列的顺序。用于等于(=)、大于(>)、小于(<)或 BETWEEN 搜索条件的 WHERE 子句或者参与联接的列应该放在最前面。其他列应该基于其非重复级别进行排序,就是说,从最不重复的列到最重复的列。例如,如果将索引定义为 LastName、FirstName,则该索引在搜索条件为 WHERE LastName = 'Smith' 或 WHERE LastName = 'Smith' AND FirstName LIKE 'J%' 时将很有用。不过,查询优化器不会将此索引用于基于 FirstName(WHERE FirstName = 'Jane')而搜索的查询。

⑤考虑对计算列进行索引。

4. 索引选择

在确定某一索引适合某一查询之后,可以选择最适合具体情况的索引类型。创建索引时需确定以下选项。

☞聚集还是非聚集。

☞唯一还是非唯一。

☞单列还是多列。

☞索引中的列是升序排序还是降序排序。

8.1.3 创建索引

1. 创建索引的步骤

创建索引的步骤如下。

(1)设计索引

索引设计是一项关键任务。索引设计包括确定要使用的列,选择索引类型(例如聚集或非聚集),选择适当的索引选项,以及确定文件组或分区方案布置。

(2)确定最佳的创建方法。可以按照以下方法创建索引。

①使用 CREATE TABLE 或 ALTER TABLE 对列定义 PRIMARY KEY 或 UNIQUE 约束。SQL Server 2005 Database Engine 自动创建唯一索引来强制 PRIMARY KEY 或 UNIQUE 约束的唯一性要求。默认情况下,创建的唯一聚集索引可以强制 PRIMARY KEY 约束,除非表中已存在聚集索引或指定了唯一的非聚集索引。默认情况下,创建的唯一非聚集索引可以强制 UNIQUE 约束,除非已明确指定唯一的聚集索引且表中不存在聚集索引。

②使用 CREATE INDEX 语句或 SQL Server Management Studio 对象资源管理器中的"新建索引"对话框创建独立于约束的索引。

必须指定索引的名称、表以及应用该索引的列。还可以指定索引选项和索引位置、文件组或分区方案。默认情况下，如果未指定聚集或唯一选项，将创建非聚集的非唯一索引。

（3）创建索引

一个重要因素需要考虑：是对空表还是对包含数据的表创建索引。对空表创建索引在创建索引时不会对性能产生任何影响，而向表中添加数据时，会对性能产生影响。

创建索引后，索引将自动启用并可以使用。可以通过禁用索引来删除对该索引的访问。

2. 创建聚集索引

除了个别表之外，每个表都应该有聚集索引。聚集索引除了可以提高查询性能之外，还可以按需重新生成或重新组织来控制表碎片。也可以对视图创建聚集索引。

聚集索引按下列方式实现。

①PRIMARY KEY 和 UNIQUE 约束。在创建 PRIMARY KEY 约束时，如果不存在该表的聚集索引且未指定唯一非聚集索引，则将自动对一列或多列创建唯一聚集索引。主键列不允许空值。

在创建 UNIQUE 约束时，默认情况下将创建唯一非聚集索引，以便强制 UNIQUE 约束。如果不存在该表的聚集索引，则可以指定唯一聚集索引。

将索引创建为约束的一部分后，会自动将索引命名为与约束名称相同的名称。

②独立于约束的索引。指定非聚集主键约束后，可以对非主键列的列创建聚集索引。

③索引视图。若要创建索引视图，需要对一个或多个视图列定义唯一聚集索引。视图将具体化，并且结果集存储在该索引的页级别中，其存储方式与表数据存储在聚集索引中的方式相同。

3. 创建非聚集索引

可以对表或索引视图创建多个非聚集索引。通常，创建非聚集索引是为了提高聚集索引未包含的常用查询的性能。

可以通过下列方法实现非聚集索引。

①PRIMARY KEY 和 UNIQUE 约束。

②独立于约束的索引。默认情况下，如果未指定聚集，将创建非聚集索引。每个表可以创建的非聚集索引最多为 249 个，其中包括 PRIMARY KEY 或 UNIQUE 约束创建的任何索引，但不包括 XML 索引。

③索引视图的非聚集索引。对视图创建唯一的聚集索引后，便可以创建非聚集索引。

4. 创建唯一索引

创建唯一索引可以确保任何生成重复键值的尝试都会失败。创建 UNIQUE 约束和创建与约束无关的唯一索引并没有明显的区别。进行数据验证的方式相同，而且对于唯一索引是由约束创建还是手动创建查询优化器并不加以区分。但是，在进行数据集成时，应当对列创建 UNIQUE 约束。这可以使索引的目的更加明晰。

唯一索引可通过以下方式实现。

①PRIMARY KEY 或 UNIQUE 约束。

②独立于约束的索引。可以为一个表定义多个唯一非聚集索引。

③索引视图。

如果在键列中存在重复值，将无法创建唯一索引或约束。要解决此问题，可以使用如下方法。

☞在索引定义中添加或删除列以创建唯一组合。

☞如果重复值是因数据输入错误引起的,则可以先手动更正数据,然后创建索引或约束。

5. 使用 Transact-SQL 语句创建索引

使用 CREATE INDEX 语句可以创建索引,语法格式如下。

```
CREATE［UNIQUE］［CLUSTERED | NONCLUSTERED］INDEX index_name
    ON ＜object＞（column［ASC | DESC］［,...,n］）
［;］


＜object＞::=
{
    ［database_name.［schema_name］.|schema_name.］
    table_or_view_name
}
```

各选项含义如下。

• UNIQUE:为表或视图创建唯一索引。唯一索引不允许两行具有相同的索引键值。视图的聚集索引必须唯一。

SQL Server 2005 Database Engine 不允许为已包含重复值的列创建唯一索引。否则,数据库引擎会显示错误消息。必须先删除重复值,然后才能为一列或多列创建唯一索引。唯一索引中使用的列应设置为 NOT NULL,因为在创建唯一索引时,会将多个空值视为重复值。

• CLUSTERED:为表或视图创建聚集索引。创建索引时,键值的逻辑顺序决定表中对应行的物理顺序。聚集索引的底层(或称叶级别)包含该表的实际数据行。一个表或视图只允许同时有一个聚集索引。

具有唯一聚集索引的视图称为索引视图。为一个视图创建唯一聚集索引会在物理上具体化该视图。必须先为视图创建唯一聚集索引,然后才能为该视图定义其他索引。

在创建任何非聚集索引之前创建聚集索引。创建聚集索引时会重新生成表中现有的非聚集索引。

如果没有指定 CLUSTERED,则创建非聚集索引。

• NONCLUSTERED:为表或视图创建非聚集索引。创建一个指定表的逻辑排序的索引。对于非聚集索引,数据行的物理排序独立于索引排序。

无论是使用 PRIMARY KEY 和 UNIQUE 约束隐式创建索引,还是使用 CREATE INDEX 显式创建索引。每个表都最多可包含 249 个非聚集索引。

对于索引视图,只能为已定义唯一聚集索引的视图创建非聚集索引。

默认值为 NONCLUSTERED。

• index_name:索引的名称。索引名称在表或视图中必须唯一,但在数据库中不必唯一。索引名称必须符合标识符的规则。

主 XML 索引名不得以下列字符开头:#、##、@ 或@@ 。

• column:索引所基于的一列或多列。指定两个或多个列名,可为指定列的组合值创建组合索引。在 table_or_view_name 后的括号中,按排序优先级列出组合索引中要包括的列。

一个组合索引键中最多可组合 16 列。组合索引键中的所有列必须在同一个表或视图中。组合索引值允许的最大容量为 900 字节。

不能将大型对象(LOB)数据类型 ntext、text、varchar(max)、nvarchar(max)、varbinary(max)、xml 或 image 的列指定为索引的键列。另外,即使 CREATE INDEX 语句中并未引用 ntext、text 或 image 列,视图定义中也不能包含这些列。

• [ASC | DESC]:确定特定索引列的升序或降序排序方式。默认值为 ASC。

• < object >:要为其建立索引的完全限定对象或非完全限定对象。其中选项含义同其他命令。

【例 8.1】 创建简单非聚集索引。以下示例为 teaching 数据库中 student 表的 AGE 列创建非聚集索引。

```
USE teaching
GO
CREATE INDEX IX_age ON student (AGE)
GO
```

【例 8.2】 创建简单非聚集组合索引。以下示例为 teaching 数据库中的 student 表的 SEX 和 AGE 列创建非聚集组合索引。

```
USE teaching
GO
CREATE NONCLUSTERED INDEX IX_sex_age ON student (SEX,AGE)
GO
```

【例 8.3】 创建唯一非聚集索引。以下示例为 teaching 数据库中的 student 表的 SNAME 列创建唯一的非聚集索引。该索引将强制插入 SNAME 列中的数据具有唯一性。

```
USE teaching
GO
CREATE UNIQUE INDEX IX_sname ON student (SNAME)
GO
```

以下查询通过尝试插入与现有行包含相同值的一行来测试唯一性约束。

```
SELECT SNAME FROM student WHERE SNAME = 'WANG'
GO
INSERT INTO student VALUES ('S5','WANG','F',20)
```

执行结果将生成如下错误消息:

(1 行受影响)

消息 2601,级别 14,状态 1,第 1 行

Cannot insert duplicate key row in object 'dbo. student' with unique index 'IX_Sname'.

The statement has been terminated.

执行结果如图 8.1 所示。

图 8.1　插入数据与唯一索引的冲突

6. 使用图形工具创建索引

【**例 8.4**】　使用图形工具创建 course 表中的 CNAME 列的非聚集索引。

创建步骤如下。

①连接到相应的 Microsoft SQL Server Database Engine 实例之后,在"对象资源管理器"中,单击服务器名称以展开服务器树。

②展开"数据库",选择用户数据库 teaching。

③展开 teaching 数据库,并展开"表"节点,选择要建立索引的表 course 并展开,右键单击其中的"索引",然后选择"新建索引",如图 8.2 所示。

④在出现的如图 8.3 所示的"新建索引"窗口中,在"常规"选项页下设置索引名称为 IX_cname,索引类型选择"非聚集索引",然后单击【添加】按钮,增加索引键列为"CNAME",还可以选择排序顺序为升序或降序,单击【确定】按钮,完成索引的创建,结果如图 8.4 所示。

8.1.4　修改索引

在 Microsoft SQL Server 2005 中,可以通过使用 SQL Server Management Studio 中的对象资源管理器或 Transact-SQL 中的 ALTER INDEX 语句执行常规索引维护任务。

1. 禁用索引

禁用索引可防止用户访问该索引,对于聚集索引,还可防止用户访问基础表数据。索引

175

图 8.2　创建索引

定义保留在元数据中,非聚集索引的索引统计信息仍保留。对视图禁用非聚集索引或聚集索引会以物理方式删除索引数据。禁用表的聚集索引可以防止对数据的访问,数据仍保留在表中,但在删除或重新生成索引之前,无法对这些数据执行 DML 操作。若要重新生成并启用已禁用的索引,使用 ALTER INDEX REBUILD 语句或 CREATE INDEX WITH DROP_EXISTING 语句。

在以下情况中可能禁用一个或多个索引。

①SQL Server 2005 Database Engine 在 SQL Server 升级期间自动禁用索引。

②使用 ALTER INDEX 手动禁用索引。

ALTER INDEX 命令语句的语法格式如下。

ALTER INDEX｛ index_name|ALL ｝

　　　　　ON ＜object＞ DISABLE

各选项含义如下。

· ALL:指定与表或视图相关联的所有索引,而不考虑索引类型。

· DISABLE:将索引标记为禁用,从而不能由 SQL Server 2005 Database Engine 使用。任何索引均可被禁用。已禁用索引的索引定义保留在没有基础索引数据的系统目录中。禁用聚集索引将阻止用户访问基础表数据。

【例 8.5】　禁用对 course 表的 IX_Cname 索引。

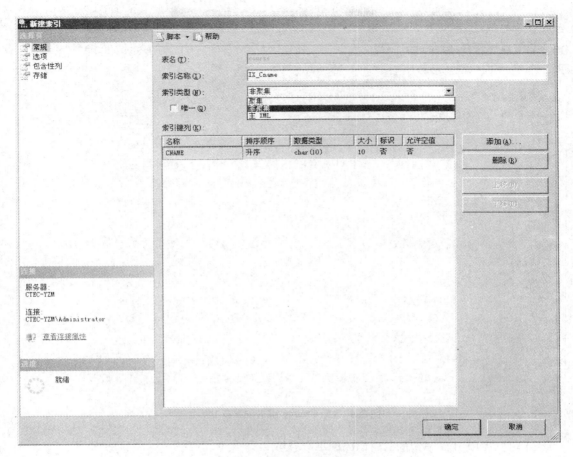

图 8.3 "新建索引"窗口

USE teaching

GO

ALTER INDEX IX_Cname ON course DISABLE

GO

③使用图形工具禁用索引。

【例 8.6】 使用图形工具禁用 student 表的 IX_age 索引。

①连接到相应的 Microsoft SQL Server Database Engine 实例之后,在"对象资源管理器"中,单击服务器名称以展开服务器树。

②展开"数据库",选择用户数据库 teaching。

③展开 teaching 数据库,并展开"表"节点,选择要禁用索引的表 student 并展开,展开其中的"索引",然后右击要禁用的索引 IX_age,在弹出的快捷菜单中选择"禁用",如图 8.5 所示,即可禁用索引。

2.启用索引

索引被禁用后一直保持禁用状态,直到它重新生成或删除。可以使用下列方法之一,重新生成禁用的索引来启用它。

图 8.4   IX_Cname 索引创建成功

(1)带 REBUILD 子句的 ALTER INDEX 语句

ALTER INDEX 命令语句的语法格式如下。

ALTER INDEX ｛ index_name | ALL ｝

ON ＜ object ＞

｛ REBUILD

｝

• REBUILD:指定将使用相同的列、索引类型、唯一性属性和排序顺序重新生成索引。REBUILD 启用已禁用的索引。

【例 8.7】　重新生成索引。以下示例在 course 表中重新生成索引 IX_Cname。

USE teaching

GO

ALTER INDEX IX_Cname ON course REBUILD

GO

(2)使用图形工具启用索引

①连接到相应的 Microsoft SQL Server Database Engine 实例之后,在"对象资源管理器"中,单击服务器名称,以展开服务器树。

②展开"数据库",然后根据数据库的不同,选择用户数据库,如 teaching。

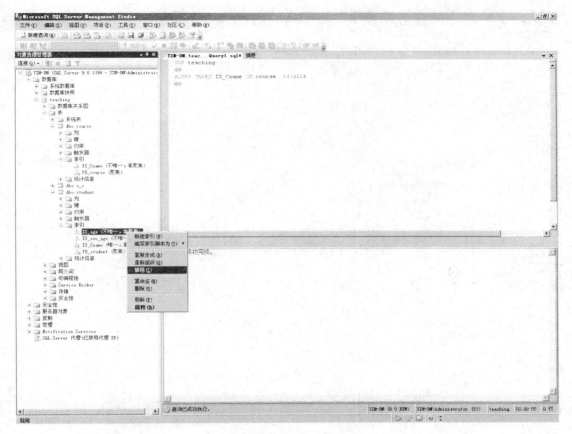

图 8.5　禁用索引

③展开 teaching 数据库,并展开"表"节点,选择要启用索引的表,如 course 并展开,展开其中的"索引",然后右击要启用的索引,如 IX_Cname,在弹出的快捷菜单中选择"重新生成"如图 8.6 所示。

在索引重新生成之后,任何因禁用索引而被禁用的约束必须手动将其启用。PRIMARY KEY 和 UNIQUE 约束可通过重新生成相关联的索引来启用。必须重新生成(启用)索引才能启用引用 PRIMARY KEY 或 UNIQUE 约束的 FOREIGN KEY 约束。FOREIGN KEY 约束可使用 ALTER TABLE CHECK CONSTRAINT 语句来启用。

3. 重命名索引

重命名索引将用提供的新名称替换当前的索引名称。指定的名称在表或视图中必须唯一。例如,两个表可以有一个名为 XPK_1 的索引,但同一个表中不能有两个名为 XPK_1 的索引。无法创建与现有禁用索引同名的索引。重命名索引不会导致重新生成索引。

在表中创建 PRIMARY KEY 或 UNIQUE 约束时,会在表中自动创建一个与该约束同名的索引。因为索引名称在表中必须唯一,所以无法通过创建或重命名获得一个与该表的现有 PRIMARY KEY 或 UNIQUE 约束同名的索引。

(1)使用 sp_rename 系统过程重命名索引

sp_rename 系统过程的语法格式如下。

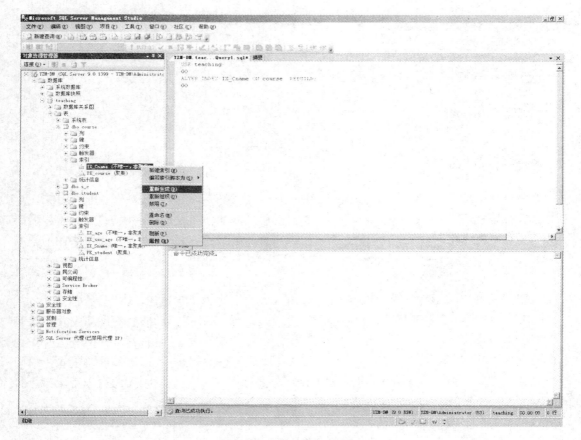

图 8.6　选择重新生成索引

sp_rename [@objname =] 'object_name' , [@newname =] 'new_name'
[, [@objtype =] 'object_type']

各选项含义如下。

•[@objname =] 'object_name':用户对象或数据类型的当前限定或非限定名称。如果
要重命名的对象是表中的列,则 object_name 的格式必须是 table. column。如果要重命名的
对象是索引,则 object_name 的格式必须是 table. index。

只有在指定了合法的对象时才必须使用引号。如果提供了完全限定名称,包括数据库
名称,则该数据库名称必须是当前数据库的名称。object_name 的数据类型为 nvarchar
(776),无默认值。

•[@newname =] 'new_name':指定对象的新名称。new_name 必须是名称的一部分,
并且必须遵循标识符的规则。new_name 的数据类型为 sysname,无默认值。

•[@objtype =] 'object_type':要重命名的对象的类型。object_type 的数据类型为
varchar(13),默认值为 NULL,可取表 8.1 中的值之一。

表 8.1 object_type 的取值

值	说明
COLUMN	要重命名的列
DATABASE	用户定义数据库,重命名数据库时需要此对象类型
INDEX	用户定义索引
OBJECT	在 sys. objects 中跟踪的类型的项目。例如,OBJECT 可用于重命名约束(CHECK、FOREIGN KEY、PRIMARY/UNIQUE KEY)、用户表和规则等对象
USERDATATYPE	通过执行 CREATE TYPE 或 sp_addtype 添加别名数据类型或 CLR 用户定义类型

【例 8.8】 重命名索引。以下示例将 course 表中的 IX_Cname 索引重命名为 IX_Course_Cname。

　　　　USE teaching
　　　　GO
　　　　EXEC sp_rename N′ course. IX_Cname ′, N′ IX_Course_Cname ′, N′ INDEX ′
　　(2)使用图形工具重命名索引
　　①连接到相应的 Microsoft SQL Server Database Engine 实例之后,在"对象资源管理器"中,单击服务器名称,以展开服务器树。
　　②展开"数据库",然后根据数据库的不同,选择用户数据库,如 teaching。
　　③展开 teaching 数据库,并展开"表"节点,选择要重命名索引的表,如 course 并展开,展开其中的"索引",然后右击要重命名的索引,如 IX_Cname,在弹出的快捷菜单中选择"重命名",见图 8.6。
　　④输入新的索引名称后回车。

8.1.5 删除索引

　　当一个索引不再需要时,可以将其从数据库中删除,以回收它当前使用的磁盘空间。以便数据库中的任何对象都可以使用此回收的空间。
　　必须先删除 PRIMARY KEY 或 UNIQUE 约束,才能删除约束使用的索引。通过修改索引(例如,修改索引使用的填充因子),实质上可以删除并重新创建 PRIMARY KEY 或 UNIQUE 约束使用的索引,而无需删除并重新创建约束。
　　重新生成索引(而不是删除再重新创建索引)还有助于重新创建聚集索引。这是因为如果数据已经排序,则重新生成索引的过程无需按索引列对数据排序。
　　删除视图或表时,将自动删除为永久性和临时性视图或表创建的索引。
　　删除聚集索引后,存储在聚集索引叶级中的数据行将存储在未排序的表(堆)中。删除聚集索引会花些时间,这是因为除了删除聚集索引外,必须重新生成表的所有非聚集索引以替换带有指向堆的行指针的聚集索引键。删除表的所有索引时,首先删除非聚集索引,最后删除聚集索引。这样,就无需重新生成索引。
　　删除索引视图的聚集索引时,将自动删除同一视图的所有非聚集索引和自动创建的统计信息。手动创建的统计信息不会删除。
　　1. 使用 Transact-SQL 语句删除索引
　　可以使用 DROP INDEX 命令删除索引,语句的语法格式如下。

DROP INDEX index_name ON ＜object＞

DROP INDEX 语句不适用于通过定义 PRIMARY KEY 或 UNIQUE 约束创建的索引。这些约束是分别使用 CREATE TABLE 或 ALTER TABLE 语句的 PRIMARY KEY 或 UNIQUE 选项创建的。

【例 8.9】 删除索引。下列示例删除了 student 表中的 IX_age 索引。

```
USE teaching
GO
DROP INDEX IX_age ON student
GO
```

2. 使用图形工具删除索引

①连接到相应的 Microsoft SQL Server Database Engine 实例之后,在"对象资源管理器"中,单击服务器名称,以展开服务器树。

②展开"数据库",然后根据数据库的不同,选择用户数据库,如 teaching。

③展开 teaching 数据库,并展开"表"节点,选择要删除索引的表,如 course 并展开,展开其中的"索引",然后右击要删除的索引,如 IX_Cname,在弹出的快捷菜单中选择"删除",如图 8.6 所示。

④在出现的如图 8.7 所示的"删除对象"窗口中,确认删除对象信息后,单击"确定"按钮,即可删除。

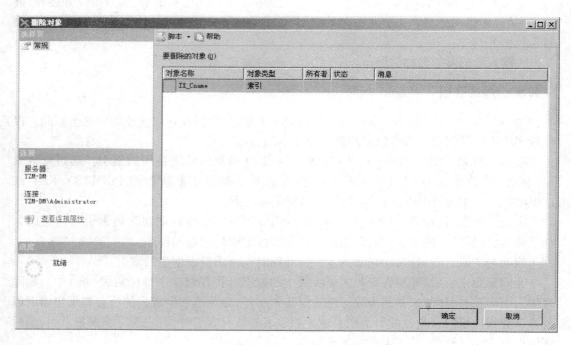

图 8.7 "删除对象"窗口

8.2 使用视图

视图可以被看成是虚拟表或存储查询。除非是索引视图,否则视图的数据不会作为非重复对象存储在数据库中。SELECT 语句的结果集构成视图所返回的虚拟表。用户可以采用引用表时所使用的方法,在 Transact-SQL 语句中引用视图名称来使用此虚拟表。

8.2.1 视图的作用

视图是一个虚拟表,其内容由查询定义。同真实的表一样,视图包含一系列带有名称的列和行数据。视图在数据库中并不是以数据值存储集形式存在,除非是索引视图。行和列数据来自由定义视图的查询所引用的表,并且在引用视图时动态生成。

对其中所引用的基础表来说,视图的作用类似于筛选。定义视图的筛选可以来自当前或其他数据库的一个或多个表,或者其他视图。

通过视图进行查询没有任何限制,通过它们进行数据修改时的限制也很少。

图 8.8 显示了在两个表上建立的视图。

EmployeeMaster table

EmployeeID	FirstName	AddressID	ShiftID	LastName	MiddleName	SSN	
1	Sheri	1	1	Nowmer	E	245797967	■ ■ ■
2	Derrick	2	1	Whelply	R	509647174	■ ■ ■
3	Michael	3	1	Spence	C	42487730	■ ■ ■
4	Maya	4	1	Gutierrez	Y	56920285	■ ■ ■
5	Roberta	5	1	Damstra	B	695256908	■ ■ ■

View

FirstName	LastName	Description
Sheri	Nowmer	Engineering
Derrick	Whelply	Engineering
Michael	Spence	Engineering

Department Table

DepartmentID	Description	rowguid
1	Engineering	3FFD2603-EB6E-43B2-A8EF-C4F5C3064026
2	Tool Design	AE948718-D4BF-40E0-8ECD-2D9F4A0B211E
3	Sales	702C0EE3-03E6-4F95-9AB8-99F4F25921F3
4	Marketing	3E3C4476-B9EC-43CB-AA12-1E7A140A71A4
5	Purchasing	D6C63691-93B5-4F43-AD88-34B6B9A3C4A3

图 8.8　视图示例

1. 视图类型

在 SQL Server 2005 中,可以创建标准视图、索引视图和分区视图。

(1)标准视图

标准视图组合了一个或多个表中的数据,可以获得使用视图的大多数好处,包括将重点放在特定数据上及简化数据操作。

(2)索引视图

索引视图是被具体化了的视图,即它已经过计算并存储。可以为视图创建索引,即对视图创建一个唯一的聚集索引。索引视图可以显著提高某些类型查询的性能。索引视图尤其适于聚合许多行的查询。但它们不太适于经常更新的基本数据集。

(3)分区视图

分区视图在一台或多台服务器间水平连接一组成员表中的分区数据。这样,数据看上

183

去如同来自于一个表。联接同一个 SQL Server 实例中的成员表的视图是一个本地分区视图。

2. 视图的使用

视图通常用来集中、简化和自定义每个用户对数据库的不同认识。视图可用作安全机制，它可以允许用户通过视图访问数据，而不授予用户直接访问视图基础表的权限。视图可用于提供向后兼容接口来模拟曾经存在但其架构已更改的表。还可以在向 Microsoft SQL Server 2005 复制数据和从其中复制数据时使用视图，以便提高性能并对数据进行分区。

使用视图有以下作用。

（1）着重于特定数据

视图使用户能够着重于所感兴趣的特定数据和所负责的特定任务。不必要的数据或敏感数据可以不出现在视图中。

例如，可创建只浏览 teaching 数据库中的学生信息及其选课信息的视图。

（2）简化数据操作

视图可以简化用户处理数据的方式。可以将常用联接、投影、UNION 查询和 SELECT 查询定义为视图，以便使用户不必在每次对该数据执行附加操作时指定所有条件和条件限定。

（3）提供向后兼容性

视图能够在表的架构更改时为表创建向后兼容接口。

例如，一个应用程序可能引用了具有以下架构的非规范化表：

Employee（Name，BirthDate，Salary，Department，BuildingName）

若要避免在数据库中重复存储数据，可以通过将该表拆分为下列两个表来规范化该表：

Employee2（Name，BirthDate，Salary，DeptId）

Department（DeptId，BuildingName）

若要提供仍然引用 Employee 中的数据的向后兼容接口，可以删除原有的 Employee 表并用以下视图替换：

CREATE VIEW Employee AS

SELECT Name，BirthDate，Salary，BuildingName

FROM Employee2 e，Department d

WHERE e. DeptId ＝ d. DeptId

此时，用于查询 Employee 表的应用程序可以从 Employee 视图中获取它们的数据。如果只从 Employee 中读取，则不必更改应用程序。通过向新视图添加 INSTEAD OF 触发器，将对视图的 INSERT、DELETE 和 UPDATE 操作映射到基础表，有时也可以支持更新 Employee 的应用程序。

（4）自定义数据

视图允许用户以不同方式查看数据，即使在他们同时使用相同的数据时也是如此。这在具有许多不同目的和技术水平的用户共用同一数据库时尤其有用。例如，可创建一个视图以仅检索由客户经理处理的客户数据。该视图可以根据使用它的客户经理的登录 ID 决定检索哪些数据。

（5）导出和导入数据

可使用视图将数据导出到其他应用程序。例如，可将 teaching 数据库中的 student 表、course 表及 s-c 表导出至 Microscft Excel 中进行数据分析。

（6）跨服务器组合分区数据

Transact-SQL UNION 集合运算符可在视图内使用，将单独表的两个或多个查询的结果组合到单一的结果集中。这在用户看来是一个单独的表，称为分区视图。例如，如果一个表包含天津的销售数据，另一个表包含北京的销售数据，则可以对这两个表使用 UNION 创建一个视图。该视图代表这两个地区的销售数据。

通过使用分区视图，数据在逻辑上是单一表，并且能以单一表的方式进行查询，而无需手动引用正确的基础表。

8.2.2　创建视图

在创建视图前需考虑如下规则。

☞只能在当前数据库中创建视图。但如果使用分布式查询定义视图，则新视图所引用的表和视图可以存在于其他数据库甚至其他服务器中。

☞视图名称必须遵循标识符的规则，且对每个架构都必须唯一。此外，该名称不得与该架构包含的任何表的名称相同。

☞可以对其他视图创建视图。Microsoft SQL Server 2005 允许嵌套视图。但嵌套不得超过 32 层。根据视图的复杂性及可用内存，视图嵌套的实际限制可能低于该值。

☞不能将规则或 DEFAULT 定义与视图相关联。

☞不能将 AFTER 触发器与视图相关联，只有 INSTEAD OF 触发器可以与之相关联。

☞定义视图的查询不能包含 COMPUTE 子句、COMPUTE BY 子句或 INTO 关键字。

☞定义视图的查询不能包含 ORDER BY 子句，除非在 SELECT 语句的选择列表中还有一个 TOP 子句。

☞定义视图的查询不能包含指定查询提示的 OPTION 子句。

☞不能创建临时视图，也不能对临时表创建视图。

☞下列情况下必须指定视图中每列的名称。

◇视图中的任何列都是从算术表达式、内置函数或常量派生而来。

◇视图中有两列或多列应具有相同名称（通常由于视图定义包含联接，因此来自两个或多个不同表的列具有相同的名称）。

◇希望为视图中的列指定一个与其源列不同的名称（也可以在视图中重命名列）无论重命名与否，视图列都会继承其源列的数据类型。

注意：此规则在视图基于包含外部联接的查询时不适用，因为列可能从不支持空值转而支持空值。

其他情况下，无需在创建视图时指定列名。SQL Server 会为视图中的列指定与定义视图的查询所引用的列相同的名称和数据类型。SELECT 子句中的选择列表可以是基表中列名的完整列表，也可以是其部分列表。

若要创建视图，必须获得数据库所有者授予创建视图的权限。

默认情况下，由于行通过视图进行添加或更新，当其不再符合定义视图的查询条件时，它们即从视图范围中消失。例如,创建一个定义视图的查询,该视图从表中检索出员工的薪水低于＄30,000 的所有行。如果员工的薪水涨到＄32,000,因其薪水不符合视图所设条件,查询时视图不再显示该特定员工。但是,WITH CHECK OPTION 子句强制所有数据修改语句均根据视图执行,以符合定义视图的 SELECT 语句中所设条件。如果使用该子句,则对行的修改不能导致行从视图中消失。任何可能导致行消失的修改都会被取消并显示错误。

1. 使用 Transact-SQL 命令创建视图

可以使用 CREATE VIEW 命令创建视图,语句语法格式如下。

```
CREATE VIEW ［ schema_name . ］ view_name ［ (column ［ ,...,n ］) ］
AS select_statement
［ WITH CHECK OPTION ］
［ ; ］
```

各选项含义如下。

• view_name:视图的名称。视图名称必须符合有关标识符的规则。

column ［ ,...,n ］:视图中的列使用的名称。如果未指定 column,则视图列将获得与 SELECT 语句中的列相同的名称。视图最多可以包含 1 024 列。

视图各列中的列名的权限在 CREATE VIEW 或 ALTER VIEW 语句间均适用,与基础数据源无关。例如,在 CREATE VIEW 语句中授予了 SalesOrderID 列上的权限,则 ALTER VIEW 语句可以将 SalesOrderID 列改名(例如改为 OrderRef),但仍具有与使用SalesOrderID 视图相关联的权限。

• AS:指定视图要执行的操作。

• select_statement:定义视图的 SELECT 语句。该语句可以使用多个表和其他视图。需要相应的权限才能在已创建视图的 SELECT 子句引用的对象中选择。

视图不必是具体某个表的行和列的简单子集。可以使用多个表或带任意复杂性的 SELECT 子句的其他视图创建视图。

在索引视图定义中,SELECT 语句必须是单个表的语句或带有可选聚合的多表联接。

• WITH CHECK OPTION:强制针对视图执行的所有数据修改语句都必须符合在 select_statement 中设置的条件。通过视图修改行时,WITH CHECK OPTION 可确保提交修改后,仍可通过视图看到数据。如果在 select_statement 中的任何位置使用 TOP,则不能指定 CHECK OPTION。

【例 8.10】 使用 CREATE VIEW 命令。以下示例使用简单 SELECT 语句创建视图。当需要频繁地查询列的某种组合时,简单视图非常有用。此视图的数据来自 teaching 数据库的 student 和 s_c 表。这些数据提供有关学生的学号、姓名以及所选课程的课号和成绩。

```
USE teaching
GO
CREATE VIEW student_view
AS
SELECT s. SNO, s. SNAME, sc. CNO, sc. GRADE
FROM student s JOIN s_c   sc on s. SNO = sc. SNO
GO
```

使用以下命令可以查看视图内容。

    SELECT ＊ FROM student_view

执行结果如图 8.9 所示。

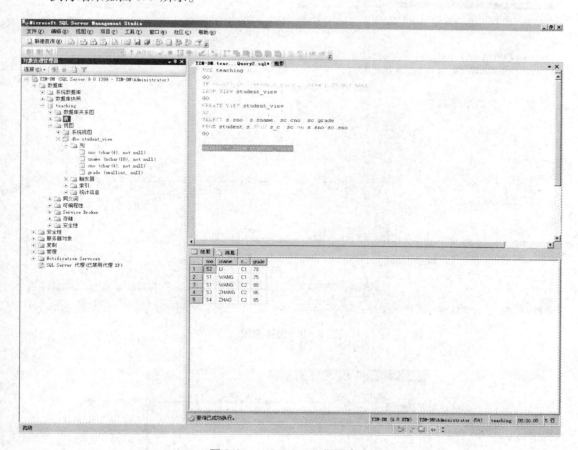

图 8.9 student_view 视图内容

2. 使用图形工具创建视图

【例 8.11】 使用图形工具创建视图 student_course_view,该视图包括学生的学号、姓名、所选课号、课程名和成绩。

使用图形工具创建视图的步骤如下。

①连接到相应的 Microsoft SQL Server Database Engine 实例之后,在"对象资源管理器"中,单击服务器名称,以展开服务器树。

②展开"数据库",然后选择用户数据库 teaching。

③展开 teaching 数据库,右击"视图"节点,然后单击"新建视图",如图 8.10 所示。

④在出现的如图 8.11 所示的"添加表"对话框中选择视图所需要的表,单击【添加】按钮,本例中选择三个表,然后单击【关闭】按钮,结果如图 8.12 所示。

⑤在图 8.12 所示的右侧上部窗口的每个表中选择所需的字段,选择后这些字段会出现在右侧中部的表格的"列"项中,在"别名"列中可以设置每列显示名称,在"输出"列中可以选择视图最终要显示的列,也可以在"排序类型"和"排序顺序"列中设置某列的显示顺序,

图 8.10　创建视图

图 8.11　"添加表"对话框

在"筛选器"中设置选择条件。

⑥设置后单击工具栏中的【保存】按钮,出现如图 8.13 所示的"选择名称"消息框,输入视图名称后,单击【确定】按钮。

⑦单击工具栏中的【执行 SQL】按钮,执行结果如图 8.14 所示。

8.2.3　修改视图

视图定义后,可以更改视图的名称或视图的定义而无需删除并重新创建视图。删除并重新创建视图会造成与该视图关联的权限丢失。

188

图 8.12   创建视图过程

图 8.13   "选择名称"对话框

1. 重命名视图

在重命名视图时,需考虑以下原则。

☞要重命名的视图必须位于当前数据库中。

☞新名称必须遵守标识符规则。

☞仅可以重命名具有更改权限的视图。

☞数据库所有者可以更改任何用户视图的名称。

(1)使用系统存储过程重命名视图

可以使用系统存储过程 sp_rename 来重命名视图名称,与重命名索引方法相同。

图 8.14 student_course_view 视图的结果

（2）使用图形工具重命名视图

右击要重命名的视图,选择"重命名",然后输入新视图名称,回车即可。

注意:重命名视图并不更改它在视图定义文本中的名称。要在定义中更改视图名称,应直接修改视图。

2. 修改视图定义

修改先前创建的视图,其中包括索引视图。

（1）使用 Transact-SQL 命令修改视图

可以使用 ALTER VIEW 命令修改视图定义,该命令不影响相关的存储过程或触发器,并且不会更改权限。语法格式如下。

> ALTER VIEW〔schema_name .〕view_name〔（column〔,...,n〕）〕
>
> AS select_statement
>
> 〔WITH CHECK OPTION〕〔;〕

注意:如果原来的视图定义是使用 WITH CHECK OPTION 创建的,则只有在 ALTER VIEW 中也包含这些选项时,才会启用这些选项。

【例 8.12】 修改 teaching 数据库中的视图 student_view,使其只包含女学生的选课信息。

190

```
USE teaching
GO
ALTER VIEW student_view
AS
SELECT s. SNO, s. SNAME, sc. CNO, sc. GRADE
FROM student s JOIN s_c sc on s. SNO = sc. SNO
WHERE s. SEX='F'
GO
```

使用以下命令可以查看视图内容.

```
SELECT * from student_view
```

执行结果如图 8.15 所示。

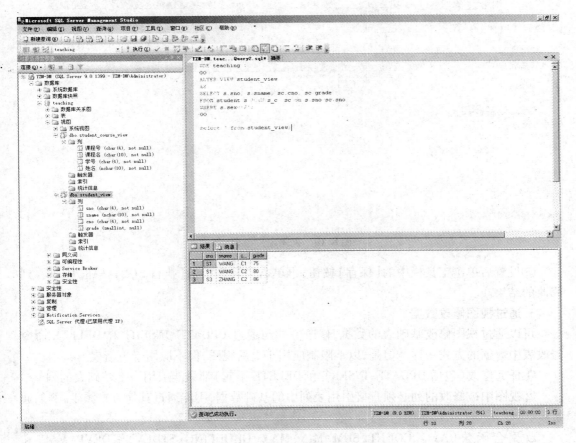

图 8.15　修改后的 student_view 视图内容

（2）使用图形工具修改视图

①连接到相应的 Microsoft SQL Server Database Engine 实例之后，在"对象资源管理器"中，单击服务器名称以展开服务器树，如图 8.15 所示。

②展开"数据库"，然后根据数据库的不同，选择用户数据库，如 teaching。

③展开 teaching 数据库，展开"视图"节点，右击要修改的"视图"，然后单击"修改"。

④在出现的图 8.16 所示的视图定义窗口中可以修改视图的定义。

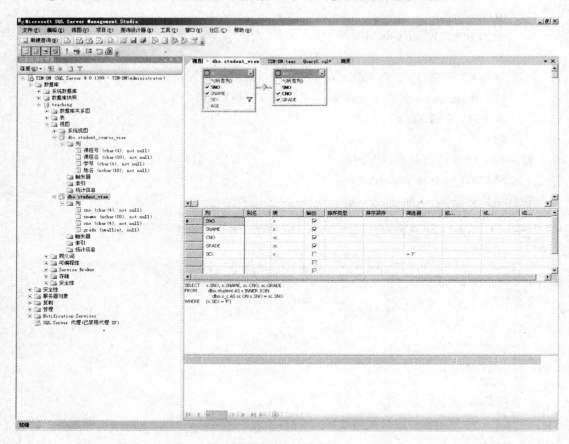

图 8.16　视图定义窗口

⑤设置后单击工具栏中的【保存】按钮,再单击工具栏中的【执行 SQL】按钮,可以看到修改的结果。

3. 通过视图修改数据

可以通过视图修改基础表的数据,修改方式与通过 UPDATE、INSERT 和 DELETE 命令修改表中数据的方式一样。但是,以下限制应用于更新视图,但不应用于更新表。

①任何修改(包括 UPDATE、INSERT 和 DELETE 语句)都只能引用一个基础表的列。

②视图中被修改的列必须直接引用表列中的基础数据,不能通过其他方式派生,例如通过:

☞聚合函数(AVG、COUNT、SUM、MIN、MAX、GROUPING、STDEV、STDEVP、VAR 和 VARP)。

☞计算,不能通过表达式并使用列计算出其他列。使用集合运算符(UNION、UNION ALL、CROSSJOIN、EXCEPT 和 INTERSECT)形成的列得出的计算结果不可更新。

③正在修改的列不受 GROUP BY、HAVING 或 DISTINCT 子句的影响。

另外还将应用以下附加准则。

④如果在视图定义中使用了 WITH CHECK OPTION 子句,则所有在视图上执行的数据

192

修改语句都必须符合定义视图的 SELECT 语句中所设置的条件。如果使用了 WITH CHECK OPTION 子句,修改行时需注意不让它们在修改完成后从视图中消失。任何可能导致行消失的修改都会被取消,并显示错误。

⑤INSERT 语句必须为不允许空值并且没有 DEFAULT 定义的基础表中的所有列指定值。

⑥在基础表的列中修改的数据必须符合对这些列的约束,例如为空性、约束及 DEFAULT 定义等。例如,要删除一行,则相关表中的所有基础 FOREIGN KEY 约束必须仍然得到满足,删除操作才能成功。

(1)通过视图添加数据

【例8.13】 通过视图将数据加载到基础表。以下示例在 INSERT 命令中指定一个视图名,但执行后系统将新行插入到该视图的基础表中。INSERT 语句中 VALUES 列表的顺序必须与视图的列顺序相匹配。

```
USE teaching
GO
CREATE VIEW stu_male_view
AS SELECT SNO, SNAME, AGE
FROM student
WHERE SEX = 'M'
GO
INSERT INTO stu_male_view VALUES ('S6', 'HUANG', 21)
GO
SELECT * FROM student
GO
SELECT * FROM stu_male_view
GO
```

对视图 stu_male_view 增加的数据反映到基础表 student 中,即
INSERT INTO stu_male_view VALUES ('S6', 'HUANG', 21)语句转变为:

```
INSERT INTO student VALUES ('S6', 'HUANG', 'M', 21)
```

(2)通过视图更改数据

【例8.14】 通过视图将数据修改到基础表。以下示例在 UPDATE 语句中指定一个视图名,但将修改的数据反映到该视图的基础表中。

```
USE teaching
GO
CREATE VIEW stu_male_view
AS
SELECT SNO, SNAME, AGE
FROM student
WHERE SEX = 'M'
GO
```

```
UPDATE stu_male_view SET AGE = 22 WHERE SNO = 'S2'
GO
SELECT * FROM student
GO
SELECT * FROM stu_male_view
GO
```

对视图 stu_male_view 增加的数据反映到基础表 student 中,即

UPDATE stu_male_view SET AGE = 22 WHERE SNO = 'S2'语句转变为:

UPDATE student SET AGE = 22 WHERE SNO = 'S2' AND SEX = 'M'

(3)通过视图删除数据

【例 8. 15】 通过视图删除数据表数据。以下示例在 DELETE 语句中指定一个视图名,但将删除的数据反映到该视图的基础表中。

```
USE teaching
GO
CREATE VIEW stu_male_view
AS
SELECT SNO, SNAME, AGE
FROM student
WHERE SEX = 'M'
GO
DELETE FROM stu_male_view WHERE SNO = 'S2'
GO
SELECT * FROM student
GO
SELECT * FROM stu_male_view
GO
```

对视图 stu_male_view 增加的数据反映到来源表 student 中,即

DELETE FROM stu_male_view WHERE SNO = 'S2'语句转变为:

DELETE FROM student WHERE SNO = 'S2' AND SEX = 'M'

8. 2. 4 删除视图

在创建视图后,如果不再需要该视图,或想清除视图定义及与之相关联的权限,可以删除该视图。删除视图后,表和视图所基于的基础表并不受到影响。任何使用基于已删除视图的对象的查询将会失败,除非创建了同样名称的一个视图。但是,如果新视图没有包含与之相关的任何对象所需的列,则使用与视图相关的对象的查询在执行时将会失败。

1. 使用 Transact-SQL 命令删除视图

可以使用 DROP VIEW 命令语句删除视图,命令语句语法格式如下。

DROP VIEW [schema_name .] view_name [,..., n] [;]

删除视图时,将从系统目录中删除视图的定义和有关视图的其他信息。还将删除视图

的所有权限。

使用 DROP TABLE 删除的表上的任何视图都必须使用 DROP VIEW 显式删除。

对索引视图执行 DROP VIEW 时,将自动删除视图上的所有索引。

【例 8.16】 以下示例删除视图 student_view。

```
USE teaching
GO
IF OBJECT_ID ('student_view', 'view') IS NOT NULL
DROP VIEW student_riew
GO
```

2. 使用图形工具删除视图

①连接到相应的 Microsoft SQL Server Database Engine 实例之后,在"对象资源管理器"中,单击服务器名称,以展开服务器树。

②展开"数据库",然后根据数据库的不同,选择用户数据库,如 teaching。

③展开 teaching 数据库并展开"视图"节点,然后右击要删除的视图,如 student_view,在弹出的快捷菜单中选择"删除"。

④在出现的如图 8.17 所示的"删除对象"窗口中,确认删除对象信息后,单击【确定】按钮即可删除。

图 8.17 "删除对象"窗口

第9章 数据完整性

本章主要介绍 SQL Server 2005 中数据完整性的创建方法及使用方法，包括约束、规则和默认值。

9.1 数据完整性

数据完整性是指数据库中存储数据的一致性和正确性，确保各个文件或表中的数据值的关系一致，确保数据库中的数据可以成功和正确地更新。数据库设计的一项重要内容是确定如何加强数据的完整性。

9.1.1 关系数据完整性

数据完整性包括：实体完整性、域完整性、参照完整性和用户定义完整性4项内容。在关系数据库中，实体完整性和参照完整性由关系数据库管理系统自动维护，而实现用户定义完整性可以用两种方法，即声明数据完整性和过程数据完整性。声明数据完整性是通过在对象定义中定义的标准来实现数据完整性，是由系统本身的自动强制来实现的，它包括使用各种约束、缺省的规则。过程数据完整性是通过在脚本语言中定义的完整性标准来实现的，当执行这些脚本时，就可以强制完整性的实现。过程数据完整性的方式包括使用触发器和存储过程等。

9.1.2 SQL Server 2005 中的数据完整性

各类数据完整性和对应实现完整性的 SQL Server 组件如表 9.1 所示。

表 9.1 SQL Server 数据完整性组件

数据完整性	对应的 SQL Server 组件
实体完整性	PRIMARY KEY(主键)约束、UNIQUE(唯一)约束
	UNIQUE INDEX(唯一索引)、IDENTITY COLUMN(标识列)
域完整性	DEFAULT(默认值)、CHECK(检查)约束、RULE(规则)
	FOREIGN KEY(外键)约束、DATA TYPE(数据类型)
参照完整性	FOREIGN KEY (外键)约束、CHECK (检查)约束
	TRIGGER(触发器)、STORED PROCEDURE(存储过程)
用户定义完整性	RULE(规则)、TRIGGER(触发器)、STORED PROCEDURE(存储过程)

1. 空值

数据表中的列可以接受空值，也可以拒绝空值。在数据库中，NULL 是一个特殊值，不同于空字符或0。空字符是一个有效的字符，0 是一个有效的数字。NULL 只是表示此值未知这一概念。NULL 也不同于零长度字符串(空串)。如果列定义中包含 NOT NULL 子句，则不能为该列输入 NULL 值。如果列定义中仅包含 NULL 关键字，则接受 NULL 值。

2.约束

通过约束可以定义 SQL Server 2005 Database Engine 自动强制实施数据完整性的方式。约束用于定义关于列中允许值的规则,是强制实施完整性的标准机制。使用约束优先于使用 DML 触发器、规则和默认值。

（1）约束类型

SQL Server 2005 有下列约束类型。

☞NOT NULL 约束:非空约束,指定列不接受 NULL 值。

☞CHECK 约束:检查约束,通过限制可输入到列中的值来强制实施域完整性。

CHECK 约束指定应用于为列输入的所有值的布尔值(计算结果为 TRUE、FALSE 或未知)搜索条件。所有计算结果为 FALSE 的值均被拒绝。可以为每列指定多个 CHECK 约束。

☞UNIQUE 约束:唯一约束,强制实施列取值集合中值的唯一性。

根据 UNIQUE 约束,表中的任何两行都不能有相同的列值。另外,主键也强制实施唯一性,但主键不允许 NULL 作为一个唯一值。

☞PRIMARY KEY 约束:主键约束,标识具有唯一标识表中行的值的列或列集。

在一个表中,不能有两行具有相同的主键值。不能为主键中的任何列输入 NULL 值。每个表都应有一个主键。限定为主键值的列或列组合称为候选键。

☞FOREIGN KEY 约束:外键约束,标识并强制实施表之间的关系。

如果一个外键值在其对于的参照表中没有一致的主键值,则不能向行中插入该值(NULL 除外)。

（2）列约束和表约束

约束可以是列约束,也可以是表约束。列约束指定为列定义的一部分,并且只应用于该列。表约束的声明与列定义无关,可以应用于表中多个列。当一个约束中必须包含多个列时,应使用表约束。

3.规则

规则用于执行一些与 CHECK 约束相同的功能。使用 CHECK 约束是限制列值的首选标准方法,比规则更简明。一个列只能应用一个规则,但可以应用多个 CHECK 约束。CHECK 约束被指定为 CREATE TABLE 语句的一部分,而规则是作为单独的对象创建,然后绑定到列上。

4.默认值

如果插入行时没有为列指定值,默认值则指定列中默认取值。默认值可以是计算结果为常量的任何值,例如常量、内置函数或数学表达式。

若要使用默认值,可以通过在 CREATE TABLE 中使用 DEFAULT 关键字来创建默认值定义。这将为每一列分配一个常量表达式作为默认值,也可以作为单独的对象创建,然后绑定到列上。

9.2 约束

约束是通过限制字段中数据、记录中数据和表之间的数据来保证数据的完整性。约束独立于表结构。创建约束有两种方法:一是创建表时在 CREATE TABLE 命令中声明;二是在不改变表结构的基础上,通过修改表结构命令 ALTER TABLE 添加或删除。当表被删除时,表所带的所有约束定义也随之被删除。约束类型见表9.2。

表9.2 所有可用的约束类型

完整性类型	约束类型
域完整性	DEFAULT(默认值)、CHECK(检查)约束
实体完整性	PRIMARY KEY(主键)约束、UNIQUE(唯一)约束
参照完整性	FOREIGN KEY(外键)约束

9.2.1 主键约束

在数据表中经常有一列或多列的组合,其值能唯一地标识表中的每一行。这样的一列或多列称为表的主键。通过它可强制表的实体完整性,以确保数据表中数据的唯一性。当创建或更改表时,可通过定义 PRIMARY KEY(主键)约束来创建主键。

对于主键约束,需满足以下规则。

☞一个表只能包含一个 PRIMARY KEY 约束。

☞由 PRIMARY KEY 约束生成的索引不会使表中的非聚集索引超过 249 个,聚集索引超过 1 个。

☞如果没有为 PRIMARY KEY 约束指定 CLUSTERED 或 NONCLUSTERED,并且没有为 UNIQUE 约束指定聚集索引,则将对该 PRIMARY KEY 约束使用 CLUSTERED。

☞在 PRIMARY KEY 约束中定义的所有列都必须定义为 NOT NULL。如果没有指定为空性,则加入 PRIMARY KEY 约束的所有列的为空性都将设置为 NOT NULL。

(1)创建表时声明主键约束

如果表的主键由单列组成,则该主键约束可以定义为该列的列约束。如果主键由两个以上的列组成,则该主键约束必须定义为表约束。

1)定义列级主键约束　其语法格式如下。

　　　[CONSTRAINT constraint_name]

　　　PRIMARY KEY[CLUSTERED|NONCLUSTERED]

各选项含义如下。

• CONSTRAINT:可选关键字,表示 PRIMARY KEY、NOT NULL、UNIQUE、FOREIGN KEY 或 CHECK 约束定义的开始。

• constraint_name:约束的名称。约束名称必须在表所属的架构中唯一。

• PRIMARY KEY:是通过唯一索引对给定的一列或多列强制实体完整性的约束。每个表只能创建一个 PRIMARY KEY 约束。

• CLUSTERED | NONCLUSTERED:指示为 PRIMARY KEY 约束创建聚集索引还是非聚集索引。PRIMARY KEY 约束默认为 CLUSTERED。

在 CREATE TABLE 语句中,可只为一个约束指定 CLUSTERED。

列级主键约束实例见例6.1续中 student 表中的 SNO 主键的创建。

2）定义表级主键约束

语法格式如下。

    ［CONSTRAINT constraint_name］

    PRIMARY KEY［CLUSTERED｜NONCLUSTERED］

    （column_name［,...,n］）

其中,column_name［,...,n］指定组成主键的列名,n 最大值为16。

表级主键约束实例见例6.1中s_c表中的(SNO, CNO)主键的创建。

（2）修改表时创建主键约束

语法格式如下。

    ALTER TABLE table_name

    ADD CONSTRAINT constraint_name

        PRIMARY KEY［CLUSTERED｜NONCLUSTERED］（column_name［,...,n］）

【例9.1】 假设在 teaching 数据库中的 s_c 表中没有设置主键约束,以下示例通过 ALTER TABLE 命令添加主键约束。

    USE teaching

    GO

    ALTER TABLE s_c

    ADD CONSTRAINT PK_sc PRIMARY KEY（SNO, CNO）

    GO

通过 ALTER TABLE 命令也可以删除不使用的主键约束,命令格式如下。

    ALTER TABLE table_name DROP CONSTRAINT constraint_name

9.2.2 外键约束

外键用于建立和加强两个表数据之间的链接的一列或多列。通过将用于保存表中主键值的一列或多列添加到另一个表中,可创建两个表之间的链接。这个列就成为第二个表的外键。

当创建或更改表时,可以通过定义 FOREIGN KEY 约束来创建外键。

对于外键约束,需要满足以下规则。

☞如果在 FOREIGN KEY 约束的列中输入非 NULL 值,则此值必须在被引用列中存在;否则,将返回违反外键约束的错误信息。

☞FOREIGN KEY 约束仅能引用位于同一服务器上的同一数据库中的表。跨数据库的参照完整性必须通过触发器实现。

☞FOREIGN KEY 约束可引用同一表中的其他列,此行为称为自引用。

☞列级 FOREIGN KEY 约束的 REFERENCES 子句只能列出一个引用列。此列的数据类型必须与定义约束的列的数据类型相同。

☞表级 FOREIGN KEY 约束的 REFERENCES 子句中引用列的数目必须与约束列列表中的列数相同。每个引用列的数据类型也必须与列表中相应列的数据类型相同。

☞FOREIGN KEY 约束只能引用所参照的表的 PRIMARY KEY 或 UNIQUE 约束中的列或所引用的表上 UNIQUE INDEX 中的列。

（1）创建表时声明外键约束

语法格式如下。

　　　　［CONSTRAINT constraint_name］

　　　　FOREIGN KEY

　　　　REFERENCES［schema_name . ］referenced_table_name［（ref_column）］

　　　　　　［ON DELETE ｛NO ACTION|CASCADE|SET NULL|SET DEFAULT｝］

　　　　　　［ON UPDATE ｛NO ACTION|CASCADE|SET NULL|SET DEFAULT｝］

各选项含义如下。

• FOREIGN KEY REFERENCES：为列中的数据提供参照完整性的约束。FOREIGN KEY 约束要求列中的每个值在所引参照的表中对应的被引用列中都存在。

•［schema_name . ］referenced_table_name：是 FOREIGN KEY 约束参照的表的名称，以及该表所属架构的名称。

•（ref_column［,...,n］）：是 FOREIGN KEY 约束所引用的表中的一列或多列。

• ON DELETE ｛NO ACTION|CASCADE|SET NULL|SET DEFAULT｝：指定如果已创建表中的行具有引用关系，并且被引用行已从父表中删除，则对这些行采取的操作。默认值为 NO ACTION。

◇NO ACTION：数据库引擎将引发错误，并回滚对父表中相应行的删除操作。

◇CASCADE：如果从父表中删除一行，则将从引用表中删除相应行。

◇SET NULL：如果父表中对应的行被删除，则组成外键的所有值都将设置为 NULL。若要执行此约束，外键列必须可为空值。

◇SET DEFAULT：如果父表中对应的行被删除，则组成外键的所有值都将设置为默认值。若要执行此约束，所有外键列都必须有默认定义。如果某列为空值，并且未设置显式的默认值，则将使用 NULL 作为该列的隐式默认值。

• ON UPDATE ｛NO ACTION|CASCADE|SET NULL|SET DEFAULT｝：指定在发生更改的表中，如果行有引用关系且引用的行在父表中被更新，则对这些行采取什么操作。默认值为 NO ACTION。

外键约束不仅可以与一张表上的主键约束建立联系，也可以与另一张表上的 UNIQUE 约束建立联系。当一行新的数据被加入到表格中，或表格中已经存在的外键上的数据进行修改时，新的数据必须存在于另一张表的主键上，或者为 NULL。

在外键约束上允许存在为 NULL 的值。如果在受外键约束的列上存在为 NULL 的数据，则针对该列的外键约束检查（检查另一张表的主键中是否存在对应的数据）被忽略。

外键的作用不只是对输入自身表格的数据进行限制，同时也限制了对主键所在表的数据进行修改。当主键所在表的数据被另一张表的外键所引用时，用户将无法对主键里的数据进行修改或删除，除非事先删除或修改引用的数据。

当将外键约束添加到一个已经存在数据的列上时，在默认情况下，SQL Server 会自动检查表中已经存在的数据，以确保所有的数据都与主键保持一致，或者为 NULL。但是，也可以根据实际情况设置 SQL Server 不对现存数据进行外键约束的检查。

创建表时创建外键约束实例见例 6.1s_c 表中的 SNO 和 CNO 两个外键的创建。

（2）修改表时创建外键约束

语法格式如下。

```
ALTER TABLE table_name
ADD
    CONSTRAINT constraint_name
    FOREIGN KEY( column [ ,…,n] )
        REFERENCES ref_table( ref_column[ ,…,n] )
```

【例9.2】 假设在 teaching 数据库中的 s_c 表中没有设置外键约束,以下示例通过 ALTER TABLE 命令添加外键约束。

```
USE teaching
GO
ALTER TABLE s_c
ADD CONSTRAINT FK_sc_sno
FOREIGN KEY (SNO) REFERENCES student(SNO)
GO
ALTER TABLE s_c
ADD CONSTRAINT FK_sc_cno
FOREIGN KEY (CNO) REFERENCES course(CNO)
GO
```

通过 ALTER TABLE 命令也可以删除不使用的外键约束,命令格式如下。

```
ALTER TABLE table_name DROP CONSTRAINT constraint_name[ ,…,n]
```

9.2.3　UNIQUE(唯一)约束

对于数据表中非主键列的指定列,唯一约束确保不会输入重复的值。每个 UNIQUE 约束建立一个唯一索引。每个表中只能有一个主键,但是可以有多个 UNIQUE 列。唯一约束指定的列可以有 NULL 值。表中的主键也强制执行唯一性,但主键不允许为 NULL,主键约束强度大于唯一约束。

唯一约束需满足以下规则。

☞如果没有为 UNIQUE 约束指定 CLUSTERED 或 NONCLUSTERED,则默认使用 NONCLUSTERED。

☞每个 UNIQUE 约束都生成一个索引。UNIQUE 约束的数目不会使表中的非聚集索引超过 249 个,聚集索引超过 1 个。

（1）创建表时声明唯一约束

如果表的唯一约束由单列组成,则该唯一约束可以定义为该列的列约束。如果唯一约束由两个以上的列组成,则该唯一约束必须定义为表约束。

1)定义列级主键约束　其语法格式如下。

```
[ CONSTRAINT constraint_name ]
UNIQUE [ CLUSTERED | NONCLUSTERED ]
```

各选项含义如下。

• UNIQUE:唯一约束,该约束通过唯一索引为一个或多个指定列提供实体完整性。一个表可以有多个 UNIQUE 约束。

• CLUSTERED｜NONCLUSTERED:指示为 UNIQUE 约束创建聚集索引还是非聚集索引。UNIQUE 约束默认为 NONCLUSTERED。

在 CREATE TABLE 语句中,可只为一个约束指定 CLUSTERED。如果在为 UNIQUE 约束指定 CLUSTERED 的同时又指定了 PRIMARY KEY 约束,则 PRIMARY KEY 将默认为 NONCLUSTERED。

2)定义表级唯一约束　其语法格式如下。

［CONSTRAINT constraint_name］

UNIQUE［CLUSTERED｜NONCLUSTERED］

（column_name［,...,n］）

（2）修改表时创建唯一约束

语法格式如下。

ALTER TABLE table_name

ADD

CONSTRAINT constraint_name

UNIQUE（column［,…,n］）

【例 9.3】　将 teaching 数据库中的 student 表中的姓名列设置为唯一约束。

USE teaching

GO

ALTER TABLE student

ADD

CONSTRAINT UQ_student

UNIQUE（SNAME）

通过 ALTER TABLE 命令也可以删除不使用的唯一约束,命令格式如下。

ALTER TABLE table_name DROP CONSTRAINT constraint_name［,…,n］

9.2.4　检查约束

检查(CHECK)约束是通过检查输入表列的数据的值来维护值域的完整性,它可用来指定某列可取值的清单或可取值的集合,也可指定某列可取值的范围。检查约束通过对一个逻辑表达式的结果进行判断来对数据进行检查。

可以在一列上设置多个检查约束,也可以将一个检查约束应用于多列。当一列受多个检查约束控制时,所有的约束按照创建的顺序,依次进行数据有效性的检查。根据检查约束是作用于单列还是多列,可分为列级检查约束和表级检查约束。

对于检查约束,需满足以下规则。

☞列可以有任意多个 CHECK 约束,并且约束条件中可以包含用 AND 和 OR 组合起来的多个逻辑表达式。列上的多个 CHECK 约束按创建顺序进行验证。

☞搜索条件必须取值为布尔表达式,并且不能引用其他表。

☞列级 CHECK 约束只能引用被约束的列,表级 CHECK 约束只能引用同一表中的列。

☞当执行 INSERT 和 DELETE 语句时,CHECK 约束和规则具有相同的数据验证功能。

☞当列上存在规则和一个或多个 CHECK 约束时,将验证所有限制。

☞不能在 text、ntext 或 image 列上定义 CHECK 约束。

(1)创建表时声明唯一约束

语法格式如下。

```
[ CONSTRAINT constraint_name ]
        CHECK ( logical_expression )
```

各选项含义如下。

• CHECK:检查约束。该约束通过限制可输入一列或多列中的可能值来强制实现域完整性。

• logical_expression:返回 TRUE 或 FALSE 的逻辑表达式。别名数据类型不能作为表达式的一部分。

唯一约束实例见例 6.1 续中 student 表中的性别列的检查约束的创建。

(2)修改表时创建检查约束

语法格式如下。

```
ALTER TABLE table_name
ADD
        CONSTRAINT constraint_name
        CHECK( logical_expression )
```

【例 9.4】 假设在 teaching 数据库中的 s_c 表中没有设置对成绩列的检查约束,以下示例通过 ALTER TABLE 命令添加检查约束。

```
USE teaching
GO
ALTER TABLE s_c
ADD
        CONSTRAINT CK_sc CHECK( GRADE >=0 AND GRADE <=100)
GO
```

通过 ALTER TABLE 命令也可以删除不使用的检查约束,命令格式如下。

```
ALTER TABLE table_name DROP CONSTRAINT constraint_name[ ,…,n]
```

9.2.5 默认约束

DEFAULT(默认)约束能够定义一个值,每当用户没有在某一列中输入值时,则将所定义的值提供给这一列。

默认约束需满足以下规则。

☞一个表中只能有一列定义有 DEFAULT(默认)约束。

☞不能在数据类型为 timestamp 的列或具有 IDENTITY 属性的列中定义 DEFAULT(默认)约束。

(1)创建表时声明主键约束

创建表时创建 DEFAULT(默认)约束的语法格式如下。

　　　　[CONSTRAINT constraint_name]
　　　　　　DEFAULT constant_expression
各选项含义如下。

　· DEFAULT:如果在插入过程中未显式提供值,则指定为列提供的值。如果为用户定义类型列指定了默认值,则该类型应当支持从 constant_expression 到用户定义类型的隐式转换。删除表时,将删除 DEFAULT 定义。只有常量值(例如字符串)、标量函数(系统函数、用户定义函数或 CLR 函数)或 NULL 可用作默认值。

　· constant_expression:是用作列的默认值的常量、NULL 或系统函数。

【例9.5】 为 teaching 数据库中的 student 表中的年龄列设置默认约束。

```
USE teaching
GO
CREATE TABLE student
(    SNO CHAR(4) PRIMARY KEY,
    SNAME NCHAR(10) NOT NULL,
    SEX CHAR(1),
    AGE SMALLINT CONSTRAINT DF_age DEFAULT 18,
    CHECK (SEX = 'F' OR SEX = 'M'),
    CHECK (AGE BETWEEN 18 AND 25)
)
GO
```

(2)修改表时创建默认约束

语法格式如下。

```
ALTER TABLE table_name
ADD
CONSTRAINT constraint_name
    DEFAULT constant_expression FOR column_name
```

【例9.6】 为 teaching 数据库中的 s_c 表中的成绩列设置默认约束。

```
USE teaching
GO
ALTER TABLE s_c
ADD
    CONSTRAINT DF_grade DEFAULT 0 FOR GRADE
GO
```

通过 ALTER TABLE 命令也可以删除不使用的默认约束,命令格式如下。

```
ALTER TABLE table_name DROP CONSTRAINT constraint_name [ ,…,n ]
```

9.3　规则

　　规则是一个数据库对象,当把它绑定到列或用户定义的数据类型时,用来指定列可以接受哪些数据,使用这种方式可以提供与 CHECK 约束相同的功能。

204

规则具有向后兼容的功能,它的执行与 CHECK 约束基本相同。CHECK 约束是用来限制列值的首选标准方法。规则与 CHECK 约束相比较,CHECK 约束比规则更简明。因为 CHECK 约束被创建之后可以直接使用,而规则在创建之后必须绑定到指定的列上才能够使用。规则以单独的对象创建,然后绑定到列上。

9.3.1　创建规则

可以使用 Transact-SQL 命令中的 CREATE RULE 语句在当前数据库中创建一个规则,语法格式如下。

> CREATE RULE rule_name AS condition_expression

各选项含义如下。

• rule_name:新规则的名称。规则名称必须符合标识符规则。根据需要,指定规则所有者名称。

• condition_expression:定义规则的条件。规则可以是 WHERE 子句中任何有效的表达式,并且可以包含诸如算术运算符、关系运算符和谓词(如 IN、LIKE、BETWEEN)之类的元素。规则不能引用列或其他数据对象,可以包含不引用数据库对象的内置函数。

condition_expression 包含一个变量。每个局部变量的前面都有一个@ 符号。该表达式引用通过 UPDATE 或 INSERT 语句输入的值。在创建规则时,可以使用任何名称或符号表示值,但第一个字符必须是@ 符号。

【例 9.7】　在 teaching 数据库中创建一个规则 grade_rule,规则的条件是只能输入一个 0 ～ 100 之间的数字。

> USE teaching
> GO
> CREATE RULE grade_rule
> AS @Grade >= 0 and @Grade <= 100
> GO

【例 9.8】　在 teaching 数据库中创建一个规则 sex_rule,规则的条件是只能输入'M'或'F'。

> USE teaching
> GO
> CREATE RULE sex_rule
> AS @sex in ('M', 'F')
> GO

9.3.2　查看规则

可以使用系统存储过程 sp_helptext 查看已经创建的规则,语法格式如下。

> sp_helptext [@ objname =]' object_name'

[@ objname =]'object_name':指定对象的名称。

【例 9.9】　查看已经创建的规则 grade_rule。

> USE teaching

GO

EXEC sp_helptext grade_rule

GO

9.3.3 绑定与解除规则

1. 绑定规则

创建好一个规则后,必须通过绑定才能使用规则,一般情况下,规则可以绑定在用户自定义数据类型或是数据列中。绑定规则可以使用存储过程 sp_bindrule,语法格式如下。

sp_bindrule [@ rulename =]'rule', [@ objname =]'object_name'

各选项含义如下。

·[@ rulename =]'rule':指定规则名称。

·[@ objname =]'object_name':指定规则绑定的对象,可以是表的列或用户定义数据类型。如果对象是表的列,则 object_name 的格式是 table.column,否则认为是用户定义数据类型。

【例9.10】 将例9.7创建的规则 grade_rule 绑定到 teaching 数据库中的s_c表中的 GRADE 列上。

USE teaching

GO

EXEC sp_bindrule 'grade_rule','s_c. GRADE'

GO

【例9.11】 将例9.8创建的规则 sex_rule 绑定到 teaching 数据库中的 student 表中的 SEX 列上。

USE teaching

GO

EXEC sp_bindrule 'sex_rule','student. SEX'

GO

注意:规则对已经输入表中的数据不起作用。

2. 解除规则

系统存储过程 sp_unbindrule 用于当前数据库中为列或用户定义数据类型解除规则绑定,语法格式如下。

sp_unbindrule [@ objname =]'object_name'

【例9.12】 解除绑定在 teaching 数据库中的 s_c 表中 GRADE 列上的规则。

USE teaching

GO

EXEC sp_unbindrule 's_c. GRADE'

GO

9.3.4 删除规则

从数据库中删除一个规则值时,可以分为以下两种情况来处理。

☞如果这个规则尚未绑定到表或用户定义数据类型上，可以使用 DROP RULE 语句来删除。

☞如果已经将这个规则绑定到表或用户定义数据类型上，必须首先使用系统存储过程 sp_unbindrule 来解除该规则在表列或用户定义数据类型上的绑定，然后使用 DROP RULE 语句删除该规则。

可以使用 Transact-SQL 命令的 DROP RULE 语句从数据库删除一个或多个规则，其语法格式如下。

DROP RULE rule_name[,…,n]

【例 9.13】 删除 teaching 数据库中的规则 grade_rule。

USE teaching
GO
DROP RULE grade_rule
GO

9.4 默认值

默认值就是当用户未指定时由 SQL Server 自动指派的数据值，它可以是常量、内置函数或表达式。使用默认值有两种方式：一种方式是在 CREATE TABLE 语句中对列定义一个 DEFAULT 约束；另一种方式是使用 CREATE DEFAULT 语句在数据库中创建一个默认值对象，然后使用 sp_binddefault 系统存储过程将该对象绑定到表列上。本节介绍默认值对象。

9.4.1 创建默认值

默认值是一种数据库对象。在数据库中创建一个默认值，并把该默认值绑定到表列或用户定义的数据类型时，如果用户在插入行时没有明确地提供数据值，便自动使用默认值，并将其插入到所绑定的列中，在用户定义数据类型的情况下，则是插入到使用这个自定义数据的所有列中。

创建默认值对象可以使用 Transact-SQL 命令 CREATE DEFAULT 语句来完成，语法格式如下。

CREATE DEFAULT default_name AS constant_expression

constant_expression 可以是常量表达式、任何常量、内置函数或数学表达式，但不能包含任何列或其他数据库对象的名称。

【例 9.14】 在 teaching 数据库中创建一个名为 grade_default 的默认值，并以 0 作为其值。

USE teaching
GO
CREATE DEFAULT grade_default AS 0
GO

可以使用系统存储过程 sp_heptext 查看默认值定义，语法格式如下。

SP_helptext[@ objname =]′name′

name 为用户定义的对象名称。仅当指定限定对象时，才需要引号。对象必须在当前数据库中。

【例 9.15】 查看已经创建的默认值 grade_default。

```
USE teaching
GO
EXEC sp_helptext grade_default
GO
```

9.4.2 绑定与解除默认值

1. 绑定默认值

在数据库中创建一个默认值后,还必须把该默认值绑定到列或用户定义数据类型上才能让它发挥作用。可以用系统存储过程 sp_bindefault 来完成。

sp_bindefault 将默认值绑定到列或用户定义的数据类型时,其语法格式如下。

sp_bindefault [@ defname =]'default', [@ objname =]'object_name'

【例 9.16】 将例 9.14 创建的默认值 grade_default 绑定到 teaching 数据库中的 s_c 表中 GRADE 列上。

```
USE teaching
GO
EXEC sp_bindefault 'grade_default', 's_c. GRADE'
GO
```

2. 解除默认值

系统存储过程 sp_unbindefault 用于当前数据库中为列或用户定义数据类型解除默认值绑定,语法格式如下。

sp_unbindefault [@ objname =]'object_name'

【例 9.17】 解除绑定在 teaching 数据库中的 s_c 表中 GRADE 列上的默认值。

```
USE teaching
GO
EXEC sp_unbindefault 's_c. GRADE'
GO
```

9.4.3 删除默认值

从数据库中删除一个默认值时,可以分为以下两种情况来处理。

☞如果这个默认值尚未绑定到表或用户定义数据类型上,可以使用 DROP DEFAULT 语句来删除。

☞如果已经将这个默认值绑定到表或用户定义数据类型上,必须首先使用系统存储过程 sp_unbindefault 来解除该默认值在表列或用户定义数据类型上的绑定,然后使用 DROP DEFAULT 语句删除该默认值。

DROP DEFAULT 语句用于从数据库删除一个或多个默认值,其语法格式如下。

DROP DEFAULT default_name [,…,n]

【例 9.18】 删除 teaching 数据库中的默认值 grade_default。

```
USE teaching
GO
DROP DEFAULT grade_default
GO
```

第 10 章　Transact-SQL 程序设计

本章主要介绍 Transact-SQL 程序设计功能,包括表达式、常量、变量、函数、批处理;程序流程控制中的分支语句及循环语句以及游标机制。

10.1　Transact-SQL 语言基础

10.1.1　Transact-SQL 语言的编程功能

Transact-SQL 语言是在微软公司的 SQL Server 中使用的编程语言,它是一个数据定义、操作和控制的语言。美国国家标准协会(ANSI)和国际标准组织(ISO)制订了 SQL 语言的标准。SQL-92 是由 ANSI 和 ISO 在 1992 年发布的 SQL 标准,通过使用 Transact-SQL,微软公司的 SQL Server 2000 支持 SQL-92 入口级别的实现。同 ANSI-SQL 兼容的 Transact-SQL 语句能够在与 ANSI-SQL 兼容的任何入口级产品中运行。Transact-SQL 同时还包含几种扩展用以增强其性能。

(1)基本功能

支持 ANSI SQL-92 标准:DDL 数据定义,DML 数据操纵,DCL 数据控制,DD 数据字典。

(2)扩展功能

•加入程序流程控制结构。

•加入局部变量和系统变量等。

10.1.2　标识符

数据库对象的名称即为其标识符。Microsoft SQL Server 2005 中的所有内容都可以有标识符。服务器、数据库和数据库对象(例如表、视图、列、索引、触发器、过程、约束及规则等)都可以有标识符。大多数对象要求有标识符,但对有些对象(例如约束),标识符是可选的。

1. 标识符命名规则

标识符包含的字符数必须在 1 到 128 之间。对于本地临时表,标识符最多可以有 116 个字符。标识符的命名需要满足以下规则。

①标识符的第一个字符必须是大写字母、小写字母、下划线、@ 和#,其中@ 和#在 Transact-SQL 中有专门的含义。以@ 符号开头的常规标识符表示局部变量或参数,并且不能用作任何其他类型的对象的名称。以#开头的标识符表示临时表或过程,以##开头的标识符表示全局临时对象。

②后续字符必须是符合 Unicode 2.0(统一码)标准的字母,或者是十进制数字,或是特殊字符@、#、_、$。

③标识符不能与任何 SQL Server 保留字匹配。标识符不能包含空格或别的特殊字符。

2. 对象命名规则

所有数据库对象的引用由下面四部分构成:

server_name.［database_name］.［schema_name］.object_name

| database_name.［schema_name］.object_name

| schema_name.object_name

|object_name

各选项含义如下。

• server_name：指定链接的服务器名称或远程服务器名称。

• database_name：如果对象驻留在 SQL Server 的本地实例中，则指定 SQL Server 数据库的名称。如果对象在链接服务器中，则 database_name 将指定 OLE DB 目录。

• schema_name：如果对象在 SQL Server 数据库中，则指定包含对象的架构的名称。如果对象在链接服务器中，则 schema_name 将指定 OLE DB 架构名称。

• object_name：对象的名称。

在 SQL Server 2005 中，每个对象都属于一个数据库架构。数据库架构是一个独立于数据库用户的非重复命名空间，可以将架构视为对象的容器。可以在数据库中创建和更改架构，并且可以授予用户访问架构的权限。任何用户都可以拥有架构，并且架构所有权可以转移。

10.1.3　注释

注释是程序代码中不执行的文本字符串，也称为备注。注释可用于对代码进行说明或暂时禁用正在进行诊断的部分 Transact-SQL 语句和"批"。使用注释对代码进行说明，便于将来对程序代码进行维护。注释通常用于记录程序名、作者姓名和主要代码更改的日期，也可用于描述复杂的计算或解释编程方法。

SQL Server 支持两种类型的注释字符：

• --（双连字符）：这些注释字符可与要执行的代码处在同一行，也可另起一行。从双连字符开始到行尾的内容均为注释。对于多行注释，必须在每个注释行的前面使用双连字符。

• / * ... * /（正斜杠－星号字符对）：这些注释字符可与要执行的代码处在同一行，也可另起一行，甚至可以在可执行代码内部。开始注释符"/ *"与结束注释符"* /"之间的所有内容均视为注释。对于多行注释，必须使用开始注释字符"/ *"来开始注释，并使用结束注释字符"* /"来结束注释。

10.1.4　语句块

语句块是由 BEGIN 和 END 括起来的一系列的 Transact-SQL 语句，作为一个逻辑单元执行。语法格式如下。

```
BEGIN
   {
       sql_statement | statement_block
   }
END
```

其中：{ sql_statement | statement_block } 是使用语句块定义的任何有效的 Transact-SQL

语句或语句组。

BEGIN...END 语句块允许嵌套。

虽然所有的 Transact-SQL 语句在 BEGIN...END 块内都有效,但有些 Transact-SQL 语句不应分组在同一批处理或语句块中,见 10.4.1 节。

10.2 表达式

10.2.1 常量

常量是指在程序运行中值不变的量。其类型有字符串常量、整型常量、日期时间型常量、实型常量、货币常量和全局唯一标识符。

1. 字符串常量

字符串常量分为 ASCII 字符串常量、UNICODE 字符串常量。

☞ASCII 字符串常量:用单引号括起来,由 ASCII 构成的字符串,如'abcde'。

☞UNICODE 字符串常量:以字符 N 开头,如 N'abcde'。(N 在 SQL-92 规范中表示国际语言,必须大写)。

字符串常量必须放在单引号或双引号中。由字母、数字、下划线、特殊字符(!,@,#)组成。

当单引号括住的字符串常量中包含单引号时,用两个单引号表示字符串中的单引号。如:I'm ZYT 写作'I''m ZYT'。

Transact-SQL 中设置 SET QUOTED_IDENTIFIER{ON|OFF}为 ON 时,标识符可以由双引号分隔,而文字必须由单引号分隔。不允许用双括号括住字符串常量。因为双括号括的是标识符。

SET QUOTED_IDENTIFIER 为 OFF 时,标识符不可加引号,且必须遵守所有 Transact-SQL 标识符规则。允许用双括号括住字符串常量。Microsoft SQL 客户端和 ODBC 驱动程序自动使用 ON。

UNICODE(统一码、万国码、单一码)是一种在计算机上使用的字符编码。它为每种语言中的每个字符设定了统一并且唯一的二进制编码,以满足跨语言、跨平台进行文本转换、处理的要求。

2. 整型常量

☞二进制整型常量:由 0、1 组成,如 111001。

☞十进制整型常量:如 1982。

☞十六进制整型常量:用 0x 开头,如 0x3e,0x,只有 0x 表示空十六进制数。

3. 日期时间型常量

用单引号将日期时间字符串括起来。表 10.1 列出了几种日期时间型常量的格式。

表 10.1 日期时间型常量

输入格式	datetime 值	smalldatetime 值
Feb 1, 2007 1:10:15.117	2007 – 02 – 01 01:10:15.117	2007 – 02 – 01 01:10:15
2/1/2007 3PM	2007 – 02 – 01 15:00:00.000	2007 – 02 – 01 15:00:00
2/1/2007 15:00	2007 – 02 – 01 15:00:00.000	2007 – 02 – 01 15:00:00
14:25:20	1900 – 01 – 01 14:25:20.000	1900 – 01 – 01 14:25:20.000
2/1/2007	2007 – 02 – 01 00:00:00.000	2007 – 02 – 01 00:00:00

输入时可以使用"/"、"."、"–"作为日期时间型常量的分隔符。默认情况下,按照 mm/dd/yy(月/日/年)的格式来处理。对于没有日期的时间数据,系统指定为 1900 年 1 月 1 日。

4. 实型常量

实型常量有纯小数和指数形式两种。如 165.234,10E23。

5. 货币常量

用货币符号开头。如 \$12.5,\$54230.25。SQL Server 不强制分组,如每隔三个数字插一个逗号等。

6. 全局唯一标识符

全局唯一标识符(Globally Unique Identification Numbers,GUID)是 16 字节长的二进制数据类型,是 SQL Server 根据计算机网络适配器地址和主机时钟产生的唯一号码生成的全局唯一标识符。

例如 6F9619FF – 8B86 – D011 – B42D – 00C04FC964FF 即为有效 GUID 值。

世界上的任何两台计算机都不会生成重复的 GUID 值。GUID 主要用于在拥有多个节点、多台计算机的网络或系统中分配必须具有唯一性的标识符。在 Windows 平台上,GUID 应用非常广泛,如注册表、类及接口标识、数据库,甚至自动生成的机器名、目录名等。

7. 逻辑数据常量

逻辑数据常量使用数字 0 或 1 表示,并且不使用引号定界。非 0 的数字当作 1 处理。

8. 空值

在定义数据列时,需定义该列是否允许空值(NULL)。允许空值意味着用户在向表中输入数据时可以忽略该列值。空值可以表示整型、实型、字符型数据。

10.2.2 变量

变量就是在程序执行过程中其值可以改变的量,用于临时存放数据。变量有名字与数据类型两个属性。变量的命名需满足标识符命名规则,变量在使用之前需声明其名字及类型。

SQL Server 的变量有两种类型:局部变量和全局变量。局部变量的名称前以@开头,全局变量的名称前以@@开头,且由系统定义并维护。

1. 局部变量

局部变量是作用域局限在一定范围内的 Transact-SQL 对象。

作用域:若局部变量在一个批处理、存储过程、触发器中被声明或定义,则其作用域就在批处理、存储过程或触发器内。

（1）局部变量的声明或定义

局部变量可以使用 DECLARE 语句声明,语法格式如下。

    DECLARE

    ｜   local_variable ［AS］data_type ｜［,...,n］

各选项含义如下。

•@ local_variable:变量的名称。变量名必须以@ 开头。局部变量名必须符合有关标识符的规则。

• data_type:数据类型。任何系统提供的公共语言运行时(CLR)用户定义类型或别名数据类型。变量不能是 text、ntext 或 image 数据类型。

变量先声明或定义,然后就可以在 Transact-SQL 命令中使用。默认初值 NULL。

（2）局部变量的赋值

变量可以用 SET 或 SELECT 语句赋值,语法格式如下。

    SET @local_variable ＝ expression

或   SELECT @local_variable ＝ expression

或   SELECT @local_variable ＝output_value FROM table_name WHERE ...

各选项含义如下。

local_variable:是除 cursor,text,ntext,image 外的任何类型变量名。

expression:表达式是任何有效的 SQL Server 表达式。

output_value:用于将单个值返回到变量中,如果 output_value 为列名,则返回多个。若 SELECT 语句返回多个值,则将返回的最后一个值赋给变量。若 SELECT 语句没有返回值,变量保留当前值;若 output_value 是不返回值的子查询,则变量为 NULL。

【例 10.1】 通过 SELECT 命令赋值,查询学号为 S1 的学生姓名。

    USE teaching

    GO

    DECLARE @var1 varchar(8)

    SELECT @var1 ＝SNAME FROM student WHERE SNO ＝′S1′

    SELECT @var1 AS ′学生姓名′

执行结果如图 10.1 所示。

图 10.1 例 10.1 执行结果

【例10.2】 使用 SELECT 命令赋值,结构为多个返回值时取最后一个值。

USE teaching

GO

DECLARE @var1 varchar(8)

SELECT @var1 = SNAME FROM student

SELECT @var1 AS '读者姓名'

执行结果如图 10.2 所示。

图 10.2　例 10.2 执行结果

【例10.3】 使用 SET 命令赋值。

USE teaching

GO

DECLARE @no varchar(10)

SET @no = 'S1'

SELECT SNO, SNAME FROM student WHERE SNO = @no

执行结果如图 10.3 所示。

图 10.3　例 10.3 执行结果

2. 全局变量

系统全局变量是 SQL Server 系统提供并赋值的变量。用户不能建立全局变量,也不能用 SET 语句改变全局变量的值。全局变量记录 SQL Server 服务器活动状态的一组数据。表10.2 列出了常用的 SQL Server 全局变量。

表 10.2　常用的 SQL Server 全局变量

全局变量	功能
@@ERROR	最后一个 Transact-SQL 命令错误的错误号
@@ IDENTITY	最后一个插入的标识值
@@ LANGUAGE	当前使用语言的名称
@@ MAX_CONNECTIONS	可以创建的同时链接的最大数目
@@ ROWCOUNT	受上一个 Transact-SQL 命令影响的行数
@@ SERVERNAME	本地服务器的名称
@@ SERVICENAME	该计算机上的 SQL 服务的名称
@@ TIMETICKS	当前计算机上每刻度的微秒数
@@ TRANSCOUNT	当前连接打开的事务数
@@ VERSION	SQL Server 的版本信息

注意:全局变量由@@开始,由系统定义和维护,用户只能显示和读取,不能修改;局部变量由一个@开始,由用户定义和赋值。

【例 10.4】　显示 SQL Server 的版本。

SELECT @@version AS 版本号

执行结果如图 10.4 所示。

图 10.4　例 10.4 执行结果

10.2.3　运算符

SQL Server 2005 的运算符和其他高级语言类似,用于指定要在一个或多个表达式中执行的操作,将变量、常量和函数连接起来,构成表达式。

表 10.3 列出了 SQL Server 2005 的运算符。

表 10.3　SQL Server 2005 运算符

优先级	运算符类别	所包含运算符
1	一元运算符	+(正)、-(负)、~(取反)
2	算术运算符	*(乘)、/(除)、%(取模)
3	算术字符串运算符	+(加)、-(减)、+(连接)

216

优先级	运算符类别	所包含运算符
4	比较运算符	=(等于)、>(大于)、>=(大于等于)、<(小于)、<=(小于等于)、<>(或! =不等于)、! <(不小于)、! >(不大于)
5	按位运算符	&(位与)、|(位或)、^(位异或)
6	逻辑运算符	NOT(非)
7	逻辑运算符	AND(与)
8	逻辑运算符	ALL(所有)、ANY(任意一个)、BETWEEN(两者之间)、EXISTS(存在)、IN(在范围内)、LIKE(匹配)、OR(或)、SOME(任意一个)
9	赋值运算符	=(赋值)

10.3 函数

函数是一组编译好的 Transact-SQL 语句,它们可以带一个或一组数值做参数,也可不带参数,函数返回一个数值、数值结合或其他一些操作。函数能够重复执行一些操作,从而避免重写代码。

SQL Server 2005 有两类函数:内置函数和用户定义函数。

内置函数是一组预定义的函数,是 Transact-SQL 语言的一部分,按定义的方式运行且不能修改。

用户定义函数是由用户定义的 Transact-SQL 函数,它将频繁执行的功能语句块封装到一个命名函数中,该函数可以由 Transact-SQL 语句调用。

10.3.1 内置函数

SQL Server 2005 提供了一些内置函数,用户可以使用这些函数方便地实现一些功能。本节介绍一些常用的内置函数。

1. 字符串函数

字符串函数对字符串输入值执行操作,返回字符串或数字值。

(1)ASCII()函数

返回字符表达式最左端字符的 ASCII 码值。语法格式如下。

ASCII (character_expression)

其中:character_expression 为 char 或 varchar 类型的表达式。

【例 10.5】 ASCII()函数的使用。

```
DECLARE @StringTest CHAR(10)
SET @StringTest = ASCII('Robin        ')
SELECT @StringTest
```

执行结果为:

82

(2)CHAR()函数

将 int 型的 ASCII 码转换为字符的字符串函数。语法格式如下。

CHAR (integer_expression)

其中 integer_expression 是介于 0 和 255 之间的整数。如果该整数表达式不在此范围内,将返回 NULL 值。

【例 10.6】 CHAR( )函数的使用。

```
DECLARE @StringTest CHAR(10)
SET @StringTest = ASCII('Robin      ')
SELECT CHAR(@StringTest)
```

执行结果为:

R

(3)LEFT( )函数

返回从字符串左边开始指定个数的字符。语法格式如下。

```
LEFT ( character_expression , integer_expression )
```

• character_expression:字符或二进制数据表达式。可以是常量、变量或列。可以是任何能够隐式转换为 varchar 或 nvarchar 的数据类型,但 text 或 ntext 除外。

• integer _ expression: 正 整 数,指 定 character _ expression 将 返 回 的 字 符 数。如 果 integer_expression 为负,则会返回错误。integer_expression 可以是 bigint 类型。

【例 10.7】 LEFT( )函数的使用。

```
DECLARE @StringTest CHAR(10)
SET @StringTest = 'Robin      '
SELECT LEFT(@StringTest,3)
```

执行结果为:

Rob

(4)LOWER( )函数

将大写字符数据转换为小写字符数据后返回字符表达式。语法格式如下。

```
LOWER ( character_expression )
```

【例 10.8】 LOWER( )函数的使用。

```
DECLARE @StringTest CHAR(10)
SET @StringTest = 'Robin      '
SELECT LOWER(LEFT(@StringTest,3))
```

执行结果为:

rob

(5)LTRIM( )函数

删除起始空格后返回字符表达式。语法格式如下。

```
LTRIM ( character_expression )
```

【例 10.9】 LTRIM( )函数的使用。

```
DECLARE @StringTest CHAR(10)
SET @StringTest = '      Robin'
SELECT 'Start − ' + LTRIM(@StringTest) , 'Start − ' + @StringTest
```

执行结果为:

Start-Robin   Start −   Robin

218

（6）RIGHT（）函数

返回字符串中从右边开始指定个数的字符。语法格式如下。

    RIGHT（character_expression，integer_expression）

【例10.10】 RIGHT（）函数的使用。

    DECLARE @StringTest CHAR(10)
    SET @StringTest = '   Robin'
    SELECT RIGHT(@StringTest,3)

执行结果为：

in

（7）RTRIM（）函数

截断所有尾随空格后返回一个字符串。语法格式如下。

    RTRIM（character_expression）

【例10.11】 RTRIM（）函数的使用。

    DECLARE @StringTest CHAR(10)
    SET @StringTest = 'Robin   '
    SELECT @StringTest + '－End'，RTRIM(@StringTest) + '－End'

执行结果为：

Robin   －End   Robin-End

（8）STR（）函数

将数字数据转换为字符数据。语法格式如下。

STR（float_expression［，length［，decimal］］）

• float_expression：带小数点的近似数字（float）数据类型的表达式。

• length：总长度。它包括小数点、符号、数字以及空格。默认值为10。

• decimal：小数点后的位数。decimal 必须小于或等于16。如果 decimal 大于16,则会截断结果,使其保持为小数点后具有十六位。

例如：SELECT 'A' + STR(82)

执行结果为：

A   82

SELECT 'A' + LTRIM(STR(82))

执行结果为：

A82

（9）SUBSTRING（）函数

求子串函数。语法格式如下。

SUBSTRING（expression ,start，length）

• expression：是字符串、二进制字符串、文本、图像、列或包含列的表达式。不能使用包含聚合函数的表达式。

• start：指定子字符串开始位置的整数,start 可以为 bigint 类型。

• length：正整数,指定要返回的 expression 的字符数或字节数。如果 length 为负,则会返回错误。length 可以是 bigint 类型。

【例 10.12】 SUBSTRING( )函数的使用。

  DECLARE @ StringTest char(10)

  SET @ StringTest = ′Robin′

  SELECT SUBSTRING(@ StringTest ,3 ,LEN(@ StringTest))

执行结果为：

bin

(10)UPPER( )函数

返回将小写字符数据转换为大写的字符表达式。语法格式如下。

  UPPER（ character_expression ）

【例 10.13】 UPPER ( )函数的使用。

  DECLARE @StringTest CHAR(10)

  SET @StringTest = ′Robin′

  SELECT UPPER(@StringTest)

执行结果为：

ROBIN

2. 日期时间函数

日期时间函数对日期和时间输入值执行操作,并返回一个字符串、数字值或日期和时间值。

(1)DATEADD( )函数

在指定日期加上一段时间的基础上,返回新的 DATETIME 类型值。语法格式如下。

  DATEADD（ datepart , number, date ）

• datepart:指定要返回新值的日期的组成部分。表 10.4 列出了 SQL Server 2005 可识别的日期部分和缩写。

表 10.4　SQL Server 2005 日期部分

日期部分	缩写	日期部分	缩写
year	yy, yyyy	quarter	qq, q
month	mm, m	dayofyear	dy, y
day	dd, d	week	wk, ww
weekday	dw, w	hour	hh
minute	mi, n	second	ss, s
millisecond	ms		

• number:用来增加 datepart 的值。如果指定一个不是整数的值,则将废弃此值的小数部分。

• date:是返回 DATETIME 或 SMALLDATETIME 类型值或日期格式字符串的表达式。

【例 10.14】 DATEADD( )函数的使用。

DECLARE @OLDTime DATETIME

SET @ OLDTime = ′12 − 02 − 2004 06:30pm′

220

SELECT DATEADD(hh,4,@OldTime)

执行结果为:

2004 - 12 - 02 22:30:00.000

(2)DATEDIFF()函数

两时间之差,返回跨两个指定日期的日期边界数和时间边界数。语法格式如下。

　　　　DATEDIFF (datepart , startdate , enddate)

• datepart:指定应在日期的哪一部分计算差额的参数。

• startdate:计算的开始日期。startdate 是返回 DATETIME 或 SMALLDATETIME 类型 值或日期格式字符串的表达式。

• enddate:计算的结束日期。enddate 是返回 DATETIME 或 SMALLDATETIME 类型值或日期格式字符串的表达式。

【例10.15】　DATEDIFF()函数的使用。

　　　　DECLARE @ FirstTime DATETIME, @ SecondTime DATETIME

　　　　SET @ FirstTime = '03 - 24 - 2006 6:30pm'

　　　　SET @ SecondTime = '03 - 24 - 2006 6:33pm'

　　　　SELECT DATEDIFF(ms, @ FirstTime, @ SecondTime)

执行结果为:

180000

(3)DATENAME()

返回表示指定日期的指定日期部分的字符串。语法格式如下。

　　　　DATENAME (datepart , date)

• datepart:是指定要返回的日期部分的参数。

• date:表达式,用于返回 datetime 或 smalldatetime 类型值,或日期格式的字符串。

【例10.16】　DATENAME ()函数的使用。

　　　　DECLARE @ StatementDate DATETIME

　　　　SET @ StatementDate = '2006 - 3 - 14 3:00 PM'

　　　　SELECT DATENAME(dw,@ StatementDate)

执行结果为:

星期二

10.3.2　用户定义函数

用户定义函数(User-Defined Function,UDF)是执行计算并返回一个值(标量值或表)的一段程序。Microsoft SQL Server 2005 引入了自定义函数,可以用 Transact-SQL 编写 UDF 并应用于查询、计算列和约束。SQL Server 2005 又引入了公共语言运行库(Common Language Runtime,CLR)集成,可以使用任意.NET 语言编写 UDF 及其他程序和对象。

SQL Server 2005 支持以下三种用户定义函数。

(1)标量函数(Scalar Function)

返回一个确定类型的标量,返回类型可以是除 text、ntext、image、cursor、timestamp 和 table 外的任何数据类型。函数体用 BEGIN-END 括起来。

（2）内联表值型函数（Inline Table-valued Function）

以表的形式返回一个返回值，即返回的是一个表。不使用 BEGIN-END 括起函数体。其返回的表由一个位于 RETURN 子句中的 SELECT 命令从数据库中得到。内嵌表值函数功能相当于一个参数化的视图。

（3）多语句表值函数（Multi-statement Table-valued Function）

可以看作是标量函数和内联表值函数的结合体。返回值是一个表，但和标量函数一样有一个用 BEGIN-END 括起来的函数体，返回值表中的数据是由函数体中的语句插入的。

用户定义函数需要注意以下几点。

①UDF 可以嵌入到查询、约束和计算列中。定义 UDF 的代码不能影响函数范围之外的数据库状态，也就是说，UDF 代码不能修改表中的数据或调用会产生副作用的函数（例如，RAND）。

②UDF 的代码只能创建表变量，不能创建或访问临时表，也不允许使用动态执行。

③在 Microsoft SQL Server 2005 系统中，可以分别使用 CREATE FUNCTION、ALTER FUNCTION、DROP FUNCTION 语句来实现用户定义函数的创建、修改和删除。在创建用户定义函数时，每个完全限定用户函数名称必须唯一。

④用户定义函数不能用于执行一系列可以改变数据库状态的操作。

1. 创建用户定义函数

（1）用 Transact-SQL 命令创建用户定义函数

☞创建标量函数的 Transact-SQL 命令语法格式如下。

```
CREATE FUNCTION ［ owner_name. ］ function_name
( ［ ｛@ parameter_name［ AS ］ scalar_parameter_data_type ［ = default ］ ｝ ［ ，…，n ］
］)
RETURNS scalar_return_data_type
［ WITH ＜ function_option ＞ ［ ，…，n ］ ］
［ AS ］
BEGIN
    function_body
    RETURN ［ scalar_expression ］
END


＜ function_option ＞ :: =
    ｛ ［ ENCRYPTION ］｜［ SCHEMABINDING ］ ｝
```

各选项含义如下。

• owner_name：指定用户定义函数的所有者。

• function_name：用户定义函数的名称。函数名称必须符合有关标识符的规则，并且在数据库中以及对其架构来说是唯一的。

•@ parameter_name：用户定义函数中的参数。可声明一个或多个参数。一个函数最多可以有 1 024 个参数。执行函数时，如果未定义参数的默认值，则用户必须提供每个已声明参数的值。通过将符号@ 用作第一个字符来指定参数名称。参数名称必须符合有关标识符

222

的规则。参数是对应于函数的局部参数;其他函数中可使用相同的参数名称。参数只能代替常量,而不能用于代替表名、列名或其他数据库对象的名称。

• scalar_parameter_data_type:指定标量参数的数据类型,除了 text、ntext、image、cursor、timestamp 和 table 类型外的其他数据类型。

•[= default]:参数的默认值。如果定义了 default 值,则无需指定此参数的值即可执行函数。

• scalar_return_data_type:指定标量返回值的数据类型,除了 text、ntext、image、cursor、timestamp 和 table 类型外的其他数据类型。

• scalar_expression:指定标量型用户自定义函数返回的标量值表达式。

• function_body:指定一系列的 Transact-SQL 语句,它们决定了函数的返回值。

• encryption:加密选项,让 SQL Server 对系统表中有关 CREATE FUNCTION 的声明加密,以防止用户定义函数作为 SQL Server 复制的一部分被发布。

• schemabinding:计划绑定选项。将用户定义函数绑定到它所引用的数据库对象,则函数所涉及的数据库对象从此将不能被删除或修改,除非函数被删除或去掉此选项。应注意的是要绑定的数据库对象必须与函数在同一数据库中。

【例 10.17】 创建标量函数,根据输入的某人的年龄,返回其出生年份。

```
USE teaching
GO
CREATE FUNCTION birth_year( @age int )
RETURNS int
AS
BEGIN
RETURN( YEAR( GETDATE( ) ) – @age )
END
```

☞创建内联表值函数的 Transact-SQL 命令语法格式如下。

```
CREATE FUNCTION [ owner_name. ] function_name
( [ {@ parameter_name [ AS ] scalar_parameter_data_type [ = default ] } [ ,…,n ]
] )
RETURNS TABLE
[ WITH < function_option > [ ,…,n ] ]
[ AS ]
RETURN ( select_stmt )
```

各选项含义如下。

• TABLE:指定表值函数的返回值为表。只有常量和@local_variables 可以传递到表值函数。在内联表值函数中,TABLE 返回值是通过单个 SELECT 语句定义的。

• select_stmt:定义内联表值函数返回值的单个 SELECT 语句,确定返回的表的数据。

【例 10.18】 在 teaching 数据库中创建内联表值函数,根据输入的学生学号,返回 student 表中对应的姓名和年龄。

```
USE teaching
```

223

```
GO
CREATE FUNCTION student_info(@no char(4))
RETURNSTABLE
AS
RETURN(SELECT SNAME, AGE
        FROM student
        WHERE SNO = @no)
```

☞创建多语句表值函数的 Transact-SQL 命令语法格式如下。

```
CREATE FUNCTION [ owner_name. ] function_name
( [ ] {@parameter_name[ AS ] scalar_parameter_data_type [ = default ] } [ ,…,n ]
])
RETURNS @return_variable TABLE < table_type_definition >
[ WITH < function_option > [ ,…,n ] ]
[ AS ]
BEGIN
    function_body
RETURN
END
```

```
< table_type_definition > :: =
( { < column_definition > < column_constraint >| < table_constraint > } [ ,...,n ] )
```

各选项含义如下。

•@return_variable：一个 table 类型的变量，用于存储和累积返回的表中的数据行。

• < table_type_definition >：定义 Transact-SQL 函数的表数据类型。表声明包含列定义和列约束(或表约束)。表始终放在主文件组中。

【例 10.19】 创建多语句表值函数，根据输入的学生学号，返回该学生的选课情况。

```
USE teaching
GO
CREATE FUNCTION choice_course( @no char(4) )
RETURNS @choiceinfo TABLE (学号 char(4)，姓名 char(8)，课程号 char(4)，成
绩 smallint)
AS
BEGIN
    INSERT @choiceinfo
    SELECT student. SNO, SNAME, CNO, GRADE
    FROM student, s_c
    WHERE student. SNO = s_c. SNO AND student. SNO = @no
    RETURN
END
```

224

（2）使用图形工具创建用户定义函数

①连接到相应的 Microsoft SQL Server Database Engine 实例之后，在"对象资源管理器"中，单击服务器名称以展开服务器树。

②展开"数据库"，然后根据数据库的不同，选择用户数据库，如 teaching。

③展开"可编程性"下的"函数"，右键单击其中的"标量函数"或"表值函数"，然后选择"新建函数"。

④在右侧出现的新建查询界面中输入创建函数的 Transact-SQL 命令，单击【执行】按钮，即创建了用户定义函数。

⑤右击"标量函数"或"表值函数"，然后选择"刷新"，即可看到创建的函数。

2. 调用用户定义函数

调用用户定义函数和调用内置函数方式基本相同，

☞当调用标量值函数时，必须加上"所有者"，通常是 dbo。

例如，调用例 10.17 创建的标量函数 birth_year 如下。

    SELECT dbo. birth_year(30)

执行结果为：

1983

☞当调用表值函数时，可以只使用函数名称。

因为表值函数返回的是一个表，因此调用时，要把该函数作为表来使用。

例如，调用例 10.18 创建的内联表值函数 student_info 如下。

    SELECT * FROM student_info('S1')

执行结果如图 10.5 所示。

图 10.5　调用 student_info 函数结果

调用例 10.9 创建的多语句表值函数 choice_course 如下。

    SELECT * FROM choice_course ('S1')

执行结果如图 10.6 所示。

3. 修改用户定义函数

可以使用 Transact-SQL 命令下的 ALTER FUNCTION 命令修改用户定义函数，语法格式与 CREATE FUNCTION 相同，相当于重建。

也可以使用图形工具修改用户定义函数，过程如下。

图 10.6　调用 choice_course 函数结果

①连接到相应的 Microsoft SQL Server Database Engine 实例之后,在"对象资源管理器"中,单击服务器名称以展开服务器树。

②展开"数据库",然后根据数据库的不同,选择用户数据库,如 teaching。

③展开"可编程性"下的"函数",右键要删除的函数的名称,如 birth_year,然后选择"修改"。

④在右侧出现的查询界面中修改创建函数的 Transact-SQL 命令,单击【执行】按钮,即修改了用户定义函数。

4. 删除用户定义函数

(1)使用 Transact-SQL 命令删除

使用 Transact-SQL 命令下的 DROP FUNCTION 命令删除已创建的用户定义函数,语法格式如下。

DROP FUNCTION { [owner_name] function_name} [,…, n]

【例 10.20】　删除 teaching 数据库中的用户定义函数 birth_year。

```
USE teaching
GO
DROP FUNCTION birth_year
GO
```

(2)使用图形工具删除

也可以使用图形工具修改用户定义函数,过程如下。

①连接到相应的 Microsoft SQL Server Database Engine 实例之后,在"对象资源管理器"中,单击服务器名称以展开服务器树。

②展开"数据库",然后根据数据库的不同,选择用户数据库,如 teaching。

③展开"可编程性"下的"函数",右键要删除的函数的名称,如 birth_year,然后选择"删除"。

④在出现的"删除对象"界面中,单击【确定】按钮,即删除了用户定义函数。

10.4　流程控制语句

Transact-SQL 语言提供了称为控制流语言的特殊关键字,这些关键字用于控制 Transact-SQL 语句、语句块、用户定义函数以及存储过程的执行流。

不使用控制流语言,则各 Transact-SQL 语句按其出现的顺序分别执行。控制流语言支持基本的流控制逻辑,它允许按照给定的某种条件执行程序流和分支。

控制流语句不能跨多个批处理、用户定义函数或存储过程。

Transact-SQL 提供的控制流有:IF…ELSE 分支、CASE 多重分支、WHILE 循环结构、GOTO 语句、WAITFOR 语句和 RETURN 语句。

10.4.1 批处理

1. 批处理概念

批处理是指包含一条或多条 Transact-SQL 语句的语句组,被一次性执行。是作为一个单元发出的一个和多个 Transact-SQL 语句的集合。SQL Server 将批处理编译成一个可执行单元,称为执行计划。批中如果某处发生编译错误,整个执行计划都无法执行。

书写批处理时,GO 语句作为批处理命令的结束标志,当编译器读取到 GO 语句时,会把 GO 语句前的所有语句当作一个批处理,并将这些语句打包发送给服务器。GO 语句本身不是 Transact-SQL 语句的组成部分,只是一个表示批处理结束的前端指令。

2. 批处理使用规则

①CREATE DEFAULT、CREATE FUNCTION、CREATE PROCEDURE、CREATE RULE、CREATE SCHEMA、CREATE TRIGGER 和 CREATE VIEW 语句不能在批处理中与其他语句组合使用,在同一个批处理中只能提交一个。

②不能在删除一个对象之后,在同一批处理中再次引用这个对象。

③不能把规则和默认值绑定到表字段或者自定义字段上后,立即在同一批处理中使用它们。

④不能定义一个 CHECK 约束后,立即在同一个批处理中使用这个约束。

⑤不能修改表中一个字段名后,立即在同一个批处理中引用这个新字段。

⑥使用 SET 语句设置的某些 SET 选项不能应用于同一个批处理中的查询。

⑦若批处理中第一个语句是执行某个存储过程的 EXECUTE 语句,则 EXECUTE 关键字可以省略。若该语句不是第一个语句,则必须写上。

3. 指定批处理的方法

①应用程序作为一个执行单元发出的所有 SQL 语句构成一个批处理,并生成单个执行计划。

②存储过程或触发器内的所有语句构成一个批处理,每个存储过程或触发器都编译为一个执行计划。

③由 EXECUTE 语句执行的字符串是一个批处理,并编译为一个执行计划。

④由 sp_executesql 存储过程执行的字符串是一个批处理,并编译为一个执行计划。

若应用程序发出的批处理过程中含有 EXECUTE 语句,已执行字符串或存储过程的执行计划,将和包含 EXECUTE 语句的执行计划分开执行。

若 sp_executesql 存储过程所执行的字符串生成的执行计划也与包含 sp_executesql 调用的批处理执行计划分开执行。

若批处理中的语句激发了触发器,则触发器执行将和原始的批处理执行分开进行。

4. 批处理的结束和退出

（1）批处理结束语句

GO

作为批处理的结束标志，也就是说当编译器执行到 GO 时会把 GO 之前的所有语句当作一个批处理来执行。GO 不是 Transact-SQL 语句。

GO 命令和 Transact-SQL 语句不可在同一行，在批处理中的第一条语句后执行任何存储过程必须包含 EXECUTE 关键字。局部变量的作用域限制在一个批处理中，不可在 GO 命令后引用。

EXECUTE 命令执行标量值的用户定义函数、系统过程、用户定义存储过程或扩展存储过程。同时支持 Transact-SQL 批处理内的字符串的执行。

（2）批处理退出语句

RETURN［整型表达式］

无条件中止查询、存储过程或批处理的执行。存储过程或批处理不执行位于 RETURN 之后的语句。当存储过程使用该语句，则可用该语句指定返回给调用应用程序、批处理或过程的整数值。若 RETURN 语句未指定值，则存储过程的返回值是 0。

当用于存储过程时，RETURN 不能返回空值。

5. 脚本

脚本是存储在文件中的一系列 Transact-SQL 语句。可包含一个或多个批处理，GO 作为批处理结束语句，如果脚本中无 GO 语句，则作为单个批处理。脚本文件扩展名为. sql。

10. 4. 2　选择语句

1. IF…ELSE 语句

指定 Transact-SQL 语句的执行条件。如果满足条件，则在 IF 关键字及其条件之后执行 Transact-SQL 语句：布尔表达式返回 TRUE。可选的 ELSE 关键字引入另一个 Transact-SQL 语句，当不满足 IF 条件时就执行该语句：布尔表达式返回 FALSE。

IF…ELSE 语句语法格式如下。

```
    IF Boolean_expression
        ｛ sql_statement | statement_block ｝
    ［ ELSE
        ｛ sql_statement | statement_block ｝ ］
```

• Boolean_expression：返回 TRUE 或 FALSE 的表达式。如果布尔表达式中含有 SELECT 语句，则必须用括号将 SELECT 语句括起来。

•｛ sql_statement | statement_block ｝：任何 Transact-SQL 语句或用语句块定义的语句分组。不止包含一条语句而是一组的 Transact-SQL 语句时，为了可以一次执行一组 Transact-SQL语句，需要使用 BEGIN…END 语句将多条语句封闭起来。除非使用语句块，否则 IF 或 ELSE 条件只能影响一个 Transact-SQL 语句的性能。

IF. . . ELSE 构造可用于批处理、存储过程和即席查询。当此构造用于存储过程时，通常用于测试某个参数是否存在。

可以在其他 IF 之后或在 ELSE 下面，嵌套另一个 IF 测试，嵌套级数的限制取决于可用内存。

【例 10. 21】 查询课程中是否有 OS 课程。

```
USE teaching
GO
IFEXIST(SELECT * FROM course WHERE CNAME LIKE 'OS%')
    PRINT '数据库中有此课程'
ELSE
    PRINT '数据库中没有此课程'
```

执行结果为：

数据库中有此课程

【例 10. 22】 查询课程中是否有 OS 课程,如果有,统计选课人数。

```
USE teaching
GO
DECLARE @numsmallint
IFEXIST(SELECT * FROM course WHERE CNAME LIKE 'OS%')
    BEGIN
        SELECT @num = COUNT( * )
        FROM s_c
        WHERE CNOIN
                ( SELECT CNO FROM course WHERE CNAME LIKE 'OS%')
        PRINT '选此课程人数为:' + str( @num)
    END
ELSE
PRINT '数据库中没有此课程'
```

执行结果为：

选此课程人数为：   3

2. CASE 表达式

CASE 表达式用来计算条件列表并返回多个可能结果表达式之一。CASE 表达式有两种格式:简单 CASE 表达式和 CASE 搜索表达式。

（1）简单 CASE 表达式

将某个表达式与一组简单表达式进行比较以确定结果。语法格式如下。

```
CASE input_expression
    WHEN when_expression THEN result_expression [ ... n ]
    [ ELSE else_result_expression ]
END
```

• input_expression:计算的表达式,它可以是任意有效的表达式。

• WHENwhen_expression:要与 input_expression 进行比较的简单表达式是任意有效的表达式。input_expression 及每个 when_expression 的数据类型必须相同或必须是隐式转换的数据类型。

229

• THENresult_expression：当 input_expression ＝ when_expression 计算结果为 TRUE 时返回的表达式。result_expression 是任意有效的表达式。

• ELSE else_result_expression：比较运算的计算结果不为 TRUE 时返回的表达式。如果忽略此参数且比较运算的计算结果不为 TRUE,则 CASE 返回 NULL。else_result_expression 是任意有效的表达式。else_result_expression 及任何 result_expression 的数据类型必须相同或必须是隐式转换的数据类型。

【例 10.23】 显示每个学生选课的数量。

```
USE teaching
GO
SELECT SNO，'课程数量' =
    CASE COUNT( * )
        WHEN 1 THEN '选修了一门课'
        WHEN 2 THEN '选修了两门课'
        WHEN 3 THEN '选修了三门课'
        ELSE'选修了三门课以上'
    END
FROM s_c
GROUP BY SNO
```

执行结果如图 10.7 所示。

图 10.7 例 10.23 执行结果

(2)CASE 搜索表达式

计算一组逻辑表达式以确定结果。语法格式如下。

```
CASE
    WHEN Boolean_expression THEN result_expression [ ...n ]
    [ ELSE else_result_expression ]
END
```

其中：WHEN Boolean_expression 是计算的布尔表达式,是任意有效的布尔表达式。

【例 10.24】 使用 CASE 搜索表达式实现例 10.23。

```
USE teaching
GO
SELECT SNO，'课程数量' =
```

```
          CASE
              WHEN COUNT (＊) = 1 THEN '选修了一门课'
              WHEN COUNT (＊) = 2 THEN '选修了两门课'
              WHEN COUNT (＊) = 3 THEN '选修了三门课'
          END
      FROM s_c
      GROUP BY SNO
```

执行结果如图 10.7 所示。

3. WAITFOR 语句

WAITFOR 语句,称为延迟语句。就是暂停批处理、存储过程或事务的执行,转去执行一个指定的时间间隔或者到一个指定的时间。在达到指定时间或时间间隔之前,或者指定语句至少修改或返回一行之前,阻止执行批处理、存储过程或事务。语法格式如下。

```
WAITFOR
｜    DELAY 'time_to_pass'        /＊ 设定等待时间 ＊/
      |TIME 'time_to_execute'     /＊设定等待到某一时刻 ＊/
｜
```

• DELAY:可以继续执行批处理、存储过程或事务之前必须经过的指定时段,最长可为 24 小时。

•'time＿to＿pass':等待的时段。可以使用 datetime 数据可接受的格式之一指定 time_to_pass,也可以将其指定为局部变量。不能指定日期,因此,不允许指定 datetime 值的日期部分,只能指定时间。

• TIME:指定的运行批处理、存储过程或事务的时间。

•'time_to_execute':WAITFOR 语句完成的时间。可以使用 datetime 数据可接受的格式之一指定 time_to_execute,也可以将其指定为局部变量,不能指定日期,因此,不允许指定 datetime 值的日期部分。

执行 WAITFOR 语句时,事务正在运行,并且其他请求不能在同一事务下运行。WAITFOR不更改查询的语义。如果查询不能返回任何行,WAITFOR 将一直等待,或等到满足 TIMEOUT 条件(如果已指定)。

【例 10.25】 延迟 30 秒执行查询。

```
USE teaching
GO
WAITFOR DELAY '00:00:30'
SELECT ＊ FROM student
```

【例 10.26】 在时刻 21:20:00 执行查询。

```
USE teaching
GO
WAITFOR TIME '21:20:00'
SELECT ＊ FROM student
```

4. GOTO 语句

GOTO 语句将执行语句无条件跳转到标签处,并从标签位置继续处理。GOTO 语句和标签可在过程、批处理或语句块中的任何位置使用。语法格式如下。

  GOTO label

其中:label 为 GOTO 语句处理的起点。标签必须符合标识符规则。无论是否使用 GOTO 语句,标签均可作为注释方法使用。

5. RETURN 语句

从查询或过程中无条件退出。RETURN 的执行是即时且完全的,可在任何时候用于从过程、批处理或语句块中退出。RETURN 之后的语句是不执行的。语法格式如下。

  RETURN ［ integer_expression ］

其中:integer_expression 是返回的整数值。存储过程可向执行调用的过程或应用程序返回一个整数值。

除非另外说明,否则所有系统存储过程都将返回一个 0 值。此值表示成功,非 0 值表示失败。如果用于存储过程,RETURN 不能返回 NULL 值。

10.4.3　循环语句

设置重复执行 Transact-SQL 语句或语句块的条件。只要指定的条件为真,就重复执行语句。可以使用 BREAK 和 CONTINUE 关键字在循环内部控制 WHILE 循环中语句的执行。

WHILE 循环语句语法格式如下。

  WHILE Boolean_expression

    ｛ sql_statement｜statement_block ｝

    ［ BREAK ］

    ｛ sql_statement｜statement_block ｝

    ［ CONTINUE ］

    ｛ sql_statement｜statement_block ｝

各选项含义如下。

• Boolean_expression:返回 TRUE 或 FALSE 的表达式。如果布尔表达式中含有 SELECT 语句,则必须用括号将 SELECT 语句括起来。

•｛sql_statement｜statement_block｝:Transact-SQL 语句或用语句块定义的语句分组。若要定义语句块,需使用 BEGIN 和 END 括起来。

• BREAK:导致从最内层的 WHILE 循环中退出。将执行出现在 END 关键字(循环结束的标记)后面的任何语句。

• CONTINUE:使 WHILE 循环重新开始执行,忽略 CONTINUE 关键字后面的任何语句。

如果嵌套了两个或多个 WHILE 循环,则内层的 BREAK 将退出到下一个外层循环。将首先运行内层循环结束之后的所有语句,然后重新开始下一个外层循环。

【例 10. 27】　WHILE 循环程序。

  DECLARE @x int

  SET @x = 0

  WHILE @x < 3

```
        BEGIN
            SET @x = @x + 1
            PRINT 'x = ' + STR(@x,1)
        END
```

执行结果为：

x = 1

x = 2

x = 3

10.5 游标

10.5.1 游标概念

关系数据库中的操作会对整个行集起作用。由 SELECT 语句返回的行集包括满足该语句的 WHERE 子句中条件的所有行。这种由语句返回的完整行集称为结果集。应用程序，特别是交互式联机应用程序，并不总能将整个结果集作为一个单元来有效地处理。这些应用程序需要一种机制以便每次处理一行或一部分行。游标就是提供这种机制的对结果集的一种扩展。

游标（cursor）是一种数据访问机制，它允许用户单独地访问数据行，而不是对整个行集进行操作。Transact-SQL 游标类似于 C 语言指针。

在 SQL Server 2005 中，游标主要包括以下两个部分：

①游标结果集，它由定义游标的 SELECT 语句返回的行的集合；

②游标位置，即指向这个结果集中的某一行的指针。

在 SQL Server 2005 中游标具有以下特点。

☞游标返回一个完整的结果集，但允许程序设计语言只调用集合中的一行。

☞允许定位在结果集中的特定行。

☞从结果集的当前位置检索一行或多行

☞支持对结果集中在当前位置的行进行数据修改。

☞可以为其他用户对显示在结果集中的数据库数据所作的更改提供不同级别的可见性支持。

☞提供脚本、存储过程和触发器中使用的访问结果集中数据的 Transact-SQL 语句。

10.5.2 操作游标

Transact-SQL 游标主要用于存储过程、触发器和 Transact-SQL 脚本中，它们使结果集的内容可用于其他 Transact-SQL 语句。

在存储过程或触发器中使用 Transact-SQL 游标的典型过程如下。

①声明 Transact-SQL 变量包含游标返回的数据。为每个结果集中的列声明一个变量。声明足够大的变量来保存列返回的值，并声明变量的类型为可从列数据类型隐式转换得到的数据类型。

②使用 DECLARE CURSOR 语句将 Transact-SQL 游标与 SELECT 语句相关联。另外，

DECLARE CURSOR 语句还定义游标的特性,例如游标名称以及游标是只读还是只进。

③使用 OPEN 语句执行 SELECT 语句并填充游标。

④使用 FETCH INTO 语句提取单个行,并将每列中的数据移至指定的变量中。然后,其他 Transact-SQL 语句可以引用那些变量来访问提取的数据值。Transact-SQL 游标不支持提取行块。

⑤使用 CLOSE 语句结束游标的使用。关闭游标可以释放某些资源,例如游标结果集及其对当前行的锁定,但如果重新发出一个 OPEN 语句,则该游标结构仍可用于处理。由于游标仍然存在,此时还不能重新使用该游标的名称。DEALLOCATE 语句则完全释放分配给游标的资源,包括游标名称。释放游标后,必须使用 DECLARE 语句来重新生成游标。

1. 声明游标

声明游标的主要内容包括游标名字、数据来源表和列、选取条件,以及属性仅读或可修改。可以使用 DECLARE CURSOR 命令声明游标,DECLARE CURSOR 接受基于 SQL – 92 标准的语法和使用一组 Transact-SQL 扩展插件的语法,语法格式如下。

(1)SQL 92 标准语法格式

```
DECLARE cursor_name ［ INSENSITIVE ］［ SCROLL ］CURSOR
        FOR select_statement
        ［ FOR ｛ READ ONLY|UPDATE ［ OF column_name ［ ,…,n ］ ］ ｝ ］
  ［;］
```

各选项含义如下。

• cursor_name:所定义的 Transact-SQL 服务器游标的名称。cursor_name 必须符合标识符规则。

• INSENSITIVE:定义一个游标,以创建将由该游标使用的数据的临时复本。对游标的所有请求都从 tempdb 中的这一临时表中得到应答。因此,在对该游标进行提取操作时返回的数据中不反映对基表所做的修改,并且该游标不允许修改。使用 SQL – 92 语法时,如果省略 INSENSITIVE,则已提交的(任何用户)对基础表的删除和更新都反映在后面的提取中。

• SCROLL:指定所有的提取选项(FIRST、LAST、PRIOR、NEXT、RELATIVE、ABSOLUTE,如表 10.5 所示)均可用。如果未在 SQL – 92 DECLARE CURSOR 中指定 SCROLL,则 NEXT 是唯一支持的提取选项。如果也指定了 FAST_FORWARD,则不能指定 SCROLL。

表 10.5　SCROLL 选项

选项	含义
FIRST	提取游标中的第一行数据
LAST	提取游标中的最后一行数据
PRIOR	提取游标当前位置的上一行数据
NEXT	提取游标当前位置的下一行数据
RELATIVE n	提取游标当前位置之前或之后的第 n 行(n 为正表示向后,n 为负表示向前)
ABSOLUTE n	提取游标中的第 n 行数据

234

• select_statement：定义游标结果集的标准 SELECT 语句。在游标声明的 select_statement 内不允许使用关键字 COMPUTE、COMPUTE BY、FOR BROWSE 和 INTO。

• READ ONLY：禁止通过该游标进行更新。在 UPDATE 或 DELETE 语句的 WHERE CURRENT OF 子句中不能引用游标。该选项优于要更新的游标的默认功能。

• UPDATE［OF column_name［,...,n］］：定义游标中可更新的列。如果指定了 OF column_name［,...,n］,则只允许修改列出的列。如果指定了 UPDATE,但未指定列的列表,则可以更新所有列。

（2）Transact-SQL 扩展插件语法格式

```
DECLARE cursor_name CURSOR [ LOCAL|GLOBAL ]
        [ FORWARD_ONLY|SCROLL ]
        [ STATIC | KEYSET|DYNAMIC|FAST_FORWARD ]
        [ READ_ONLY|SCROLL_LOCKS|OPTIMISTIC ]
        [ TYPE_WARNING ]
        FOR select_statement
        [ FOR UPDATE [ OF column_name [ ,...,n ] ] ]
    [;]
```

各选项含义如下。

• LOCAL：指定对于在其中创建的批处理、存储过程或触发器来说,该游标的作用域是局部的。该游标名称仅在这个作用域内有效。在批处理、存储过程、触发器或存储过程 OUTPUT 参数中,该游标可由局部游标变量引用。OUTPUT 参数用于将局部游标传递回调用批处理、存储过程或触发器,它们可在存储过程终止后给游标变量分配参数使其引用游标。除非 OUTPUT 参数将游标传递回来,否则游标将在批处理、存储过程或触发器终止时隐式释放。如果 OUTPUT 参数将游标传递回来,则游标在最后引用它的变量释放或离开作用域时释放。

• GLOBAL：指定该游标的作用域对连接来说是全局的。在由连接执行的任何存储过程或批处理中,都可以引用该游标名称。该游标仅在断开连接时隐式释放。

• FORWARD_ONLY：指定游标只能从第一行滚动到最后一行。FETCH NEXT 是唯一支持的提取选项。如果在指定 FORWARD_ONLY 时不指定 STATIC、KEYSET 和 DYNAMIC 关键字,则游标作为 DYNAMIC 游标进行操作。如果 FORWARD_ONLY 和 SCROLL 均未指定,则除非指定 STATIC、KEYSET 或 DYNAMIC 关键字,否则默认为 FORWARD _ ONLY。STATIC、KEYSET 和 DYNAMIC 游标默认为 SCROLL。

• STATIC：定义一个游标,以创建将由该游标使用的数据的临时复本。对游标的所有请求都从 tempdb 中的这一临时表中得到应答；因此,在对该游标进行提取操作时返回的数据中不反映对基表所做的修改,并且该游标不允许修改。

• KEYSET：指定当游标打开时,游标中行的成员身份和顺序已经固定。对行进行唯一标识的键集内置在 tempdb 内一个称为 keyset 的表中。

• DYNAMIC：定义一个游标,以反映在滚动游标时对结果集内的各行所做的所有数据更改。行的数据值、顺序和成员身份在每次提取时都会更改。动态游标不支持 ABSOLUTE 提取选项。

- FAST_FORWARD:指定启用了性能优化的 FORWARD_ONLY、READ_ONLY 游标。如果指定了 SCROLL 或 FOR_UPDATE,则不能也指定 FAST_FORWARD。

- SCROLL_LOCKS:指定通过游标进行的定位更新或删除保证会成功。将行读取到游标中以确保它们对随后的修改可用时,Microsoft SQL Server 将锁定这些行。如果还指定了 FAST_FORWARD 或 STATIC,则不能指定 SCROLL_LOCKS。

- OPTIMISTIC:指定如果行自从被读入游标以来已得到更新,则通过游标进行的定位更新或定位删除不会成功。当将行读入游标时 SQL Server 不会锁定行。相反,SQL Server 使用 timestamp 列值的比较,或者如果表没有 timestamp 列,则使用校验和值,以确定将行读入游标后是否已修改该行。如果已修改该行,则尝试进行的定位更新或删除将失败。如果还指定了 FAST_FORWARD,则不能指定 OPTIMISTIC。

- TYPE_WARNING:指定如果游标从所请求的类型隐式转换为另一种类型,则向客户端发送警告消息。

【例 10.28】 使用 SQL-92 标准声明一个用于访问 teaching 数据库中 student 表信息的游标。

```
USE teaching
GO
DECLARE student_cursor CURSOR
    FOR
        SELECT * FROM student
        FOR READ ONLY
```

2. 打开游标

在使用游标之前,必须打开游标,可以使用 OPEN 命令打开游标,语法格式如下。

```
OPEN｛｛[ GLOBAL ] cursor_name｝|cursor_variable_name｝
```

各选项含义如下。

- GLOBAL:指定 cursor_name 是指全局游标。

- cursor_name:已声明的游标的名称。如果全局游标和局部游标都使用 cursor_name 作为其名称,那么如果指定了 GLOBAL,则 cursor_name 指的是全局游标;否则 cursor_name 指的是局部游标。

- cursor_variable_name:游标变量的名称,该变量引用一个游标。

在打开游标时,如果游标声明语句中使用了 INSENSITIVE 保留字,则 OPEN 产生一个临时表来存放结果集。如果在结果集中任何一行数据的大小超过 SQL Server 定义的最大行尺寸时,OPEN 命令将失败。

INSENSITIVE 表明 SQL Server 会将游标定义所选取出来的数据记录存放在一临时表内(建立在 tempdb 数据库下),对该游标的操作皆由临时表来应答。因此,对基本表的修改并不影响游标提取数据,即游标不会随着基本表内容的改变而改变,同时也不会通过游标来更新基本表。如果不使用该保留字,那么对基本表的更新、删除都会反映到游标中。

打开了游标,则可用@@cursor_rows 全局变量来检索游标中的行数。

例如,打开例 10.28 所声明的游标

```
OPEN student_cursor
```

3. 读取游标

当游标被成功打开以后就可以从游标中逐行地读取数据以进行相关处理。从游标中读取数据可以使用 FETCH 命令,其语法格式如下。

```
FETCH
    [ [ NEXT | PRIOR|FIRST | LAST
        | ABSOLUTE { n|@nvar }
        | RELATIVE { n|@nvar } ]
    FROM
    ]
    { { [ GLOBAL ] cursor_name }|@cursor_variable_name }
    [ INTO @variable_name [ ,...,n ] ]
```

各选项含义如下。

• NEXT:紧跟当前行返回结果行,并且当前行递增为返回行。如果 FETCH NEXT 为对游标的第一次提取操作,则返回结果集中的第一行。NEXT 为默认的游标提取选项。

• PRIOR:返回紧邻当前行前面的结果行,并且当前行递减为返回行。如果 FETCH PRIOR 为对游标的第一次提取操作,则没有行返回并且游标置于第一行之前。

• FIRST:返回游标中的第一行并将其作为当前行。

• LAST:返回游标中的最后一行并将其作为当前行。

• ABSOLUTE { n | @nvar }:如果 n 或@nvar 为正数,则返回从游标头开始的第 n 行,并将返回行变成新的当前行。如果 n 或@nvar 为负数,则返回从游标末尾开始的第 n 行,并将返回行变成新的当前行。如果 n 或@nvar 为 0,则不返回行。n 必须是整数常量,并且 @nvar 的数据类型必须为 smallint、tinyint 或 int。

• RELATIVE { n | @nvar }:如果 n 或@nvar 为正数,则返回从当前行开始的第 n 行,并将返回行变成新的当前行。如果 n 或@nvar 为负数,则返回当前行之前第 n 行,并将返回行变成新的当前行。如果 n 或@nvar 为 0,则返回当前行。在对游标完成第一次提取时,如果在将 n 或@nvar 设置为负数或 0 的情况下指定 FETCH RELATIVE,则不返回行。n 必须是整数常量,@nvar 的数据类型必须为 smallint、tinyint 或 int。

• GLOBAL:指定 cursor_name 是指全局游标。

• cursor_name:要从中进行提取的打开的游标的名称。如果同时具有以 cursor_name 作为名称的全局和局部游标存在,如果指定为 GLOBAL,则 cursor_name 是指全局游标,如果未指定 GLOBAL,则指局部游标。

•@ cursor_variable_name:游标变量名,引用要从中进行提取操作的打开的游标。

• INTO @ variable_name[,...,n]:允许将提取操作的列数据放到局部变量中。列表中的各个变量从左到右与游标结果集中的相应列相关联。各变量的数据类型必须与相应的结果集列的数据类型匹配,或变量的数据典型必须是结果集列数据类型所支持的隐式转换。变量的数目必须与游标选择列表中的列数一致。

4. 检查游标状态

@@fetch_status 为全局变量,返回上次执行 FETCH 命令的状态,在每次用 FETCH 从游标中读取数据时,都应检查该变量以确定上次 FETCH 操作是否成功,来决定如何进行下一步处理。@@fetch_status 变量有三个不同返回值。

☞ 0：表示成功取出了一行。

☞ -1：表示未取到数据。游标位置超出结果集。

☞ -2：表示返回的行已经不再是结果集的一个成员，这种情况只有在游标不是 INSENSITIVE 的情况下出现，即其他进程已删除了行或改变了游标打开的关键值。

【例 10.29】 读取例 10.28 创建的游标中的数据。

```
USE teaching
GO
OPEN student_cursor
FETCH NEXT FROM student_cursor
WHILE @@fetch_status = 0
BEGIN
    FETCH NEXT FROM student_cursor
END
```

执行结果如图 10.8 所示。

图 10.8 例 10.29 执行结果

5.编辑当前游标行

通常，用游标来从基础表中检索数据，以实现对数据行的处理。在某些情况下，需要修改游标中的数据，即进行定位更新或删除游标所包含的数据，所以必须执行另外的更新或删除命令，并在 WHERE 子句中重新给定条件才能修改到该行数据。但是如果在声明游标时使用了 FOR UPDATE 语句，就可以在 UPDATE 或 DELETE 命令中以 WHERE CURRENT OF 关键字直接修改或删除当前游标中所存储的数据，而不必使用 WHERE 子句重新给出指定条件。当改变游标中数据时，这种变化会自动地影响到游标的基础表。但是如果在声明游标时选择了 INSENSITIVE 选项，该游标中的数据不能被修改。

可以使用 UPDATE 或 DELETE 命令进行定位修改或删除游标中的数据，语法格式如下。

238

（1）更新

```
UPDATE table_name
SET column_name = {expression1|DEFAULT|NULL} [,...,n]
WHERE CURRENT OF { { [ GLOBAL ] cursor_name }
                        |cursor_variable_name }
```

（2）删除

```
DELETE FROM table_name
WHERE CURRENT OF { { [ GLOBAL ] cursor_name }
                        |cursor_variable_name }
```

为了修改或删除游标中的数据,在声明游标时应使用 FOR UPDATE 选项。

【例 10.30】　使用游标修改 teaching 数据库中 course 表中的课程名和学分数据。

```
USE teaching
GO
SELECT * FROM course
DECLARE course_cursor CURSOR
    FOR
        SELECT * FROM course
        FOR UPDATE OF CNAME, CREDIT
OPEN course_coursor
FETCH NEXT FROM course_cursor
UPDATE course
SET CNAME = 'DW', CREDIT = 4
WHERE CURRENT OF course_cursor
SELECT * FROM course
```

也可以使用以下命令删除游标读入的一行数据。

```
DELETE FROM course
WHERE CURRENT OF course_cursor
```

以上的更新或删除操作总是在游标的当前位置。

6. 释放游标

（1）关闭游标

在处理完游标中的数据后,关闭游标来释放数据结果集和定位于数据记录上的锁,
CLOSE 语句关闭游标但不释放游标占用的数据结构。如果准备在随后的使用中再次打开
游标,可以使用 OPEN 命令。CLOSE 命令语法格式如下。

```
CLOSE { { [ GLOBAL ] cursor_name }|cursor_variable_name }
```

（2）释放游标

在针对游标的操作或者引用游标或者引用指向游标的游标变量时,CLOSE 命令关闭游
标并没有释放游标占用的数据结构,因此常使用 DEALLOCATE 命令删除游标与游标名或游
标变量之间的联系,并且释放游标占用的所有系统资源,命令格式如下。

```
DEALLOCATE { { [ GLOBAL ] cursor_name }|@cursor_variable_name }
```

第 11 章　存储过程与触发器

本章主要介绍 SQL Server 2005 中存储过程的概念、类型、常用系统存储过程以及如何创建存储过程；另外介绍触发器的类型及其创建和使用。

11.1　存储过程

存储过程是由 Transact-SQL 命令编写的过程，这个过程经编译和优化后存储在数据库服务器中，使用时只要调用即可。

11.1.1　存储过程的功能及优势

Microsoft SQL Server 中的存储过程与其他编程语言中的过程类似，可以实现以下功能。

☞接受输入参数并以输出参数的格式向调用过程或批处理返回多个值。

☞包含用于在数据库中执行操作(包括调用其他过程)的编程语句。

☞向调用过程或批处理返回状态值，以指明成功或失败(以及失败的原因)。

可以使用 Transact-SQL 语言的 EXECUTE 命令运行存储过程。存储过程与函数不同，存储过程没有返回值，也不能直接在表达式中使用。

在 SQL Server 中使用存储过程而不使用存储在客户端计算机本地的 Transact-SQL 程序有以下优势。

☞存储过程已在服务器注册。

☞存储过程具有安全特性(例如权限)和所有权链接，且具有可以附加到存储过程的证书。用户可以被授予权限来执行存储过程而不必直接对存储过程中引用的对象具有权限。

☞存储过程可以加强应用程序的安全性。参数化存储过程有助于保护应用程序不受 SQL Injection 攻击。

☞存储过程允许模块化程序设计。存储过程一旦创建，以后即可在程序中调用任意多次。这样可以改进应用程序的可维护性，并允许应用程序统一访问数据库。

☞存储过程可以减少网络通信流量。一个需要数百行 Transact-SQL 代码的操作可以通过一条执行过程代码的语句来执行，而不需要在网络中发送数百行代码。

11.1.2　存储过程类型

Microsoft SQL Server 2005 中有多种可用的存储过程。

1. 用户定义的存储过程

用户定义的存储过程是指封装了可重用代码的模块或例程。存储过程可以接受输入参数、向客户端返回表格或标量结果和消息、调用数据定义语言(DDL)和数据操作语言(DML)的命令，然后返回输出参数。在 SQL Server 2005 中，用户定义的存储过程有 Transact-SQL 或 CLR 两种类型。

（1）Transact-SQL 存储过程

Transact-SQL 存储过程是指保存的 Transact-SQL 语句集合,可以接受和返回用户提供的参数。存储过程中可能包含根据客户端应用程序提供的信息在一个或多个表中插入新行所需的语句。存储过程也可能从数据库向客户端应用程序返回数据。例如,电子商务 Web 应用程序可以使用存储过程实现根据联机用户指定的搜索条件返回有关特定产品的信息。

（2）CLR 存储过程

CLR 存储过程是指对 Microsoft . NET Framework 公共语言运行时 CLR 方法的引用,可以接受和返回用户提供的参数。它们在. NET Framework 程序集中是作为类的公共静态方法实现的。

2. 扩展存储过程

扩展存储过程是指 Microsoft SQL Server 的实例可以动态加载和运行的 DLL,允许使用编程语言(例如 C 语言)创建自己的外部例程。扩展存储过程直接在 SQL Server 的实例的地址空间中运行,可以使用 SQL Server 扩展存储过程 API 完成编程。

3. 系统存储过程

SQL Server 2005 中的许多管理活动都是通过一种特殊的存储过程执行的,这种存储过程称为系统存储过程。系统存储过程存储在源数据库中,并且带有 sp_前缀。

SQL Server 支持在 SQL Server 和外部程序之间提供一个接口,以实现各种维护活动的系统存储过程。这些扩展存储程序使用 xp_前缀。

11. 1. 3 常用系统存储过程

下面介绍几种常用的系统存储过程。

1. sp_help

报告有关数据库对象(sys. sysobjects 兼容视图中列出的所有对象)、用户定义数据类型或 SQL Server 2005 提供的数据类型的信息。

语法格式:sp_help [[@objname =] ′name′]

sp_help 过程仅在当前数据库中查找对象。

[@objname =] ′name′:sysobjects 类型或 systypes 表中任何用户定义数据类型的某个对象的名称。其数据类型为 nvarchar(776),默认值为 NULL。

返回代码值为 0(成功)或 1(失败)。

返回的结果集取决于 name 是否已指定、何时指定以及属于何种数据库对象。

该系统存储过程的使用权限为具有 public 角色的成员身份。

•如果执行不带参数的 sp_help,则返回当前数据库中现有的所有类型对象的汇总信息,即 Name(对象名称)、所有者(对象所有者)及 Object_type(对象类型)。

【例 11. 1】 返回有关所有对象的信息。此例将列出有关 teaching 数据库中每个对象的信息。

```
USE teaching
GO
EXEC sp_help
GO
```

•如果 name 是 SQL Server 数据类型或用户定义数据类型，则 sp_help 将返回结果集包括 Type_name（数据类型名称）、Storage_type（SQL Server 类型名称）、长度（数据类型的物理长度（以字节为单位））、Prec（精度（数字总位数））、小数位数（小数点右边的数字位数）、Nullable（指示是否允许 NULL 值："是"或"否"）、Default_name（绑定到此类型的默认值的名称）、Rule_name（绑定到此类型的规则的名称）、排序规则（数据类型的排序规则）。

【例 11.2】 返回数据类型信息。此例将列出有关 teaching 数据库中 smallint 数据类型的信息。

```
USE teaching
GO
EXEC sp_help smallint
GO
```

•如果 name 是数据库对象而不是数据类型，则 sp_help 将根据指定的数据库对象的类型返回结果集，同时还包括 Name（表名）、所有者（表所有者）、Type（表类型）及 Created_datetime（表的创建日期）。根据指定的数据库对象，sp_help 将返回其他结果集。

•如果 name 是系统表、用户表或视图，则 sp_help 将返回以下几种结果集，包括列对象结果集、针对标识列的结果集、针对各列的结果集、针对文件组的结果集、针对索引的结果集、针对约束的结果集、针对执行引用对象的结果集以及针对存储过程、函数或扩展存储过程的结果集。但是，不会为视图返回说明数据文件在文件组中位置的结果集。

【例 11.3】 返回有关单个对象的信息。此例将显示有关 student 表的信息。

```
USE teaching
GO
EXEC sp_help 'student'
GO
```

执行结果如图 11.1 所示。

图 11.1　teaching 数据库中 student 表的信息

2. sp_helpdb

报告有关指定数据库或所有数据库的信息。语法格式如下。

sp_helpdb [[@dbname =] 'name']

[@dbname =] 'name'：要报告其信息的数据库的名称。name 的数据类型为 sysname，没有默认值。如果未指定 name，则 sp_helpdb 将报告 sys. databases 目录视图中所有数据库的信息。

返回代码值为 0(成功)或 1(失败)。

sp_helpdb 存储过程结果集如表 11.1 所示。

表 11.1　sp_helpdb 存储过程结果集

列名	数据类型	说明
name	sysname	数据库名称
db_size	nvarchar(13)	数据库总计大小
owner	sysname	数据库所有者，例如 sa
dbid	smallint	数据库 ID
created	nvarchar(11)	数据库创建的日期
status	nvarchar(600)	以逗号分隔的值列表，这些值是当前在数据库上设置的数据库选项的值 只有启用布尔值选项时，才将这些选项列出。非布尔选项及其对应值以 option_name = value 的形式列出
compatibility_level	tinyint	数据库兼容级别：60、65、70、80 或 90

结果集中的 status 列报告数据库中已设置为 ON 的选项，并非所有的数据库选项都由 status 列报告。若要查看当前数据库选项设置的完整列表，可以使用 sys. databases 目录视图。

如果指定 name，便会显示指定数据库的文件分配的结果集。

该系统存储过程使用权限为：当指定单个数据库时，需要具有数据库中的 public 角色成员身份。当没有指定数据库时，需要具有 master 数据库中的 public 角色成员身份。

如果无法访问数据库，那么 sp_helpdb 将显示相应的错误消息。

【例 11.4】　返回有关单个数据库的信息。此例显示有关 teaching 数据库的信息。

    EXEC sp_helpdb ' teaching '
    GO

【例 11.5】　返回有关数据库的信息。此例显示运行在 SQL Server 服务器上所有数据库的信息。

    EXEC sp_helpdb
    GO

3. sp_helpfile

返回与当前数据库关联的文件的物理名称及属性。使用此存储过程可以确定附加到服务器或从服务器分离的文件名。语法格式如下。

    sp_helpfile [[@filename =] 'name']

[@filename =] 'name'：是当前数据库中任意文件的逻辑名称。name 的数据类型为

sysname，默认值为 NULL。如果未指定 name，则返回当前数据库中所有文件的属性。

返回代码值为 0（成功）或 1（失败）。

该系统存储过程使用权限为：要求具有 public 角色的成员身份。

【例 11.6】 返回有关 teaching 中的文件的信息。

```
USE teaching
GO
EXEC sp_helpfile
GO
```

4. sp_rename

在当前数据库中更改用户创建对象的名称。此对象可以是表、索引、列、别名数据类型或 Microsoft .NET Framework 公共语言运行时（CLR）用户定义类型。语法格式如下。

```
sp_rename [ @objname = ] 'object_name' , [ @newname = ] 'new_name'
[ , [ @objtype = ] 'object_type' ]
```

只能更改当前数据库中的对象名称或数据类型名称。大多数系统数据类型和系统对象名称都不能更改。

每当重命名 PRIMARY KEY 或 UNIQUE 约束时，sp_rename 都会自动重命名关联的索引。如果重命名的索引与 PRIMARY KEY 约束关联，则 sp_rename 也会自动重命名该 PRIMARY KEY 约束。

更改对象名的任一部分都可能破坏脚本和存储过程。建议不要使用此语句来重命名存储过程、触发器、用户定义函数或视图，而是删除该对象，然后使用新名称重新创建该对象。

重命名诸如表或列等对象将不会自动重命名对该对象的引用。必须手动修改引用已重命名对象的任何对象。例如，如果重命名表列，并且触发器中引用了该列，则手动必须修改触发器以反映新的列名。

• [@objname =] 'object_name'：用户对象或数据类型的当前限定或非限定的名称。如果要重命名的对象是表中的列，则 object_name 的格式必须是 table.column。如果要重命名的对象是索引，则 object_name 的格式必须是 table.index。

只有在指定了合法的对象时才使用引号。如果提供了完全限定名称，包括数据库名称，则该数据库名称必须是当前数据库的名称。object_name 的数据类型为 nvarchar(776)，无默认值。

• [@newname =] 'new_name'：指定对象的新名称。new_name 必须是名称的一部分，并且必须遵循标识符的规则。new_name 的数据类型为 sysname，无默认值。

注意：触发器名称不能以 # 或 ## 开头。

• [@objtype =] 'object_type'：指定要重命名的对象类型。object_type 的数据类型为 varchar(13)，默认值为 NULL。

返回代码值为 0（成功）或非零数字（失败）。

该系统存储过程的使用权限为：若要重命名对象、列或索引，则需要对该对象具有 ALTER 权限。若要重命名用户类型，则需要对该类型具有 CONTROL 权限。若要重命名数据库，需要具备 sysadmin 或 dbcreator 固定服务器角色的成员身份。

【例 11.7】 重命名表。此例将 student 表重命名为 stu。

```
USE teaching
GO
EXEC sp_rename 'student', 'stu'
GO
```

【例 11.8】 重命名列。此例将 student 表中的 SNO 重命名为 SID。

```
USE teaching
GO
EXEC sp_rename 'student. SNO', 'SID', 'COLUMN'
GO
```

【例 11.9】 重命名索引。此例将 PK_student 索引重命名为 PK_stu。

```
USE teaching
GO
EXEC sp_rename 'student. PK_student', 'PK_stu', 'INDEX'
GO
```

5. sp_renamedb

更改数据库的名称,其语法格式如下。

```
sp_renamedb [ @dbname = ] 'old_name' , [ @newname = ] 'new_name'
```

•[@dbname =] 'old_name':数据库的当前名称。old_name 的数据类型为 sysname,无默认值。

•[@newname =] 'new_name':数据库的新名称。new_name 必须遵循有关标识符的规则。new_name 的数据类型为 sysname,无默认值。

返回代码值为 0(成功)或非零数字(失败)。

该系统存储过程的使用权限为:要求具有 sysadmin 或 dbcreator 固定服务器角色的成员资格。

【例 11.10】 先创建 Accounting 数据库,然后将该数据库的名称更改为 Financial,再查询 sys. databases 目录视图,以确认数据库的新名称。

```
USE master
GO
CREATE DATABASE Accounting
GO
EXEC sp_renamedb N'Accounting', N'Financial'
GO
SELECT name, database_id, modified_date
FROM sys. databases
WHERE name = N'Financial'
GO
```

6. sp_databases

列出驻留在 SQL Server 2005 Database Engine 实例中的数据库或可以通过数据库网关访问的数据库。语法格式如下。

sp_databases

所返回的数据库名称可以作为 USE 语句的参数,用来更改当前数据库上下文。

返回代码值为无。

该系统存储过程的使用权限为:需要具有对架构的 SELECT 权限。

【例 11. 11】 显示如何执行 sp_databases。

```
EXEC sp_databases
GO
```

7. sp_tables

返回可在当前环境中查询的对象列表。这些对象是可以在 FROM 子句中出现的任何对象。语法格式如下。

```
sp_tables [ [ @table_name = ] ′name′ ]
[ , [ @table_owner = ] ′owner′ ]
[ , [ @table_qualifier = ] ′qualifier′ ]
[ , [ @table_type = ] ′″type′″ ]
[ , [ @fUsePattern = ] ′fUsePattern′ ]
```

•[@ table _ name =] ′ name′:用来返回目录信息的表。name 的数据类型为 nvarchar(384),默认值为 NULL。支持通配符模式匹配。

•[@table_owner =] ′owner′:用于返回目录信息的表的所有者。owner 的数据类型为 nvarchar(384),默认值为 NULL。支持通配符模式匹配。如果未指定所有者,则遵循基础 DBMS 的默认表可见性规则。

在 SQL Server 中,如果当前用户拥有一个具有指定名称的表,则返回该表的列。如果未指定所有者,且当前用户未拥有指定名称的表,则该过程查找由数据库所有者拥有的具有指定名称的表。如果有,则返回该表的列。

•[@table_qualifier =] ′qualifier′:表限定符的名称。qualifier 的数据类型为 sysname,默认值为 NULL。在 SQL Server 中,此列表示数据库名称。

•[, [@table_type =] ′″type′″]:由逗号分隔的值列表,该列表提供有关所有指定的表的类型信息。这些类型包括 TABLE、SYSTEMTABLE 和 VIEW。type 的数据类型为 varchar(100),默认值为 NULL。

每个表类型都必须用单引号括起来,整个参数必须用双引号括起来。表类型必须大写。如果 SET QUOTED_IDENTIFIER 为 ON,则每个单引号必须换成双引号,整个参数必须用单引号括起来。

•[@ fUsePattern =] ′fUsePattern′:确定下线(_)、百分号(%)和方括号([或])是否解释为通配符。有效值为 0(模式匹配为关闭状态)和 1(模式匹配为打开状态)。fUsePattern 的数据类型为 bit,默认值为 1。

返回代码值为无。

该系统存储过程的使用权限为:需要具有对架构的 SELECT 权限。

【例 11. 12】 返回可在 master 数据库中查询的对象列表。

```
USE master
EXEC sp_tables
GO
```

【例 11.13】 返回有关 teaching 中的表的信息。此例返回有关 teaching 数据库中的 dbo 所拥有的表的信息。

```
USE teaching
GO
EXEC sp_tables
    @table_name = '%',
    @table_owner = 'dbo',
    @table_qualifier = 'teaching'
GO
```

8. sp_columns

返回当前环境中可查询的指定表或视图的列信息。语法格式如下。

```
sp_columns [ @table_name = ] object [ , [ @table_owner = ] owner ]
```

• [@table_name =] object:用于返回目录信息的表或视图的名称。object 的数据类型为 nvarchar(384),没有默认值。支持通配符模式匹配。

• [@table_owner =] owner:用于返回目录信息的表或视图的对象所有者。owner 的数据类型为 nvarchar(384),默认值是 NULL。支持通配符模式匹配。如果未指定 owner,则应用基础 DBMS 的默认表或视图可见性规则。

返回代码值为无。

该系统存储过程的使用权限为:需要具有对架构的 SELECT 权限。

【例 11.14】 返回指定表 course 的列信息。

```
USE teaching
GO
EXEC sp_columns @table_name = 'course',
    @table_owner = 'dbo'
```

11.1.4 设计存储过程

几乎所有可以写成批处理的 Transact-SQL 代码都可以用来创建存储过程。

1. 存储过程的设计规则

存储过程的设计规则包括以下内容。

☞CREATE PROCEDURE 定义自身可以包括任意数量和类型的 Transact-SQL 语句,但表 11.2 所示的语句除外。不能在存储过程的任何位置使用这些语句。

表 11.2 不能在存储过程中使用的语句

CREATE AGGREGATE	CREATE RULE
CREATE DEFAULT	CREATE SCHEMA
CREATE 或 ALTER FUNCTION	CREATE 或 ALTER TRIGGER
CREATE 或 ALTER PROCEDURE	CREATE 或 ALTER VIEW
USE database_name	

☞其他数据库对象均可在存储过程中创建。可以引用在同一存储过程中创建的对象,只要引用时已经创建了该对象即可。

☞可以在存储过程内引用临时表。

☞如果在存储过程内创建本地临时表,则临时表仅为该存储过程而存在;退出该存储过程后,临时表将消失。

☞如果执行的存储过程将调用另一个存储过程,则被调用的存储过程可以访问由第一个存储过程创建的所有对象,包括临时表在内。

☞如果执行对远程 Microsoft SQL Server 2005 实例进行更改的远程存储过程,则不能回滚这些更改。远程存储过程不参与事务处理。

☞存储过程中的参数的最大数目为 2 100。

☞存储过程中的局部变量的最大数目仅受可用内存的限制。

☞根据可用内存的不同,存储过程最大可达 128 MB。

2. 限定存储过程内的名称

在存储过程内,如果用于语句(例如 SELECT 或 INSERT)的对象名没有限定架构,则架构将默认为该存储过程的架构。在存储过程内,如果创建该存储过程的用户没有限定 SELECT、INSERT、UPDATE 或 DELETE 语句中引用的表名或视图名,则默认情况下,通过该存储过程对这些表进行的访问将受到该过程创建者的权限的限制。

如果有其他用户要使用存储过程,则用于所有数据定义语言(DDL)语句(例如 CREATE、ALTER 或 DROP 语句,DBCC 语句,EXECUTE 和动态 SQL 语句)的对象名应该用该对象架构的名称来限定。为这些对象指定架构名称可确保名称解析为同一对象,而不管存储过程的调用方是谁。如果没有指定架构名称,SQL Server 将首先尝试使用调用方的默认架构或用户在 EXECUTE AS 子句中指定的架构来解析对象名称,然后尝试使用 dbo 架构。

3. 加密过程定义

如果要创建存储过程,并且希望确保其他用户无法查看该过程的定义,则可以使用 WITH ENCRYPTION 子句。这样,过程定义将以不可读的形式存储。

存储过程一旦被加密,其定义将无法解密,任何人(包括该存储过程的所有者或系统管理员)都将无法查看该存储过程的定义。

11.1.5 实现存储过程

1. 创建用户定义的存储过程

(1)使用 Transact-SQL 命令创建存储过程

创建存储过程前,需考虑下列事项:

①CREATE PROCEDURE 语句不能与其他 SQL 语句在单个批处理中组合使用;

②要创建过程,必须具有数据库的 CREATE PROCEDURE 权限,还必须具有对架构(在其下创建过程)的 ALTER 权限;

③存储过程是架构作用域内的对象,名称必须遵守标识符规则;

④只能在当前数据库中创建存储过程。

创建存储过程时应指定下列事项:

①所有输入参数和向调用过程或批处理返回的输出参数；

②执行数据库操作（包括调用其他过程）的编程语句；

③返回至调用过程或批处理以表明成功或失败（以及失败原因）的状态值；

④捕获和处理潜在的错误所需的任何错误处理语句。

可以使用 Transact-SQL 的 CREATE PROCEDURE 命令创建存储过程。CREATE PROCEDURE 命令的语法格式如下。

```
CREATE ｛ PROC ｜ PROCEDURE ｝ ［schema_name. ］procedure_name
        ［｛ @parameter ［ type_schema_name. ］ data_type ｝
        ［ = default ］ ［ ［ OUT ［ PUT ］］］ ［ ,. . . ,n ］
［ WITH ＜ ENCRYPTION ＞ ］
AS ｛ ＜ sql_statement ＞ ［；］［ . . . n ］ ｝
［；］


＜ sql_statement ＞ ∷ =
｛ ［ BEGIN ］ statements ［ END ］｝
```

各选项含义如下。

• schema_name：存储过程所属架构的名称。

• procedure_name：新存储过程的名称。过程名称必须遵循有关标识符的规则，并且在架构中必须唯一。

sp_前缀是 SQL Server 用来指定系统存储过程的，不要以 sp_为前缀创建任何存储过程。如果用户定义存储过程与系统存储过程名称相同，则该存储过程将永不执行，取而代之的是始终执行系统存储过程。

可在 procedure_name 前面使用一个数字符号（#）（#procedure_name）来创建局部临时过程，使用两个数字符号（##procedure_name）来创建全局临时过程。

存储过程或全局临时存储过程的完整名称（包括 ##）不能超过 128 个字符。局部临时存储过程的完整名称（包括 #）不能超过 116 个字符。

• @ parameter：过程中的参数。在 CREATE PROCEDURE 语句中可以声明一个或多个参数。除非定义了参数的默认值或者将参数设置为等于另一个参数，否则用户必须在调用过程时为每个声明的参数提供值。存储过程最多可以有 2 100 个参数。

通过使用 @ 符号作为第一个字符来指定参数名称。参数名称必须符合有关标识符的规则。每个过程的参数仅用于该过程本身，其他过程中可以使用相同的参数名称。默认情况下，参数只能代替常量表达式，而不能用于代替表名、列名或其他数据库对象的名称。

• ［ type_schema_name. ］ data_type：参数以及所属架构的数据类型。除 table 之外的其他所有数据类型均可以用作 Transact-SQL 存储过程的参数。

如果未指定 type_schema_name，则 SQL Server 2005 Database Engine 将按以下顺序引用 type_name。

☞SQL Server 系统数据类型。

☞当前数据库中当前用户的默认架构。

☞当前数据库中的 dbo 架构。

• default：参数的默认值。如果定义了 default 值，则无需指定此参数的值即可执行过程。默认值必须是常量或 NULL。如果过程使用带 LIKE 关键字的参数，则可包含下列通配符：% 、_、[ ] 和 [^]。

只有 CLR 存储过程的默认值记录在 sys. parameters. default 列中。对于 Transact-SQL 存储过程参数，该列将为 NULL。

• OUTPUT：指示参数是输出参数。此选项的值可以返回给调用 EXECUTE 的语句。使用 OUTPUT 参数将值返回给过程的调用方。除非是 CLR 存储过程，否则 text、ntext 和 image 参数不能用作 OUTPUT 参数。使用 OUTPUT 关键字的输出参数可以为游标占位符，CLR 存储过程除外。

• WITH < ENCRYPTION >：指示 SQL Server 将 CREATE PROCEDURE 语句的原始文本转换为模糊格式。模糊代码的输出在 SQL Server 2005 的任何目录视图中都不能直接显示。对系统表或数据库文件没有访问权限的用户不能检索模糊文本。该选项对于 CLR 存储过程无效。

• < sql_statement >：要包含在过程中的一个或多个 Transact-SQL 语句。

该命令的使用权限为：需要在数据库中有 CREATE PROCEDURE 权限，对在其中创建过程的架构有ALTER权限。

【例 11. 15】 定义的存储过程名称与系统存储过程名称相同。

```
USE teaching
GO
CREATE PROCEDURE dbo. sp_who
AS
    SELECT sno, SNAME FROM student
GO
EXEC sp_who
EXEC dbo. sp_who
GO
DROP PROCEDURE dbo. sp_who
GO
```

该示例只执行系统存储过程 sp_who。

【例 11. 16】 使用简单过程。以下存储过程将从 student 表中返回所有学生的学号、姓名以及性别。此存储过程不使用任何参数。

```
USE teaching
GO
IF OBJECT_ID ('getstudent', 'P') IS NOT NULL
    DROP PROCEDURE getstudent
GO
CREATE PROCEDURE getstudent
AS
```

250

```
        SELECT SNO, SNAME, SEX
        FROM student
    GO
getstudent 存储过程可通过以下方式执行：
    EXECUTE getstudent
    GO
或
    EXEC getstudent
    GO
```

【例 11.17】 使用带有参数的简单过程。以下存储过程将从 student 表中返回指定姓名的学生学号、姓名以及性别。此存储过程接收与传递参数精确匹配的值。

```
    USE teaching
    GO
    IF OBJECT_ID（'getstudent2', 'P'）IS NOT NULL
        DROP PROCEDURE getstudent2
    GO
    CREATE PROCEDURE getstudent2
            @stuname CHAR(10)
    AS
        SELECT SNO, SNAME, SEX
        FROM student
    WHERE SNAME = @stuname
    GO
```

getstudent2 存储过程可通过以下方式执行：

```
    EXECUTE getstudent2 'WANG'
    GO
```

或

```
    EXECUTE getstudent2 @stuname = 'WANG'
    GO
```

（2）使用图形工具创建存储过程

使用图形工具创建存储过程的步骤如下：

①连接到相应的 Microsoft SQL Server Database Engine 实例之后，在"对象资源管理器"中，单击服务器名称以展开服务器树；

②展开"数据库"，然后根据数据库的不同，选择用户数据库，如 teaching；

③展开"可编程性"，右键单击其中的"存储过程"，然后单击"新建存储过程"；

④在右侧出现的新建查询界面中输入创建存储过程的 SQL 命令，单击【执行】按钮；

⑤刷新存储过程节点可以看到创建的 getstudent2 存储过程。

2. 执行存储过程

若要执行存储过程，可以使用 Transact-SQL EXECUTE 语句。语法格式如下。

```
[｛EXEC｜EXECUTE｝]
  ｛
    [ @return_status = ] proceduce_name
    [[ @parameter = ]｛value｜@variable [ OUTPUT ]｜[ DEFAULT ]｝
    ]
    [ ,...,n ]
  ｝
[ ; ]
```

各选项含义如下。

•@return_status：可选的整型变量，存储模块的返回状态。这个变量在用于 EXECUTE 语句前，必须在批处理、存储过程或函数中声明过。

• proceduce_name：是要调用的存储过程名称。模块名称必须符合标识符规则。扩展存储过程的名称总是区分大小写。

•@parameter：存储过程的参数，与在存储过程定义中的相同。参数名称前必须加上符号@。

• value：传递给模块或传递命令的参数值。如果参数名称没有指定，参数值必须以在存储过程定义中的顺序提供。

•@variable：是用来存储参数或返回参数的变量。

• OUTPUT：指定存储过程返回一个参数。该参数在存储过程定义中也必须已使用关键字 OUTPUT 创建。

• DEFAULT：根据存储过程的定义提供参数的默认值。

如果存储过程是批处理中的第一条语句，那么不使用 EXECUTE 关键字也可以执行存储过程。

（1）执行系统存储过程

系统存储过程物理上存储于资源数据库中，但逻辑上出现在 Microsoft SQL Server 实例的每个系统定义和用户定义数据库的 sys 架构中。可以从任何数据库中执行系统存储过程，而不必完全限定存储过程名称。

建议使用 sys 架构名称对所有系统存储名称进行限定，以防止名称冲突。

【例 11.18】 执行系统存储过程的推荐方法。

    EXEC sys. sp_who

（2）执行系统扩展存储过程

系统扩展存储过程以字符 xp_开头，它们物理上存储在资源数据库中，但逻辑上出现在 SQL Server 实例的每个系统定义和用户定义数据库的 sys 架构中。

【例 11.19】 执行系统扩展存储过程的推荐方法。

    EXEC sys. xp_subdirs 'c:\'

（3）执行用户定义存储过程

执行用户定义存储过程（无论是在批处理中还是在模块内，例如在用户定义存储过程或函数中）时，建议至少用架构名称限定存储过程名称。

【例 11.20】 执行用户定义存储过程的推荐方法。

252

```
USE teaching
GO
EXEC dbo. getstudent
```
或者使用下面的代码。
```
EXEC teaching. dbo. getstudent2 'LIU'
GO
```
如果指定了非限定的用户定义存储过程,数据库引擎将按以下顺序搜索该过程。

☞当前数据库的 sys 架构。

☞调用方的默认架构(如果在批处理或动态 SQL 中执行)。如果非限定的过程名称出现在另一个过程定义的主体中,则接着搜索包含这一过程的架构。

☞当前数据库中的 dbo 架构。

如果用户创建的存储过程与系统存储过程同名,在使用非架构限定的名称引用的情况下,将永远不会执行用户创建的存储过程。

(4)指定参数

如果将存储过程编写为可以接受参数值,那么需要提供参数值。

提供的值必须为常量或变量,不能将函数名称指定为参数值。变量可以是用户定义变量或系统变量,如@@spid。

【例 11. 21】 将参数作为常量和变量进行传递。
```
USE teaching
GO
-- Passing values as constants.
EXEC getstudent2 'LI'
GO
-- Passing values as variables.
DECLARE @name CHAR(10)
SET @name = 'LI'
EXEC getstudent2 @name
GO
```

(5)指定参数顺序

如果以@parameter = value 格式提供多个参数,则可以按任何顺序提供,还可以省略那些已提供默认值的参数。如果以@parameter = value 格式提供任一个参数,则必须按此格式提供所有的后续参数。如果不以@ parameter = value 格式提供参数,则必须按照CREATE PROCEDURE 语句中给出的顺序提供参数。

执行存储过程时,服务器将拒绝所有未包含在过程创建期间的参数列表中的参数。如果参数名称不匹配,通过引用传递(显式传递参数名称)的任何参数都不会被接受。

(6)使用参数的默认值

虽然可以省略已提供默认值的参数,但只能截断参数列表。例如,如果一个存储过程有五个参数,可以省略第四个和第五个参数,但不能跳过第四个参数而仍然包含第五个参数,除非以@parameter = value 格式提供参数。

如果在存储过程中定义了参数的默认值,那么下列情况下将使用默认值:

☞执行存储过程时未指定参数值。

☞将 DEFAULT 关键字指定为参数值。

3. 修改存储过程

如果需要更改存储过程中的语句或参数,可以删除并重新创建该存储过程,也可以通过一个步骤更改该存储过程。删除并重新创建存储过程时,与该存储过程关联的所有权限都将丢失。更改存储过程时,将更改过程或参数定义,但为该存储过程定义的权限将保留,并且不会影响任何相关的存储过程或触发器。

还可以修改存储过程以加密其定义或使该过程在每次执行时都得到重新编译。

更改存储过程的名称或定义时,如果这些相关对象未进行更新,则可能会导致所有相关对象在执行时失败。

(1)使用 Transact-SQL 命令修改存储过程

利用 ALTER PROCEDURE 命令修改先前通过执行 CREATE PROCEDURE 语句创建的过程,语法格式如下。

```
ALTER { PROC | PROCEDURE } [ schema_name. ] procedure_name
        [ { @parameter [ type_schema_name. ] data_type }
        [ = default ] [ [ OUT [ PUT ] ] ] [ ,...,n ]
[ WITH < ENCRYPTION > ]
AS
        { < sql_statement > [ ...n ] }

< sql_statement > ::=
{ [ BEGIN ] statements [ END ] }
```

不能将 Transact-SQL 存储过程修改为 CLR 存储过程,反之亦然。

如果原来的过程定义是使用 WITH ENCRYPTION 创建的,那么只有在 ALTER PROCEDURE 中也包含这些选项时,这些选项才有效。

使用该修改命令时,要求对需要修改的存储过程具有 ALTER 权限。

(2)使用图形工具修改存储过程

使用图形工具修改存储过程的步骤如下:

①连接到相应的 Microsoft SQL Server Database Engine 实例之后,在"对象资源管理器"中,单击服务器名称,以展开服务器树;

②展开"数据库",然后根据数据库的不同选择用户数据库,如 teaching;

③展开"可编程性",右键单击其中要修改的存储过程,如 getstudent2,然后单击"修改";

④在右侧出现的查询界面修改存储过程的 SQL 命令,单击【执行】按钮完成修改。

4. 重新编译存储过程

在执行诸如添加索引或更改索引列中的数据等操作更改了数据库时,应重新编译访问数据库表的原始查询计划以对其重新优化。在 Microsoft SQL Server 2005 重新启动后第一次运行存储过程时自动执行此优化。当存储过程使用的基础表发生变化时，也会执行此优化。但如果添加了存储过程可能从中受益的新索引，将不自动执行优化，直到下一次Microsoft SQL Server 重新启动后再运行该存储过程时执行优化。在这种情况下，强制在下次执行存储过程时对其重新编译会很有用。

注意：SQL Server 2005 引入了对存储过程执行语句级重新编译功能。当 SQL Server 2005 重新编译存储过程时，只编译导致重新编译的语句，而不编译整个过程。因此，SQL Server 重新生成查询计划时，使用重新编译过的语句中的参数值。这些值可能与那些原来传递至过程中的值不同。

系统存储过程 sp_recompile 可以使存储过程和触发器在下次运行时重新编译。语法格式如下。

   sp_recompile 〔 @objname = 〕′object′

sp_recompile 只在当前数据库中寻找对象。

存储过程和触发器所用的查询只在编译时进行优化。对数据库进行了索引或其他会影响数据库统计的更改后，已编译的存储过程和触发器可能会失去效率。通过对作用于表上的存储过程和触发器进行重新编译，可以重新优化查询。

〔 @objname = 〕′object′：指定当前数据库中存储过程、触发器、表或视图的限定或未限定的名称。object 的数据类型为 nvarchar(776)，没有默认值。如果 object 是存储过程或触发器的名称，则该存储过程或触发器将在下次运行时重新编译。如果 object 是表或视图的名称，则所有引用该表或视图的存储过程都将在下次运行时重新编译。

返回代码值为 0(成功)或非零数字(失败)。

使用该系统存储过程的权限为：需要具有对指定对象的 ALTER 权限。

【例 11.22】　使作用于 student 表上的存储过程在下次运行时重新编译。

  USE teaching

  GO

  EXEC sp_recompile ′student′

  GO

5. 删除存储过程

如果另一个存储过程调用某个已被删除的存储过程，Microsoft SQL Server 2005 将在执行调用进程时显示一条错误消息。但是，如果定义了具有相同名称和参数的新存储过程来替换已被删除的存储过程，那么引用该过程的其他过程仍能成功执行。

(1)使用 Transact-SQL 命令删除存储过程

可以使用 DROP PROCEDURE 命令从当前数据库中删除一个或多个存储过程或过程组。语法格式如下。

  DROP { PROC | PROCEDURE } { 〔 schema_name. 〕 procedure } 〔 ,…,n 〕

使用该命令删除存储过程的权限为：需要对此过程所属架构有 ALTER 权限，或对此过程有 CONTROL 权限。

【例 11.23】　在 teaching 数据库中删除 getstudent 存储过程。

  USE teaching

  GO

```
DROP PROCEDURE dbo. getstudent
GO
```

（2）使用图形工具删除存储过程

①连接到相应的 Microsoft SQL Server Database Engine 实例之后，在"对象资源管理器"中，单击服务器名称以展开服务器树。

②展开"数据库"，然后选择用户数据库，如 teaching。

③展开"可编程性"，右键单击其中要删除的存储过程，如 getstudent2，然后单击"删除"。

④在出现的删除对象界面显示要删除的存储过程信息，单击【确定】按钮。

⑤刷新存储过程节点可以看到 getstudent2 存储过程被删除。

11.2 触发器

Microsoft SQL Server 2005 提供了约束和触发器两种主要机制来强制执行业务规则和数据完整性。触发器是一种特殊的存储过程，它在事件执行时自动生效。SQL Server 包括两类触发器，即 DML 触发器和 DDL 触发器。

11.2.1 DML 触发器

DML 触发器是当数据库服务器中发生数据操作语言（DML）事件时要执行的操作。DML 事件包括对表或视图发出的 UPDATE、INSERT 或 DELETE 语句。DML 触发器用于在数据被修改时强制执行业务规则，以及扩展 Microsoft SQL Server 2005 约束、默认值和规则的完整性检查逻辑。

当数据库中发生数据操作语言（DML）事件时将调用 DML 触发器。DML 事件包括在指定表或视图中修改数据的 INSERT 语句、UPDATE 语句或 DELETE 语句。DML 触发器可以查询其他表，还可以包含复杂的 Transact-SQL 语句。将触发器和触发它的语句作为可在触发器内回滚的单个事务对待。如果检测到错误（例如，磁盘空间不足），则整个事务即自动回滚。

DML 触发器的作用如下。

①可通过数据库中的相关表实现级联更改。但通过级联参照完整性约束可以更有效地进行这些更改。

②可以防止恶意或错误的 INSERT、UPDATE 以及 DELETE 操作，并强制执行比 CHECK 约束定义的限制更为复杂的其他限制。

与 CHECK 约束不同，DML 触发器可以引用其他表中的列。一个表中的多个同类 DML 触发器（INSERT、UPDATE 或 DELETE）允许采取多个不同的操作来响应同一个修改语句。

1. DML 触发器类型

在 SQL Server 2005 中，可以创建 AFTER 触发器、INSTEAD OF 触发器和 CLR 触发器。

（1）AFTER 触发器

在执行了 INSERT、UPDATE 或 DELETE 语句操作之后执行 AFTER 触发器。指定 AFTER 与指定 FOR 相同，它是 Microsoft SQL Server 早期版本中唯一可用的选项。AFTER 触发器只能在表上指定

（2）INSTEAD OF 触发器

执行 INSTEAD OF 触发器代替通常的触发动作。还可为带有一个或多个基表的视图定义 INSTEAD OF 触发器，而这些触发器能够扩展视图可支持的更新类型。

（3）CLR 触发器

CLR 触发器可以是 AFTER 触发器或 INSTEAD OF 触发器。CLR 触发器还可以是 DDL 触发器。CLR 触发器将执行在托管代码（在. NET Framework 中创建并在 SQL Server 中上载程序集的成员）中编写的方法，而不用执行 Transact-SQL 存储过程。

2. 触发器与约束的比较

约束和 DML 触发器在特殊情况下各有优点。DML 触发器的主要优点在于它们可以包含使用 Transact-SQL 代码的复杂处理逻辑。因此，DML 触发器可以支持约束的所有功能；但 DML 触发器对于给定的功能并不总是最好的方法。

实体完整性总应在最低级别上通过索引进行强制，这些索引应是 PRIMARY KEY 和 UNIQUE约束的一部分，或者是独立于约束而创建的。域完整性应通过 CHECK 约束进行强制，而参照完整性（RI）则应通过 FOREIGN KEY 约束进行强制。

当约束支持的功能无法满足应用程序的功能要求时，DML 触发器有以下作用。

①除非 REFERENCES 子句定义了级联引用操作，否则 FOREIGN KEY 约束只能用与另一列中的值完全匹配的值来验证列值。

②约束只能通过标准化的系统错误消息来传递错误消息。如果应用程序需要（或能受益于）使用自定义消息和较为复杂的错误处理，则必须使用触发器。

③DML 触发器可以将更改通过级联方式传播给数据库中的相关表，但通过级联参照完整性约束可以更有效地执行这些更改。

④DML 触发器可以禁止或回滚违反参照完整性的更改，从而取消所尝试的数据修改。当更改外键且新值与其主键不匹配时，这样的触发器将生效。FOREIGN KEY 约束通常用于此目的。

⑤如果触发器表上存在约束，则在 INSTEAD OF 触发器执行后但在 AFTER 触发器执行前检查这些约束。如果违反了约束，则回滚 INSTEAD OF 触发器操作并且不执行 AFTER 触发器。

3. DML 触发器功能比较

（1）指定 DML 触发器激发时间

可通过指定以下两个选项之一来控制 DML 触发器的激发时间。

①AFTER 触发器将在处理触发操作（INSERT、UPDATE 或 DELETE）、INSTEAD OF 触发器和约束之后激发。可通过指定 AFTER 或 FOR 关键字来请求 AFTER 触发器。因为 FOR 关键字与 AFTER 效果相同，所以带有 FOR 关键字的 DML 触发器也归类为 AFTER 触发器。

②INSTEAD OF 将在处理约束前激发，以替代触发操作。如果表有 AFTER 触发器，它们将在处理约束之后激发。如果违反了约束，将回滚 INSTEAD OF 触发器操作并且不执行 AFTER 触发器。

（2）DML 触发器执行

如果违反了约束，则永远不会执行 AFTER 触发器；因此，这些触发器不能用于任何可能防止违反约束的处理。

执行 INSTEAD OF 触发器,而不执行触发操作。在创建插入的表和删除的表(反映对基表所做的更改)之后,而在执行任何其他操作之前执行这些触发器。这些触发器在执行任何约束前执行,因此可执行预处理来补充约束操作。

为表定义的 INSTEAD OF 触发器对此表执行一条通常会再次激发该触发器的语句时,不会递归调用该触发器,而是如同表中没有 INSTEAD OF 触发器那样处理该语句,该语句将启动一系列约束操作和 AFTER 触发器执行。例如,如果 DML 触发器定义为表的 INSTEAD OF INSERT 触发器且该触发器对同一个表执行 INSERT 语句,则 INSTEAD OF 触发器执行的 INSERT 语句不会再次调用该触发器。该触发器执行的 INSERT 将启动用于执行约束操作的进程和触发为该表定义的所有 AFTER INSERT 触发器的进程。

为视图定义的 INSTEAD OF 触发器对该视图执行一条通常会再次激发 INSTEAD OF 触发器的语句时,不会递归调用该触发器,而是将语句解析为对该视图所依存的基表进行修改。在这种情况下,视图定义必须满足可更新视图的所有约束。例如,如果 DML 触发器定义为视图的 INSTEAD OF UPDATE 触发器且该触发器执行引用同一视图的 UPDATE 语句,则 INSTEAD OF 触发器执行的 UPDATE 语句不会再次调用该触发器,而是如同该视图没有 INSTEAD OF 触发器那样在视图中处理该触发器执行的 UPDATE 语句。必须将 UPDATE 更改的列解析为一个基表。对基表的每次修改都将应用约束并触发为该表定义的 AFTER 触发器。

4. 实现 DML 触发器

(1)创建 DML 触发器前应考虑的问题

①CREATE TRIGGER 语句必须是批处理中的第一个语句,该语句后面的所有其他语句被解释为 CREATE TRIGGER 语句定义的一部分。

②创建 DML 触发器的权限默认分配给表的所有者,且不能将该权限转给其他用户。

③DML 触发器为数据库对象,其名称必须遵循标识符的命名规则。

④虽然 DML 触发器可以引用当前数据库以外的对象,但只能在当前数据库中创建 DML 触发器。

⑤虽然 DML 触发器可以引用临时表,但不能对临时表或系统表创建 DML 触发器。不应引用系统表,而应使用信息架构视图。

⑥对于含有用 DELETE 或 UPDATE 操作定义的外键的表,不能定义 INSTEAD OF DELETE 和 INSTEAD OF UPDATE 触发器。

⑦虽然 TRUNCATE TABLE 语句类似于不带 WHERE 子句的 DELETE 语句(用于删除所有行),但它并不会触发 DELETE 触发器,因为 TRUNCATE TABLE 语句没有记录。

⑧WRITETEXT 语句不会触发 INSERT 或 UPDATE 触发器。

⑨创建 DML 触发器时需指定以下内容:名称;定义触发器时所基于的表;触发器被触发的时间;激活触发器的数据修改语句,有效选项为 INSERT、UPDATE 或 DELETE,多个数据修改语句可激活同一个触发器,例如触发器可由 INSERT 或 UPDATE 语句激活;执行触发器操作的编程语句。

(2)多个 DML 触发器

一个表中可以具有多个给定类型的 AFTER 触发器,只要它们的名称不相同即可,每个触发器可以执行多个函数,但每个触发器只能应用于一个表,尽管一个触发器可以应用于三个用户操作(UPDATE、INSERT 和 DELETE)的任何子集。

一个表只能具有一个给定类型的 INSTEAD OF 触发器。

(3)触发器权限和所有权

用定义触发器时所基于的表或视图的名称架构创建触发器。例如,触发器 Trigger1 是对 teaching. student 表创建的,则触发器的架构限定的名称为 student. Trigger1。

CREATE TRIGGER 权限默认授予定义触发器的表所有者、sysadmin 固定服务器角色以及 db_owner 和 db_ddladmin 固定数据库角色的成员,并且不可转让。

对某个视图创建 INSTEAD OF 触发器,如果视图所有者不同时拥有视图和触发器所引用的基表的权限,所有权链将断开。对于不属于视图所有者的基表,表所有者必须将必要的权限单独授予读取或更新该视图的任何人。如果相同用户同时拥有视图和基础基表,他们必须只为其他用户授予视图的权限,而非授予个别基表的权限。

(4)创建 DML 触发器

☞使用 Transasct-SQL 命令创建 DML 触发器

使用 CREATE TRIGGER 命令创建 DML 或 DDL 触发器。触发器是数据库服务器中发生事件时自动执行的特列存储过程。如果用户要通过数据操作语言(DML)事件编辑数据,则执行 DML 触发器。DML 事件针对表或视图的 INSERT、UPDATE 或 DELETE 语句。DDL 触发器用于响应各种数据定义语言(DDL)事件。这些主要是 CREATE、ALTER 和 DROP 语句。通过 Transact-SQL 语句或使用 Microsoft . NET Framework 公共语言运行时(CLR)创建程序集的方法,可以在 SQL Server 2005 Database Engine 中直接创建 DML 和 DDL 触发器。SQL Server 允许为任何特定语句创建多个触发器。

CREATE TRIGGER 命令的语法格式如下。

```
CREATE TRIGGER [ schema_name . ] trigger_name
ON { table | view }
[ WITH < ENCRYPTION > ]
{ FOR | AFTER | INSTEAD OF }
{ [ INSERT ] [ , ] [ UPDATE ] [ , ] [ DELETE ] }
AS { sql_statement [ ; ] [ ... n ] }
```

各选项含义如下。

• schema_name:DML 触发器所属架构的名称。DML 触发器的作用域是为其创建该触发器的表或视图的架构。对于 DDL 触发器,无法指定 schema_name。

• trigger_name:触发器的名称。每个 trigger_name 必须遵循标识符规则,但trigger_name 不能以 # 或 ## 开头。

• table | view:对其执行 DML 触发器的表或视图,有时称为触发器表或触发器视图。可以根据需要指定表或视图的完全限定名称。视图只能被 INSTEAD OF 触发器引用。

• WITH ENCRYPTION:对 CREATE TRIGGER 语句的文本进行加密。使用 WITH ENCRYPTION可以防止将触发器作为 SQL Server 复制的一部分进行发布。不能为 CLR 触发器指定 WITH ENCRYPTION。

• AFTER：指定 DML 触发器仅在触发 Transact-SQL 语句中指定的所有操作都已成功执行时才被激发。所有的引用级联操作和约束检查也必须在激发此触发器之前成功完成。

如果仅指定 FOR 关键字，则 AFTER 为默认值。不能对视图定义 AFTER 触发器。

• INSTEAD OF：指定 DML 触发器是"代替"SQL 语句执行的，因此其优先级高于触发语句的操作。不能为 DDL 触发器指定 INSTEAD OF。

对于表或视图，每个 INSERT、UPDATE 或 DELETE 语句最多可定义一个 INSTEAD OF 触发器。但是，可以为具有自己的 INSTEAD OF 触发器的多个视图定义视图。

INSTEAD OF 触发器不可以用于使用 WITH CHECK OPTION 的可更新视图。如果将 INSTEAD OF 触发器添加到指定了 WITH CHECK OPTION 的可更新视图中，则 SQL Server 将引发错误。用户必须用 ALTER VIEW 删除该选项后才能定义 INSTEAD OF 触发器。

• ｛［DELETE］［,］［INSERT］［,］［UPDATE］｝：指定数据更新操作的类型，这些语句可在 DML 触发器对此表或视图进行这些操作时激活该触发器。必须至少指定一个选项。在触发器定义中允许使用上述选项的任意顺序组合。

对于 INSTEAD OF 触发器，不允许对具有指定级联操作 ON DELETE 的引用关系的表使用 DELETE 选项。同样，也不允许对具有指定级联操作 ON UPDATE 的引用关系的表使用 UPDATE 选项。

• sql_statement：触发条件和操作的 Transact-SQL 命令语句。触发器条件指定其他标准，用于确定尝试的 DML 或 DDL 语句是否导致执行触发器操作。

DML 或 DDL 操作时，将执行 Transact-SQL 语句中指定的触发器操作。

触发器可以包含任意数量和种类的 Transact-SQL 语句，但也有例外。触发器的用途是根据数据修改或定义语句来检查或更改数据；它不应向用户返回数据。触发器中的 Transact-SQL 语句常常包含控制流语言。

DML 触发器经常用于强制执行业务规则和数据完整性。SQL Server 通过 ALTER TABLE 和 CREATE TABLE 语句来提供声明性参照完整性（DRI）。但是，DRI 不提供跨数据库参照完整性。如果触发器表存在约束，则在 INSTEAD OF 触发器执行之后和 AFTER 触发器执行之前检查这些约束。如果违反了约束，则将回滚 INSTEAD OF 触发器操作，并且不激活 AFTER 触发器。

可以使用 sp_settriggerorder 来指定要对表执行的第一个和最后一个 AFTER 触发器。对于一个表，只能为每个 INSERT、UPDATE 和 DELETE 操作指定第一个和最后一个 AFTER 触发器。如果在同一个表上还有其他 AFTER 触发器，这些触发器将随机执行。

如果 ALTER TRIGGER 语句更改了第一个或最后一个触发器，将删除所修改触发器上设置的第一个或最后一个属性，并且必须使用 sp_settriggerorder 重置顺序值。

只有在成功执行触发 Transact-SQL 语句之后，才会执行 AFTER 触发器。判断执行成功的标准是：执行了所有与已更新对象或已删除对象相关联的引用级联操作和约束检查。

在触发器内可以指定任意的 SET 语句。选择的 SET 选项在触发器执行期间保持有效，然后恢复为原来的设置。

在 DML 触发器中不允许使用表 11.3 所示的 Transact-SQL 语句。

表 11.3　DML 触发器中不允许使用的 Transact-SQL 语句

ALTER DATABASE	CREATE DATABASE
LOAD DATABASE	LOAD LOG
RESTORE DATABASE	RESTORE LOG
ALTER DATABASE	CREATE DATABASE

另外,如果对作为触发操作目标的表或视图使用 DML 触发器,则不允许在该触发器的主体中使用表 11.4 所示的 Transact-SQL 语句。

表 11.4　对作为触发操作目标的表或视图使用 DML 触发器而不允许使用的 Transact-SQL 语句

CREATE INDEX	ALTER INDEX
DBCC DBREINDEX	ALTER PARTITION FUNCTION
CREATE INDEX	ALTER INDEX
用于执行以下操作的 ALTER TABLE： 添加、修改或删除列 切换分区 添加或删除 PRIMARY KEY 或 UNIQUE 约束	

因为 SQL Server 不支持针对系统表的用户定义的触发器,不要为系统表创建用户定义触发器。

若要创建 DML 触发器,则需要对要创建触发器的表或视图具有 ALTER 权限。

【例 11.24】　使用包含提醒消息的 DML 触发器。

如果有用户试图在 student 表中添加或更改数据,下列 DML 触发器将向客户端显示一条消息。

```
USE teaching
IF OBJECT_ID ('studenttr1', 'TR') IS NOT NULL
    DROP TRIGGER studenttr1
GO
CREATE TRIGGER studenttr1
ON student
AFTER INSERT, UPDATE
AS RAISERROR ('Notify student Relations', 16, 10)
GO
INSERT INTO student VALUES ('S5','LIU','M',21)
GO
```

☞使用图形工具创建 DML 触发器

使用图形工具创建 DML 触发器的步骤如下:

①连接到相应的 Microsoft SQL Server Database Engine 实例之后,在"对象资源管理器"中,单击服务器名称以展开服务器树;

261

②展开"数据库",选择用户数据库,如 teaching;

③展开"表"节点,选择需建立触发器的表,如选择 student 数据表,右键单击其中的"触发器",然后单击"新建触发器";

④在右侧出现的新建查询界面中输入创建触发器的 SQL 命令,单击【执行】按钮;

⑤刷新触发器节点,可以看到创建的 studenttr2 触发器。

（5）使用插入的表和删除的表

DML 触发器语句使用两种特殊的表:删除的表 deleted 和插入的表 inserted。SQL Server 2005 会自动创建和管理这两种表。在 deleted 和 inserted 表保存了可能会被用户更改的行的旧值或新值。可以使用这两种驻留内存的临时表来测试特定数据修改的影响以及设置 DML 触发器操作的条件。但不能直接修改表中的数据或对表执行数据定义语言（DDL）操作,例如 CREATE INDEX。

在 DML 触发器中,插入的表和删除的表主要用于执行以下操作:

①扩展表之间的参照完整性;

②在以视图为基础的基表中插入或更新数据;

③检查错误并采取相应的措施;

④找出数据修改前后表的状态差异并基于该差异采取相应的措施。

删除的表 deleted 用于存储 DELETE 和 UPDATE 语句所影响的行的副本。在执行 DELETE 或 UPDATE 语句的过程中,行从触发器表中删除,并传输到删除的表中。删除的表和触发器表通常没有相同的行。

插入的表 inserted 用于存储 INSERT 和 UPDATE 语句所影响的行的副本。在插入或更新事务期间,新行将同时被添加到插入的表和触发器表。插入的表中的行是触发器表中的新行的副本。

更新事务类似于在删除操作之后执行插入操作。首先旧行被复制到删除的表中,然后新行被复制到触发器表和插入的表中。

在设置触发器条件时,应使用激发触发器的操作相应地插入表和删除的表。尽管在测试 INSERT 时引用删除的表或在测试 DELETE 时引用插入的表不会导致任何错误,但在这些情况下,触发器测试表将不包含任何行。

传递给为表定义的 INSTEAD OF 触发器的插入的表和删除的表与传递给 AFTER 触发器的插入的表和删除的表遵守相同的规则。插入的表和删除的表的格式与在其上定义 INSTEAD OF 触发器的表的格式相同。插入的表和删除的表中的每一列都直接映射到基表中的列。

若要检索 deleted 表中的所有值,则使用

SELECT * FROM deleted

（6）修改 DML 触发器

☞使用 Transact-SQL 命令修改 DML 触发器

使用 ALTER TRIGGER 命令可以更改以前使用 CREATE TRIGGER 语句创建的 DML 或 DDL 触发器的定义,命令语法格式如下。

ALTER TRIGGER schema_name. trigger_name

ON （ table | view ）

```
[ WITH < ENCRYPTION > ]
{ FOR | AFTER|INSTEAD OF }
{ [ DELETE ] [ , ] [ INSERT ] [ , ] [ UPDATE ] }
AS { sql_statement [ ; ] [ …n ] }
```
参数同 CREATE TRIGGER 命令。

通过表和视图上的 INSTEAD OF 触发器,ALTER TRIGGER 支持可手动更新的视图。 SQL Server 以相同的方式对所有类型的触发器(AFTER、INSTEAD OF)应用 ALTER TRIGGER。

如果 ALTER TRIGGER 语句更改了第一个或最后一个触发器,将删除所修改触发器上设置的第一个或最后一个属性,并且必须使用 sp_settriggerorder 重置顺序值。

如果一个子表或引用表上的 DELETE 操作是由于父表的 CASCADE DELETE 操作所引起的,并且子表上定义了 DELETE 的 INSTEAD OF 触发器,那么将忽略该触发器并执行 DELETE 操作。

若要更改 DML 触发器,需要对定义该触发器所在的表或视图具有 ALTER 权限。

【例 11.25】 创建一个 DML 触发器。当用户要在 student 表中添加或更改数据时,该触发器将把用户定义的消息打印到客户端。然后使用 ALTER TRIGGER 对该触发器进行修改,以便只将其应用于 INSERT 操作。

```
USE teaching
GO
CREATE TRIGGER dml_reminder
ON student
WITH ENCRYPTION
AFTER INSERT, UPDATE
AS RAISERROR ('Insert or Update Notify', 16, 10);
GO
-- change the trigger.
USE teaching
GO
ALTER TRIGGER dml_reminder
ON student
AFTER INSERT
AS RAISERROR ('Insert Notify', 16, 10)
GO
```
☞使用图形工具修改 DML 触发器

使用图形工具修改存储过程的步骤如下:

①连接到相应的 Microsoft SQL Server Database Engine 实例之后,在"对象资源管理器"中单击服务器名称以展开服务器树;

②展开"数据库",选择用户数据库,如 teaching;

③展开"表"节点,选择需建立触发器的表,如选择 student 数据表,右键单击要修改的触

发器,如 studenttr2,然后单击"修改";

④在右侧出现的查询界面修改触发器的 SQL 命令,单击【执行】按钮,完成修改。

(7)重命名 DML 触发器

可以使用系统过程 sp_rename 来重命名 DML 触发器。

重命名触发器并不会更改它在触发器定义文本中的名称。要在定义中更改触发器的名称,应直接修改触发器。

(8)禁用和启用 DML 触发器

当不再需要某个触发器时,可将其禁用或删除。

禁用触发器不会删除该触发器,该触发器仍然作为对象存在于当前数据库中。但是,当执行任意 INSERT、UPDATE 或 DELETE 语句(在其上对触发器进行了编程)时,触发器将不会激发。已禁用的触发器可以被重新启用。启用触发器会以最初创建时的方式将其激发。默认情况下,创建触发器后会启用触发器。

☞使 Transact – SQL 命令禁用和启用 DML 触发器

禁用 DML 触发器的语法格式如下。

```
DISABLE TRIGGER { [ schema . ] trigger_name [ ,...,n ] | ALL }
    ON { object_name|DATABASE|ALL SERVER } [ ; ]
```

各选项含义如下。

• schema_name:触发器所属架构的名称。不能为 DDL 触发器指定 schema_name。

• trigger_name:要禁用的触发器的名称。

• ALL:指示禁用在 ON 子句作用域中定义的所有触发器。

• object_name:执行的 DML 触发器 trigger_name 的表或视图的名称。

• DATABASE:对于 DDL 触发器,指示所创建或修改的 trigger_name 将在数据库作用域内执行。

• ALL SERVER:对于 DDL 触发器,指示所创建或修改的 trigger_name 将在服务器作用域内执行。

若要禁用 DML 触发器,用户必须至少对为其创建触发器的表或视图具有 ALTER 权限。

若要禁用服务器作用域(ON ALL SERVER)中的 DDL 触发器,用户必须对该服务器具有 CONTROL SERVER 权限。若要禁用数据库作用域(ON DATABASE)中的 DDL 触发器,用户必须至少对当前数据库具有 ALTER ANY DATABASE DDL TRIGGER 权限。

【例 11. 26】 禁用对表的 DML 触发器。此例禁用对表 student 创建的触发器 studenttr2。

```
USE teaching
GO
DISABLE TRIGGER studenttr2 ON student
GO
```

启用 DML 触发器的语法格式如下。

```
ENABLE TRIGGER { [ schema_name . ] trigger_name [ ,...,n ] | ALL }
    ON { object_name|DATABASE|ALL SERVER } [ ; ]
```

启用触发器并不是要重新创建它。禁用的触发器仍以对象形式存在于当前数据库中,但并不激发。启用触发器将导致它在其最初编程所在的任何 Transact-SQL 语句执行时激发。

若要启用 DML 触发器,用户必须至少对于创建触发器所在的表或视图拥有 ALTER 权限。

若要启用具有服务器作用域(ON ALL SERVER)的 DDL 触发器,用户必须在此服务器上拥有 CONTROL SERVER 权限。若要启用具有数据库作用域(ON DATABASE)的 DDL 触发器,用户至少应在当前数据库中具有 ALTER ANY DATABASE DDL TRIGGER 权限。

【例 11. 27】 禁用在表 student 中创建的触发器 studenttr1,然后再启用它。

```
USE teaching
GO
DISABLE TRIGGER studenttr1 ON student
GO
ENABLE Trigger studenttr1 ON student
GO
```

☞使用图形工具禁用和启用 DML 触发器

使用图形工具禁用和启用 DML 触发器的步骤如下:

①连接到相应的 Microsoft SQL Server Database Engine 实例之后,在"对象资源管理器"中,单击服务器名称以展开服务器树;

②展开"数据库",选择用户数据库,如 teaching;

③展开"表"节点,选择需建立触发器的表,如选择 student 数据表,右键单击要禁用或启用的触发器,如 studenttr2,然后单击"禁用"或"启用";

④出现禁用成功窗口。

(9)删除 DML 触发器

删除触发器后,它所基于的表和数据不会受到影响。删除表将自动删除其上的所有触发器。删除触发器的权限默认授予在该触发器所在表的所有者。

☞使用 Transact-SQL 语句删除 DML 触发器

语法格式如下。

```
DROP TRIGGER schema_name. trigger_name [ ,... ,n ] [ ; ]
```

可以通过删除 DML 触发器或删除触发器表来删除 DML 触发器。删除表时,将同时删除与表关联的所有触发器。

若要删除 DML 触发器,要求对要定义触发器的表或视图具有 ALTER 权限。

若要删除定义了服务器作用域(ON ALL SERVER)的 DDL 触发器,要求在服务器中具有 CONTROL SERVER 权限。若要删除定义了数据库作用域(ON DATABASE)的 DDL 触发器,要求在当前数据库中具有 ALTER ANY DATABASE DDL TRIGGER 权限。

【例 11. 28】 删除 studenttr1 触发器。

```
USE teaching
IF OBJECT_ID ('studenttr1', 'TR') IS NOT NULL
    DROP TRIGGER studenttr1
GO
```

☞使用图形工具删除 DML 触发器

使用图形工具删除 DML 触发器的步骤如下：

①连接到相应的 Microsoft SQL Server Database Engine 实例之后,在"对象资源管理器"中,单击服务器名称以展开服务器树;

②展开"数据库",选择用户数据库,如 teaching;

③展开"表"节点,选择需建立触发器的表,如选择 student 数据表,右键单击要删除的触发器,如 studenttr2,然后单击"删除";

④在出现的删除对象窗口中确认要删除的触发器信息,然后单击【确定】按钮;

⑤刷新触发器节点,可以看到 studenttr2 触发器被删除。

11.2.2 DDL 触发器

DDL 触发器是一种特殊的触发器,当服务器或数据库中发生数据定义语言(DDL)事件时将调用这些触发器。它在响应数据定义语言(DDL)语句时触发。它们可以用于在数据库中执行管理任务,例如审核以及规范数据库操作。

像常规触发器一样,DDL 触发器将激发存储过程以响应事件。但与 DML 触发器不同的是,它们不会为响应针对表或视图的 UPDATE、INSERT 或 DELETE 语句而激发。相反,它们会为响应多种数据定义语言(DDL)语句而激发。这些语句主要是以 CREATE、ALTER 和 DROP 开头的语句。

要执行以下操作,可以使用 DDL 触发器:

①防止对数据库架构进行某些更改;

②希望数据库中发生某种情况以响应数据库架构中的更改;

③记录数据库架构中的更改或事件。

仅在运行 DDL 触发器的 DDL 语句后,DDL 触发器才会激发。DDL 触发器无法作为 INSTEAD OF 触发器使用。

【例 11.29】 此例说明如何使用 DDL 触发器来防止数据库中的任一表被修改或删除。每当数据库中发生 DROP TABLE 事件或 ALTER TABLE 事件,都将触发 DDL 触发器 safety。

```
USE teaching
GO
CREATE TRIGGER safety
ON DATABASE
FOR DROP_TABLE, ALTER_TABLE
AS
    PRINT 'You must disable Trigger "safety" to drop or alter tables!'
    ROLLBACK
```

仅在要响应由 Transact-SQL DDL 语法指定的 DDL 事件时,DDL 触发器才会激发。不支持执行类似 DDL 操作的系统存储过程。

在响应当前数据库或服务器中处理的 Transact-SQL 事件时,可以激发 DDL 触发器。触发器的作用域取决于事件。

1. DML 触发器与 DDL 触发器的比较

DDL 触发器和 DML 触发器的用处不同。

DML 触发器在 INSERT、UPDATE 和 DELETE 语句上操作，并且有助于在表或视图中修改数据时强制业务规则，扩展数据完整性。

DDL 触发器在 CREATE、ALTER、DROP 和其他 DDL 语句上操作。它们用于执行管理任务，并强制影响数据库的业务规则。它们应用于数据库或服务器中某一类型的所有命令。

可以使用相似的 Transact-SQL 语法创建、修改和删除 DML 触发器和 DDL 触发器，它们还具有其他相似的行为。

与 DML 触发器相同，DDL 触发器可以运行在 Microsoft .NET Framework 中创建的以及在 SQL Server 中上载的程序集中打包的托管代码之中。

与 DML 触发器相同，可以为同一个 Transact-SQL 命令创建多个 DDL 触发器。同时，DDL 触发器和激发它的命令运行在相同的事务中。可从触发器中回滚此事务。严重错误可能会导致整个事务自动回滚。从批处理中运行并显式包含 ROLLBACK TRANSACTION 语句的 DDL 触发器将取消整个批处理。

设计 DDL 触发器时，请从下列两个方面考虑与 DML 触发器的不同：

①只有在完成 Transact-SQL 命令后才运行 DDL 触发器。DDL 触发器无法作为 INSTEAD OF 触发器使用；

②DDL 触发器不会创建插入的表和删除的表。

2. 设计 DDL 触发器

在设计 DDL 触发器之前，首先确定 DDL 触发器的作用域，然后确定触发触发器的 Transact-SQL 语句或语句组。

（1）确定触发器的作用域

在响应当前数据库或服务器中处理的 Transact-SQL 事件时，可以激发 DDL 触发器。触发器的作用域取决于事件。例如，每当数据库中发生 CREATE TABLE 事件时，都会触发为响应 CREATE TABLE 事件创建的 DDL 触发器。每当服务器中发生 CREATE LOGIN 事件时，都会触发为响应 CREATE LOGIN 事件创建的 DDL 触发器。

触发 DDL 触发器的特定 DDL 语句一部分中提供了一些链接，通过这些链接可以找到将 Transact-SQL 语句映射到为它们指定的作用域的列表。

数据库范围内的 DDL 触发器都作为对象存储在创建它们的数据库中。可以在 master 数据库中创建 DDL 触发器，这些 DDL 触发器的行为与在用户设计的数据库中创建的 DDL 触发器一样。可以从创建 DDL 触发器的数据库上下文中的 sys. triggers 目录视图中或通过指定数据库名称作为标识符（例如 master. sys. triggers）来获取有关这些 DDL 触发器的信息。

服务器范围内的 DDL 触发器作为对象存储在 master 数据库中。不同的是，可以从任何数据库上下文中的 sys. server_triggers 目录视图中获取有关数据库范围内的 DDL 触发器的信息。

影响局部或全局临时表和存储过程的事件，不会触发 DDL 触发器。

（2）指定 Transact-SQL 语句或语句组

可以创建响应以下语句的 DDL 触发器：一个或多个特定 DDL 语句；预定义的一组 DDL 语句。

☞选择触发 DDL 触发器的特定 DDL 语句

可以安排在运行一个或多个特定 Transact-SQL 命令后触发 DDL 触发器。例如前面的示例中,在发生 DROP TABLE 事件或 ALTER TABLE 事件后触发触发器 safety。

并非所有的 DDL 事件都可用于 DDL 触发器中。有些事件只适用于异步非事务语句。例如,CREATE DATABASE 事件不能用于 DDL 触发器中。

☞选择触发 DDL 触发器的一组预定义的 DDL 语句

可以在执行属于一组预定义的相似事件的任何 Transact-SQL 事件后触发 DDL 触发器。如果希望在运行 CREATE TABLE、ALTER TABLE 或 DROP TABLE DDL 语句后触发 DDL 触发器,则可以在 CREATE TRIGGER 语句中指定 FOR DDL_TABLE_EVENTS。运行 CREATE TRIGGER 后,事件组涵盖的事件都添加到 sys. trigger_events 目录视图中。

用于激发 DDL 触发器的事件组主题列出了可以触发 DDL 触发器的多组预定义的 DDL 语句、它们涵盖的特定语句以及这些事件组可以触发的作用域。

3. 实现 DDL 触发器

(1)创建 DDL 触发器

DDL 触发器是使用 DDL 触发器的 Transact-SQL CREATE TRIGGER 语句创建的,语法格式如下。

```
CREATE TRIGGER trigger_name
ON { ALL SERVER | DATABASE }
[ WITH < ENCRYPTION > ]
{ FOR|AFTER }
AS { sql_statement  [ ; ] [ ... n ] }
```

• DATABASE:将 DDL 触发器的作用域应用于当前数据库。如果指定了此参数,则只要当前数据库中出现 event_type 或 event_group,就会激发该触发器。

• ALL SERVER:将 DDL 触发器的作用域应用于当前服务器。如果指定了此参数,则只要当前服务器中的任何位置上出现 event_type 或 event_group,就会激发该触发器。

能够触发 DDL 触发器的数据定义语言(DDL)语句包括 CREATE、ALTER、DROP、GRANT、DENY、REVOKE 和 UPDATE STATISTICS 等语句。

与 DML 触发器不同,DDL 触发器的作用域不是架构。因此,不能将 OBJECT_ID、OBJECT_NAME、OBJECTPROPERTY 和 OBJECTPROPERTYEX 用于查询有关 DDL 触发器的元数据。

注意:服务器作用域的 DDL 触发器显示在 SQL Server Management Studio 对象资源管理器中的"触发器"文件夹中。此文件夹位于"服务器对象"文件夹下。具有数据库作用域的 DDL 触发器位于 Database Triggers 文件夹中。此文件夹位于相应数据库的"可编程性"文件夹下。

(2)修改 DDL 触发器

使用 Transact-SQL 语句修改 DDL 触发器。如果必须修改 DDL 触发器的定义,只需一个操作即可删除并重新创建触发器,或重新定义现有触发器。如果更改 DDL 触发器引用的对象的名称,则必须修改触发器,以使其文本反映该新名称。因此,在重命名对象之前,需要先显示该对象的依赖关系,以确定所建议的更改是否会影响任何触发器。

也可以重命名 DDL 触发器。新名称必须遵守标识符规则。只能重命名自己拥有的触发器,但数据库所有者可以更改任意用户的触发器名称。要重命名的触发器必须位于当前数据库中。

触发器可被修改为对定义进行加密。

修改 DDL 触发器的 ALTER TRIGGER 命令语法格式如下。

    ALTER TRIGGER trigger_name

    ON ｛ DATABASE｜ALL SERVER ｝

    ［ WITH ＜ ENCRYPTION ＞ ］

    ｛ FOR｜AFTER ｝ ｛ event_type ［ ,…,n ］｜event_group ｝

    AS ｛ sql_statement ［ ; ］｝

若要更改定义了服务器范围(ON ALL SERVER)的 DDL 触发器,需要对服务器具有CONTROL SERVER 权限。若要更改定义了数据库范围(ON DATABASE)的 DDL 触发器,需要对当前数据库具有 ALTER ANY DATABASE DDL TRIGGER 权限。

(3)禁用和启用 DDL 触发器

禁用 DDL 触发器不会将其删除。该触发器仍然作为对象存在于当前数据库中。但是,当编程触发器的任何 Transact-SQL 语句运行时,触发器将不会激发。可以重新启用被禁用的 DDL 触发器。启用 DDL 触发器会使该触发器像在最初创建时那样激发。创建 DDL 触发器后,这些触发器在默认情况下处于启用状态。

☞禁用 DDL 触发器

使用 DISABLE TRIGGER 语句可以禁用 DDL 触发器。

【例 11.30】 以下的示例禁用已创建的数据库作用域的 DDL 触发器 safety。

    USE teaching

    GO

    DISABLE TRIGGER safety ON DATABASE

    GO

☞启用 DDL 触发器

使用 EABLE TRIGGER 语句可以启用 DDL 触发器。

【例 11.31】 以下示例启用在数据库作用域已禁用的 DDL 触发器 safety。

    USE teaching

    GO

    ENABLE TRIGGER safety ON DATABASE

    GO

(4)删除 DDL 触发器

删除 DDL 触发器时,该触发器将从当前数据库中删除。DDL 触发器范围内的任何对象或数据均不受影响。

使用 Transact-SQL 语句删除 DDL 触发器,其语法格式如下。

    DROP TRIGGER trigger_name ［ ,…,n ］

    ON ｛ DATABASE｜ALL SERVER ｝

    ［ ; ］

仅当所有触发器均使用相同的 ON 子句创建时,才能使用一个 DROP TRIGGER 语句删除多个 DDL 触发器。

【例 11. 32】 删除 DDL 触发器 safety。

```
USE teaching
IF EXISTS (SELECT * FROM sys. triggers
    WHERE parent_class = 0 AND name = 'safety')
DROP TRIGGER safety ON DATABASE
GO
```

第 12 章　数据库安全管理

本章主要介绍 SQL Server 2005 数据安全管理中的事务的概念、特性及类型,角色的概念、种类及作用,以及权限的层次结构。

12.1　事务

事务是作为单个逻辑工作单元执行的一系列操作。事务处理可以确保只有在事务性单元内的所有操作都成功完成的情况下,才会永久更新面向数据的资源。通过将一组相关操作组合为一个或者全部成功或者全部失败的单元,可以简化错误恢复并使应用程序更加可靠。

例如,网上购物的一次交易,其付款过程至少包括以下数据库操作步骤:

①更新客户所购商品的库存信息;

②保存客户付款信息,可能包括与银行系统的交互;

③生成订单并且保存到数据库中;

④更新用户相关信息,例如购物数量等等。

正常情况下,这些操作将顺利进行,最终交易成功,与交易相关的所有数据库信息也成功地更新。但是,如果在这一系列过程中任何一个环节出了差错(例如在更新商品库存信息时发生异常、该顾客银行帐户存款不足等),都将导致交易失败。一旦交易失败,数据库中所有信息都必须保持交易前的状态不变,比如最后一步更新用户信息时失败而导致交易失败,那么必须保证这笔失败的交易不影响数据库原来的状态,即库存信息没有被更新,用户也没有付款,订单也没有生成。否则,数据库的信息将会一片混乱而不可预测。

数据库事务正是用来保证这种情况下交易的平稳性和可预测性的技术。

12.1.1　事务特性

每一个事务都具有原子性、一致性、隔离性和持久性,也称事务的 ACID 属性。

(1)原子性

事务必须是原子工作单元,对其数据的修改,或者全都执行,或者全都不执行。

(2)一致性

事务在完成时,必须使所有的数据都保持一致性状态。在相关数据库中,所有规则都必须应用于事务的修改,以保持所有数据的完整性。事务结束时,所有的内部数据结构都必须是正确的。

(3)隔离性

由并发事务所作的修改必须与任何其他并发事务所作的修改隔离。事务识别数据时数据所处的状态,或者是另一并发事务修改它之前的状态,或者是第二个事务修改它之后的状态,事务不会识别中间状态的数据,这称为可串行性。因为它能够重新装载起始数据,并且重做一系列事务,以使数据结束时的状态与原始事务执行的状态相同。

（4）持久性

事务完成之后，它对于系统的影响是永久性的，该修改即使出现系统故障也将一直保持。

SQL 程序员要负责启动和结束事务，同时强制保持数据的逻辑一致性。程序员必须定义数据修改的顺序，使数据相对于其组织的业务规则保持一致。程序员将这些修改语句包括到一个事务中，使 SQL Server 2005 Database Engine 能够强制该事务的物理完整性。

数据库系统应提供一种机制，保证每个事务的物理完整性。如数据库引擎应提供：

①锁定设备，使事务保持隔离；

②记录设备，保证事务的持久性，即使服务器硬件、操作系统或数据库引擎实例自身出现故障，该实例也可以在重新启动时使用事务日志，将所有未完成的事务自动地回滚到系统出现故障的点；

③事务管理特性，强制保持事务的原子性和一致性，事务启动之后，就必须成功完成，否则数据库引擎实例将撤消该事务启动之后对数据所做的所有修改。

12.1.2 事务管理

应用程序主要通过指定事务启动和结束的时间来控制事务。可以使用 Transact-SQL 语句或数据库应用程序编程接口（API）函数来指定这些时间。系统还必须能够正确处理那些在事务完成之前便终止事务的错误。

1. 事务类型

在 SQL Server 中有三种事务类型，分别是隐式事务、显式事务、自动提交事务，缺省为自动提交。

（1）自动提交事务

自动提交事务是指对于用户发出的每条 Transact-SQL 语句，SQL Server 都会自动开始一个 SQL Server 事务，并且在执行后自动进行提交操作来完成这个事务，也可以说在这种事务模式下，一个 Transact-SQL 语句就是一个事务。

（2）显式事务

显式事务是指在自动提交模式下以 BEGIN TRANSACTION 开始一个 SQL Server 事务，以 COMMIT 或 ROLLBACK 结束一个 SQL Server 事务。例如下面就是 SQL Server 中的一个显式事务的例子。

BEGIN TRANSACTION

UPDATE student SET SNAME = 'XIE' WHERE SNO = 'S1'

INSERT INTO student VALUES('S9', 'XI', 'FM',21)

COMMIT

（3）隐式事务

隐式事务是指在当前会话中用 SET IMPLICIT_TRANSACTIONS ON 命令设置的事务类型，这时任何 DML 语句（DELETE、UPDATE、INSERT）都会开始一个事务，而事务的结束也是用 COMMIT 或 ROLLBACK。

2. 启动和结束事务

使用 API 函数和 Transact-SQL 语句，可以在 SQL Server Database Engine 实例中将事务

作为显式、自动提交或隐式事务启动和结束。

（1）显式事务

显式事务可用以下命令指定事务的开始及结束

命令 BEGIN TRANSACTION：标记显式连接事务的起始点。

命令 COMMIT TRANSACTION 或 COMMIT WORK：如果没有遇到错误，可使用该语句成功地结束事务。该事务中的所有修改了的数据在数据库中都将永久有效。事务占用的资源将被释放。

命令 ROLLBACK TRANSACTION 或 ROLLBACK WORK：用来清除遇到错误的事务。该事务修改的所有数据都返回到事务开始时的状态。事务占用的资源将被释放。

（2）自动提交模式

自动提交模式是 SQL Server Database Engine 的默认事务管理模式。每个 Transact-SQL 语句在完成时，都被提交或回滚。如果一个语句成功地完成，则提交该语句；如果遇到错误，则回滚该语句。只要没有显式事务或隐式事务覆盖自动提交模式，与数据库引擎实例的连接就以此默认模式操作。

在使用 BEGIN TRANSACTION 语句启动显式事务或隐式事务模式设置为开启之前，与数据库引擎实例的连接一直以自动提交模式操作。当提交或回滚显式事务，或当关闭隐式事务模式时，连接将返回到自动提交模式。

在自动提交模式下，有时看起来好像数据库引擎实例回滚了整个批处理而不是仅仅一个 Transact-SQL 语句。当遇到的错误是编译错误而非运行时错误时，会发生这种情况。编译错误会阻止数据库引擎生成执行计划，就使得批处理中的任何语句都不会执行。尽管看起来好像是回滚了产生错误的语句之前的所有语句，但实际上是该错误阻止了批处理中的所有语句的执行。

【例 12.1】 在以下示例中，由于发生编译错误，第三个批处理中的 INSERT 语句都没有执行。但看起来好像是前两个 INSERT 语句没有执行便进行了回滚。

```
USE AdventureWorks
GO
CREATE TABLE TestBatch (Cola INT PRIMARY KEY, Colb CHAR(3))
GO
INSERT INTO TestBatch VALUES (1, 'aaa')
INSERT INTO TestBatch VALUES (2, 'bbb')
INSERT INTO TestBatch VALUSE (3, 'ccc')    -- 语法错误
GO
SELECT * FROM TestBatch    -- 没有任何记录被插入并显示
GO
```

【例 12.2】 在下面的示例中，第三个 INSERT 语句产生运行时重复键错误。由于前两个 INSERT 语句成功地执行并且提交，因此它们在运行时错误之后被保留下来。

```
USE AdventureWorks
GO
CREATE TABLE TestBatch (Cola INT PRIMARY KEY, Colb CHAR(3))
```

```
GO
INSERT INTO TestBatch VALUES (1, 'aaa')
INSERT INTO TestBatch VALUES (2, 'bbb')
INSERT INTO TestBatch VALUES (1, 'ccc')    -- 发生重复键错误
GO
SELECT * FROM TestBatch    -- 显示前两条记录
GO
```

【例 12.3】　在下面的示例中,执行并提交了前两条 INSERT 语句,但第三条 INSERT 语句由于引用一个不存在的表而产生运行时错误,因此只有前两行仍然保留在 TestBatch 表中。

```
USE AdventureWorks
GO
CREATE TABLE TestBatch (Cola INT PRIMARY KEY, Colb CHAR(3))
GO
INSERT INTO TestBatch VALUES (1, 'aaa')
INSERT INTO TestBatch VALUES (2, 'bbb')
INSERT INTO TestBch VALUES (3, 'ccc')    -- 表名称出现错误
GO
SELECT * FROM TestBatch    -- 显示前两条记录
GO
```

(3)隐式事务

当连接以隐式事务模式进行操作时,SQL Server Database Engine 实例将在提交或回滚当前事务后自动启动新事务。无需描述事务的开始,只需提交或回滚每个事务。隐式事务模式生成连续的事务链。

为连接将隐式事务模式设置为打开(SET IMPLICIT_TRANSACTIONS ON)之后,当数据库引擎实例首次执行表 12.1 中的语句时,都会自动启动一个事务。

表 12.1　能够启动事务的语句

ALTER TABLE	INSERT
CREATE	OPEN
DELETE	REVOKE
DROP	SELECT
FETCH	TRUNCATE TABLE
GRANT	UPDATE

在发出 COMMIT 或 ROLLBACK 语句之前,该事务将一直保持有效。在第一个事务被提交或回滚之后,下次当连接执行以上任何语句时,数据库引擎实例都将自动启动一个新事务。该实例将不断地生成隐性事务链,直到隐性事务模式关闭为止。

3.事务处理过程中的错误

如果某个错误使事务无法成功完成,SQL Server 会自动回滚该事务,并释放该事务占用的所有资源。如果客户端与数据库引擎实例的网络连接中断了,那么当网络向实例通知该中断后,该连接的所有未完成事务均会被回滚。如果客户端应用程序失败或客户机崩溃或重新启动,也会中断连接,而且当网络向数据库引擎实例通知该中断后,该实例会回滚所有未完成的连接。如果客户端从该应用程序注销,所有未完成的事务也会被回滚。

12.2　SQL Server 的安全机制

SQL Server 2005 的安全性是指保护数据库中的各种数据,以防止因非法使用而造成数据的泄密和破坏。安全管理机制包括身份验证(authentication)和授权(authorization)两种类型。身份验证是指检验用户的身份标识,授权是指允许用户做些什么。验证过程在用户登录操作系统和 SQL Server 2005 的时候出现,授权过程在用户试图访问数据或执行命令时出现。

12.2.1　安全机制级别

SQL Server 2005 的安全机制分为四级,其中第一层和第二层属于验证过程,第三层和第四层属于授权过程,如图 12.1 所示。

图 12.1　SQL Server 的安全机制

(1)操作系统的安全防线

用户需要一个有效的登录帐户,才能对网络系统进行访问。

(2)SQL Server 的身份验证防线

SQL Server 通过登录帐户来创建附加安全层,一旦用户登录成功,将建立与 SQL Server 的一次连接。

(3)SQL Server 数据库身份验证安全防线

当用户与 SQL Server 建立连接后,还必须成为数据库用户(用户 ID 必须在数据库系统表中),才有权访问数据库,即允许用户与一个特定的数据库相连接。

(4)SQL Server 数据库对象的安全防线

用户登录到要访问的数据库后,要使用数据库内的对象,必须得到相应权限,即用户拥有对指定数据库中一个对象的访问权限。

四层安全防线中,第一层涉及网络操作系统安全技术,后三层综合起来便形成了 SQL

Server 的安全管理。

12.2.2 主体

"主体"是指可以请求 SQL Server 资源的个体、组和过程。主体的影响范围取决于主体定义的范围(Windows、服务器或数据库)以及主体是集合主体还是不可分主体。例如，Windows 登录名就是一个不可分主体，而 Windows 组则是一个集合主体。每个主体都有一个唯一的安全标识符(SID)。

(1)Windows 级别的主体

它包括 Windows 域登录名，Windows 本地登录名

(2)SQL Server 级别的主体

仅包括 SQL Server 登录名。

(3)数据库级别的主体

它包括数据库用户，数据库角色，应用程序角色。

12.2.3 SQL Server 中的身份验证

访问 SQL Server 的第一步必须建立到 SQL Server 的连接，建立连接是通过登录 ID 实现的。登录 ID 是帐户标识符，用于连接到 SQL Server 2005 的帐户就称为登录。SQL Server 2005 只有在首先验证了指定的登录账号有效后，才完成连接。这种登录验证称为身份认证。但登录账号没有使用数据库的权力，即 SQL Server 2005 登录成功并不意味着用户已经可以访问 SQL Server 2005 上的数据库。

1. 身份验证模式类型

SQL Server 支持两种身份验证模式：Windows 身份验证模式和混合身份验证模式。

(1)Windows 身份验证

Windows 身份验证是默认模式，使用 Windows 操作系统的内置安全机制，也就是使用 Windows 的用户或组账号控制用户对 SQL Server 的访问。

在这种模式下，用户只需通过 Windows 的认证，就可以连接到 SQL Server，而 SQL Server 本身不再需要管理一套登录数据，从而实现了 SQL Server 与 Windows 登录安全的紧密集成。

(2)混合身份验证

在混合身份验证模式下，如果用户在登录时提供了 SQL Server 登录 ID，则系统将使用 SQL server 身份认证，如果没有提供 SQL Server 登录 ID 而提供的是请求 Windows 身份认证，则使用 Windows 身份验证。

SQL Server 2005 中有两个默认的登录帐户：BUILTIN \\ Administrators 和 sa。BUILTIN \\ Administrators 提供了对所有 Windows 管理员的登录权限，并且具有在 SQL Server 所有数据库中的所有权限。系统管理员(sa)是一个特殊的登录帐户，只有在 SQL Server 2005 使用混合验证模式时有效，它也具有在所有数据库中的所有权限。

2. 身份验证模式的设置

可以使用图形工具设置 SQL Server 2005 身份验证模式，但只能由系统管理员来完成。

(1)通过编辑服务器注册属性设置

①连接到相应的 Microsoft SQL Server Database Engine 实例之后，在"已注册的服务器"

中右击服务器名称,在出现的快捷菜单中选择"属性",出现如图 12.2 所示的"编辑服务器注册属性"对话框。

图 12.2 "编辑服务器注册属性"对话框

②在图 12.2 中,可以在"身份验证"下拉列表框中选择"Windows 身份验证"或"SQL Server 身份验证",也可以在"已注册的服务器"文本框中修改服务器名称。

③完成设置后,单击【保存】按钮。

(2)通过编辑服务器属性设置

①连接到相应的 Microsoft SQL Server Database Engine 实例之后,在"对象资源管理器"中,右击服务器名称,在出现的快捷菜单中选择"属性",打开"服务器属性"窗口。

②在"服务器属性"左侧"选择页"中选择"安全性"选项,在右侧的"服务器身份验证"选项下选择新的身份验证模式。

③完成选择后,单击【确定】按钮。

3.创建登录账号

(1)Windows 用户或组创建 SQL Server 登录帐号

在 Windows 中创建的用户或组必须被授予连接 SQL Server 的权限后才能访问数据库,其用户名称为"域名\计算机名\用户名"形式。可以使用图形工具将 Windows 用户映射到 SQL Server 中,以创建 SQL Server 登录帐号。

①连接到相应的 Microsoft SQL Server Database Engine 实例之后,在"对象资源管理器"

中,展开服务器名称,在"安全性"下右击"登录名"。

②在出现的快捷菜单中选择"新建登录名",出现"登录名－新建"窗口。

③在"登录名－新建"中选择"Windows 身份验证",单击【搜索】按钮。

④在"选择用户或组"对话框中的"输入要选择的对象名称"文本框中输入登录名,或单击【高级】按钮,查找用户或组名称,以完成输入(此用户已是 Windows 帐户)。

⑤完成输入后,单击【确定】按钮,返回"登录名－新建"窗口。

⑥在"登录名－新建"窗口左侧"选择页"中选择"服务期角色",可以将此用户加入某个服务器角色以具有某些权限。

⑦在"登录名－新建"窗口左侧"选择页"中选择"用户映射",可以选择映射到此登录名的数据库用户及相应的数据库角色。

⑧单击【确定】按钮,完成从 Windows 用户或组到 SQL Server 登录账号的映射。

(2)创建 SQL Server 登录帐号

如果使用混合验证模式或不通过 Windows 用户或组连接 SQL Server,则需要在 SQL Server 下创建用户登录权限,使用户得以连接使用 SQL Server 身份验证的 SQL Server 2005 Database Engine 实例。

使用图形工具创建 SQL Server 登录账号的方法与将 Windows 用户或组映射到 SQL Server 登录账号的方法相同,只是在"登录名－新建"界面中选择"SQL Server 身份验证",并设置登录名及密码。

4. 删除登录帐号

当不再使用某一登录账号时应该将其删除,以保证数据库的安全性和保密性。可以使用图形工具删除登录账号。

①连接到相应的 Microsoft SQL Server Database Engine 实例之后,在"对象资源管理器"中展开服务器名称,在"安全性"下选择"登录名"。

②右击要删除的登录名,在出现的快捷菜单中选择"删除",在出现的"删除对象"界面中,单击【确定】按钮。

注意:删除 Windows 登录账号,只是删除了到 SQL Server 登录账号的映射,不能登录到 SQL Server 中,但该用户没有在 Windows 中删除。

12. 2. 4　数据库用户

登录 ID 成功地进行了身份验证后,只是建立了到 SQL Server 的连接,要实现对数据库及数据库对象的访问,可通过两种途径来实现:一种是登录 ID 与相应数据库中的用户 ID 相关联来访问数据库;另一种是如果登录 ID 不能与任何数据库用户 ID 关联,但此数据库启用了 Guest 客户,则可以通过与 Guest 客户相关联来访问数对话库。后一种方法不提倡采用,因为任何没有数据库权限的用户都可通过 Guest 客户获取数据库的访问权限,这样降低了安全性。

一般地,登录 ID 与数据库用户 ID 是相同的。一个登录 ID 可以与多个数据库用户相关联。用户信息均存储在数据库的系统表 sysusers 中。权限的分配是通过数据库用户 ID 实现的,根据用户的性质合理分配最小权限。

在安装 SQL Server 后,默认数据库中包含两个用户:dbo 和 guest,即系统内置的数据库用户。dbo 代表数据库的拥有者(database owner)。每个数据库都有 dbo 用户,创建数据库的用户是该数据库的 dbo,系统管理员也自动被映射成 dbo。

guest 用户帐号在安装完 SQL Server 系统后被自动加入到 master、pubs、tempdb 数据库中,且不能被删除。用户自己创建的数据库默认情况下不会自动加入 guest 帐号,但可以手工创建。guest 用户也可以像其他用户一样设置权限。当一个数据库具有 guest 用户帐号时,允许没有用户帐号的登录者访问该数据库。所以 guest 帐号的设立方便了用户的使用,但使用不当也可能成为系统安全隐患。

可以使用图形工具将要求访问数据库的登录帐户添加到数据库中成为数据库用户,并授予其相应的活动权限,以便访问数据库。

①连接到相应的 Microsoft SQL Server Database Engine 实例之后,在"对象资源管理器"中,单击服务器名称以展开服务器树。

②展开"数据库",然后根据数据库的不同,选择用户数据库,如 teaching。

③展开"安全性",右键单击其中的"用户",然后单击"新建用户"。

④在出现的"数据库用户 – 新建"窗口中,可以设置用户名、架构及数据库角色成员身份。

⑤在"数据库用户 – 新建"窗口中单击"登录名"右侧的【浏览】按钮,会出现"选择登录名"对话框,可以通过【浏览】按钮选择用户名,也可以直接输入用户名。用户名可以与登录帐号名不同。设置用户名后,单击【确定】按钮,返回"数据库用户 – 新建"窗口。

⑥在"此用户拥有的架构"和"数据库角色成员身份"中选择相应的架构和数据库角色,单击【确定】按钮,完成数据库用户的创建。

12. 2. 5　角色

角色是指为管理相同权限的用户而设置的用户组,也就是说,同一角色下的用户权限都是相同的。将一些用户添加到具体某种权限的角色中,权限在用户成为角色成员时自动生效。

在 SQL Server 数据库中,把相同权限的一组用户设置为某一角色后,当对该角色进行权限设置时,这些用户就自动继承修改后的权限。这样,只要对角色进行权限管理,就可以实现对属于该角色的所有用户的权限管理,极大地减少了工作量。

一个用户可以同时属于不同的角色,也就是说,一个用户可以同时拥有多个角色中的权限,但这些权限不能冲突,否则只能拥有最小的权限。

SQL Server 数据库的角色通常分为服务器角色、数据库角色和应用程序角色三类。前两种是系统预定义的。

1. 服务器角色

服务器角色具有一组固定的权限,作用域在服务器范围内,是独立于数据库的管理特权分组,主要实现 SA、数据库创建者及安全性管理员职能,且不能更改分配给它们的权限。具有服务器角色的用户必须绝对可靠,并且人员要少。SQL Server 2005 中的服务器角色都是固定的,不允许改变。

固定服务器角色的作用域为服务器范围。固定服务器角色的每个成员都可以向其所属角色添加其他登录名。表 12. 2 列出了固定服务器角色的名称及权限。

表 12.2　固定服务器角色

固定服务器角色	权限
bulkadmin	可以运行 BULK INSERT 语句
dbcreator	数据库创建者,可以创建、更改、删除和还原任何数据库
diskadmin	用于管理磁盘文件
processadmin	进程管理员可以终止 SQL Server 实例中运行的进程
securityadmin	安全管理员管理登录名及其属性。它们可以用 GRANT、DENY 和 REVOKE 命令授予禁止回收服务器级权限,也可以用 GRANT、DENY 和 REVOKE 命令授予禁止回收数据库级权限。另外,它们可以重置 SQL Server 登录名的密码
serveradmin	服务器管理员,可以更改服务器范围的配置选项和关闭服务器
setupadmin	设置管理员,可以添加和删除链接服务器,并且也可以执行某些系统存储过程
sysadmin	系统管理员可在服务器中执行任何活动,默认情况下 Windows BUILTIN \\Administrators 组(本地管理员组)的所有成员都是 sysadmin 固定服务器角色的成员

不能添加、删除或修改固定服务器角色,只能将登录帐户添加到固定服务器角色中。

使用图形工具添加登录账号到固定服务器角色的过程如下。

①连接到相应的 Microsoft SQL Server Database Engine 实例之后,在"对象资源管理器"中展开服务器名称,在"安全性"选择"服务器角色"。

②在右侧窗口中出现的当前服务器角色名中,右击要添加登录账号的角色,如dbcreator,在出现的快捷菜单中选择"属性"。

③在出现的"服务器角色属性"界面中,单击【添加】按钮,选择要添加的登录账号名,也可以选择【删除】按钮删除登录账号,设置后单击【添加】按钮完成添加。设置后单击【确定】按钮。

2. 数据库角色

数据库角色在数据库级别上定义,提供数据库层管理特权的分组,主要实现数据库的访问、备份与恢复及安全性等职能。它也有一系列预定义的权限,可以直接给用户指派权限,但在大多数情况下,只要把用户放在正确的角色中就会给予它们所需要的权限。一个用户可以是多个角色中的成员,其权限等于多个角色权限的"和",任何一个角色中的拒绝访问权限会覆盖这个用户所有的其他权限。

数据库角色分为固定数据库角色和用户定义的数据库角色。固定数据库角色不允许改变。用户定义的数据库角色只适用于数据库级别,通过用户定义的角色可以轻松地管理数据库中的权限。

固定数据库角色是在数据库级别定义的,并且存在于每个数据库中。db_owner 和 db_securityadmin 数据库角色的成员可以管理固定数据库角色成员身份,但只有 db_owner 数据库的成员可以向 db_owner 固定数据库角色中添加成员。

表 12.3 显示了固定数据库角色到权限的映射关系。

表 12.3　固定数据库角色

固定数据库角色	权限
db_accessadmin	数据库访问权限管理者可以为 Windows 登录帐户、Windows 组和 SQL Server 登录帐户添加或删除访问权限
db_backupoperator	可以备份该数据库
db_datareader	可以读取所有用户表中的所有数据
db_datawriter	可以在所有用户表中添加、删除或更改数据
db_ddladmin	可以在数据库中运行任何数据定义语言(DDL)命令
db_denydatareader	不能读取数据库内用户表中的任何数据
db_denydatawriter	不能添加、修改或删除数据库内用户表中的任何数据
db_owner	数据库所有者,可以执行数据库的所有配置和维护活动
db_securityadmin	可以修改角色成员身份和管理权限
public	每个数据库用户都属于 public 数据库角色。不能将用户、组或角色指派为 public 角色的成员,也不能删除 public 角色的成员

对固定数据库角色不能进行添加、删除或修改等操作,只能将数据库用户添加到固定数据库角色中。但对于用户数据库角色,用户可以创建及删除自定义的数据库角色。

可以使用图形工具创建用户自定义的数据库角色,操作过程如下。

①连接到相应的 Microsoft SQL Server Database Engine 实例之后,在"对象资源管理器"中,单击服务器名称,以展开服务器树。

②展开"数据库",然后根据数据库的不同,选择用户数据库,如 teaching。

③展开"安全性"下面的"角色",右键单击其中的"数据库角色",然后单击"新建数据库角色"。

④在出现的"数据库角色-新建"窗口中,可以设置角色名,选择拥有的架构,以及添加和删除属于该数据库角色的成员,设置后单击【确定】按钮。

可以使用图形工具将数据库用户添加到某数据库角色中或删除。除了在创建数据库角色时可以添加或删除用户,也可以使用下面的过程完成添加和删除用户。

①连接到相应的 Microsoft SQL Server Database Engine 实例之后,在"对象资源管理器"中,单击服务器名称,以展开服务器树。

②展开"数据库",然后根据数据库的不同,选择用户数据库,如 teaching。

③展开"安全性"下面的"角色",选择"数据库角色",在右侧出现的数据库角色名中右击要添加或删除用户的数据库角色,出现"数据库角色属性"对话框,可以为选择的数据库角色添加或删除用户。

3. 应用程序角色

应用程序角色是一个数据库主体,它使应用程序能够用其自身的、类似用户的特权来运行。使用应用程序角色,可以只允许通过特定应用程序连接的用户访问特定数据。与数据库角色不同的是,应用程序角色默认情况下不包含任何成员,而且是非活动的。应用程序角色使用两种身份验证模式,可以使用 sp_setapprole 来激活,并且需要密码。因为应用程序角色是数据库级别的主体,所以它们只能通过其他数据库中授予 guest 用户帐户的权限来访问这些数据库。因此,任何已禁用 guest 用户帐户的数据库对其他数据库中的应用程序角色都是不可访问的。

登录、用户、角色是 SQL Server 2005 安全机制的基础。三者联系如下:

①服务器角色和登录名相对应;

②数据库角色和用户对应,数据库角色和用户都是数据库对象,定义和删除时必须选择所属的数据库;

③一个数据库角色中可以有多个用户,一个用户也可以属于多个数据库角色。

12.3 SQL Server 的权限管理

设置用户对数据库的操作权限称为授权,SQL Server 中未授权的用户将无法访问或存取数据库数据。SQL Server 通过权限管理指明哪些用户被批准使用哪些数据库对象和 Transact-SQL 语句。

SQL Server 中的权限可授予用户安全帐户或用户安全帐户所属的组或角色。SQL Server 中权限可识别以下四类用户,不同类型的用户形成不同层次。

①系统管理员(SA)具有服务器层权限,在服务器的所有数据库中对任何用户对象有全部权限。

②数据库拥有者(DBO)具有数据库层权限,在其拥有的数据库中对任何用户对象有全部权限。

③数据库对象拥有者属数据库对象层。

④数据库对象的一般用户属数据库对象用户层。

12.3.1 权限类型

SQL Server 中的权限可以分为以下三种。

1. 对象权限

对象权限是指用户在数据库中执行与表、视图、存储过程等数据库对象有关的操作的权限。对象权限(SELECT、UPDATE、INSERT、DELETE、EXEC、DRI)管理由哪些数据库用户来使用哪些数据库对象,是处理数据或执行过程时需要的权限类别,由数据库对象拥有者授予、废除或撤消。用户必须只授予在其工作范围内的权限,而禁止其在工作范围外的所有活动(最小权限),以确保数据安全。

对象权限的主要内容有:

①对表和视图的权限是指是否可以执行 SELECT、INSERT、UPDATE、DELETE 语句;

②对表和视图的列的权限是指是否可以执行 SELECT、UPDATE 语句的操作,以及在实施外键约束时是否可以作为 REFERENCES 参考的列;

③对存储过程的权限是指是否可以执行 EXECUTE。

2. 语句权限

语句权限是指用户创建数据库和数据库中对象(如表、视图、自定义函数、存储过程等)的权限。例如,如果用户想要在数据库中创建表,则应该向该用户授予 CREATE TABLE 语句权限。语句权限适用于语句自身,而不是针对数据库中的特定对象。

语句权限实际上是授予用户使用某些创建数据库对象的 Transact-SQL 语句的权力。

只有系统管理员、安全管理员和数据库所有者才可以授予用户语句权限。

语句权限包括 CREATE DATABASE、CREATE DEFAULT、CREATE RULE、CREATE TABLE、CREATE VIEW、CREATE PROCEDURE、CREATE FUNCTION、BACKUP DATABASE、BACKUP LOG 等操作。

3. 隐含权限

隐含权限是指系统自行预定义而不需要授权就有的权限,包括固定服务器角色、固定数据库角色和数据库对象所有者所拥有的权限。

12. 3. 2　设置权限

1. 使用图形工具设置用户或角色权限

(1)授予或拒绝语句权限

①连接到相应的 Microsoft SQL Server Database Engine 实例之后,在"对象资源管理器"中,单击服务器名称,以展开服务器树。

②展开"数据库",右击用户数据库,如 teaching。

③在出现的快捷菜单中选择"属性",出现"数据库属性-teaching"窗口。

④在"数据库属性-teaching"窗口的左侧"选择页"中选择"权限",在右侧界面中选择需要为该用户授予或拒绝的语句权限,同时可以授予转授权限,设置后单击【确定】按钮。

(2)授予或拒绝对象权限

①连接到相应的 Microsoft SQL Server Database Engine 实例之后,在"对象资源管理器"中,单击服务器名称以展开服务器树。

②展开"数据库",选择用户数据库,如 teaching。展开用户数据库及其下的"表"。

③右击要设置权限的表名,如"s_c",出现"表属性-s_c"窗口。

④在"表属性-s_c"窗口的左侧"选择页"中选择"权限",在右侧界面中选择需要为该用户授予或拒绝的对象权限,同时可以授予转授权限,设置后单击【确定】按钮。

2. 使用 Transact-SQL 命令设置用户或角色权限

(1)权限的授予

可以使用 Transact-SQL 命令 GRANT 将权限授予用户,语法格式如下。

```
GRANT { ALL [ PRIVILEGES ] }
        | permission [ ( column [ ,...,n ] ) ] [ ,...,n ]
        [ ON securable ] TO security_account [ ,...,n ]
        [ WITH GRANT OPTION ]
```

各选项含义如下。

• ALL [PRIVILEGES]:授予 ALL 参数相当于授予以下权限。

☞如果安全对象为数据库,则 ALL 表示 BACKUP DATABASE、BACKUP LOG、CREATE DATABASE、CREATE DEFAULT、CREATE FUNCTION、CREATE PROCEDURE、CREATE RULE、CREATE TABLE 和 CREATE VIEW 权限。

☞如果安全对象是存储过程,则 ALL 表示 EXECUTE 权限。

☞如果安全对象为表或视图,则 ALL 表示 DELETE、INSERT、REFERENCES、SELECT 和 UPDATE 权限。

• permission：当前授予的权限名称。如12.3.1节所述。

• (column [,..., n])：指定表中将授予其权限的列的名称。

• securable：指定将授予其权限的安全对象，可以是表、视图、存储过程等。

• TO security_account：指定权限将授予的对象或用户帐户，如当前数据库的用户与角色、Windows用户或组、SQL Server角色。

• WITH GRANT OPTION：指示被授权者在获得指定权限的同时还可以将指定权限授予其他用户帐户。

【例12.4】 将CREATE TABLE权限授予yzm用户。

    USE teaching

    GO

    GRANT CREATE TABLE TO yzm

    GO

【例12.5】 对student表的更新及插入权限授予yzm用户。

    USE teaching

    GO

    GRANT UPDATE, INSERT on student TO yzm

    GO

【例12.6】 对student表的学号和姓名列的查询权限授予yzm用户。

    USE teaching

    GO

    GRANT SELECT(SNO, SNAME) ON student TO yzm

    GO

（2）权限的禁止

禁止权限就是删除以前授予用户、组或角色的权限，禁止从其他角色继承的权限，且确保用户、组或角色将来不继承更高级别的组或角色的权限。

可以使用Transact-SQL命令DENY将权限禁止，语法格式如下。

    DENY { ALL [PRIVILEGES] }

        | permission [(column [,..., n])] [,..., n]

        [ON securable] TO security_account [,..., n]

        [CASCADE]

其中：CASCADE指定授予用户禁止权限，并撤销用户的WITH GRANT OPTION权限。

【例12.7】 禁止yzm用户的CREATE VIEW权限。

    USE teaching

    GO

    DENY CREATE VIEW TO yzm

    GO

（3）权限的撤销

撤销权限用于删除用户的权限，但撤销权限是删除曾经授予或拒绝的权限，并不禁止用户、组或角色通过其他方式继承权限。撤销了用户的某一权限并不一定能够禁止用户使用该权限,因为用户可能通过其他角色继承这一权限。

可以使用 Transact-SQL 命令 REVOKE 将授予或拒绝的权限撤销,语法格式如下。

```
REVOKE [ GRANT OPTION FOR ]
       { [ ALL [ PRIVILEGES ] ]
       | permission [ ( column [ ,...,n ] ) ] [ ,...,n ]
       }
       [ ON   securable ]
       { TO | FROM }security_account [ ,...,n ]
       [ CASCADE ]
```

其中:GRANT OPTION FOR 将撤销授予指定权限的能力,即撤销转授权限。使用 CASCADE 参数时,需要具备该功能。

【例 12.8】 撤销 yzm 用户的 CREATE TABLE 权限。

```
USE teaching
GO
REVOKE CREATE TABLE FROM yzm
GO
```

【例 12.9】 撤销 yzm 用户对 student 表的学号和姓名列的查询权限。

```
USE teaching
GO
REVOKE SELECT(SNO, SNAME) ON student FROM yzm
GO
```

第 13 章　备份与还原数据库

本章主要介绍 SQL Server 2005 中数据库的恢复模式、备份类型及备份方法；还原数据库的方法以及数据的导入导出。

13.1　备份数据库

备份是数据的副本，用于在系统发生故障后还原和恢复数据。备份能够在发生故障后还原数据。通过适当的备份，可以从以下故障中恢复数据：

①媒体故障；

②用户错误（例如，误删除了某个表）；

③硬件故障（例如，磁盘驱动器损坏或服务器报废）；

④自然灾难。

13.1.1　备份与还原

1.恢复模式

备份和还原操作是在"恢复模式"下进行的。恢复模式是一个数据库属性，它用于控制数据库备份和还原操作的基本行为。例如，恢复模式控制了将事务记录在日志中的方式以及事务日志是否需要备份和可用的还原操作。新的数据库可继承 model 数据库的恢复模式。

恢复模式有简单模式、完整恢复模式和大容量日志恢复模式。

（1）简单恢复模式

此模式简略地记录大多数事务，所记录的信息只是为了确保在系统崩溃或还原数据备份之后数据库的一致性。

在简单恢复模式下，在每个数据备份后事务日志将自动截断，由于旧的事务已提交，已不再需要其日志，因而日志将被截断。也就是说，不活动的日志将被删除。因为经常会发生日志截断，所以没有事务日志备份。这就简化了备份和还原。但是，没有事务日志备份，便不可能恢复到失败的时间点，数据库只可恢复到最近的数据备份时间。

图 13.1 说明了简单恢复模式。

在图 13.1 中，进行了一些数据库备份。在最近的备份 t5 之后的一段时间，此数据库中出现数据丢失。数据库管理员将使用 t5 备份来将数据库还原到备份完成的时间点。之后对数据库进行的更改都将丢失。

此外，该模式不支持还原单个数据页。

（2）完整恢复模式

此模式完整地记录了所有的事务，并保留所有的事务日志记录，直到将它们备份。在 SQL Server Enterprise Edition 中，完整恢复模式能使数据库恢复到故障时间点（假定在故障发生之后备份了日志尾部）。

图 13.1 简单恢复模式

完整恢复模式可在最大范围内防止出现故障时丢失数据,它包括数据库备份和事务日志备份,并提供全面保护,使数据库免受媒体故障影响。

图 13.2 说明了完整恢复模式。

图 13.2 完整恢复模式

在图 13.2 中,执行了一个数据库备份(Db_1)和两个例行的日志备份(Log_1 和 Log_2)。有时在执行 Log_2 日志备份后,数据库中的数据会发生丢失。在还原这三个备份之前,数据库管理员必须先备份日志尾部,然后再还原 Db_1、Log_1 和 Log_2,而不恢复数据库。接着还原并恢复尾日志备份(Tail)。这将数据库恢复到故障点,从而恢复所有数据。

如果有一个或多个数据文件已损坏,则恢复操作可以还原所有已提交的事务。正在进行的事务将回滚。在 Microsoft SQL Server 2005 中,可以在数据备份或差异备份运行时备份日志。在 SQL Server 2005 Enterprise Edition 中,如果数据库处于完整恢复模式或大容量日志恢复模式,还可以在没有使数据库全部离线的情况下还原数据库。

完整恢复模式支持所有还原方案。

(3)大容量日志恢复模式

此模式简略地记录大多数大容量操作(例如,索引创建和大容量加载),完整地记录其他事务。

大容量日志恢复提高了大容量操作的性能,常用作完整恢复模式的补充。大容量日志恢复模式支持所有的恢复形式,但是有一些限制。

与完整恢复模式(完全记录所有事务)相反,大容量日志恢复模式只对大容量操作进行最小记录（尽管会完全记录其他事务）。大容量日志恢复模式保护大容量操作不受媒体故障的危害，提供最佳性能并占用最小日志空间。但是，大容量日志恢复模式增加了这些大容量复制操作丢失数据的风险，因为最小日志记录大容量操作不会逐个事务重新捕获更改。只要日志备份包含大容量操作，数据库就只能恢复到日志备份的结尾，而不是恢复到某个时间点或日志备份中某个标记的事务。

此外，在大容量日志恢复模式下，备份包含大容量日志记录操作的日志需要访问包含大容量日志记录事务的数据文件。如果无法访问该数据文件，则不能备份事务日志。在这种情况下，必须重做大容量操作。

2. 恢复模式和支持的还原操作

可用于数据库的还原操作取决于所用的恢复模式。表 13.1 简要说明了每种恢复模式是否支持给定的还原方案以及适用范围。

表 13.1　恢复模式与还原方案

还原操作	完整恢复模式	大容量日志恢复模式	简单恢复模式
数据还原	完整还原 （如果日志可用）	某些数据将丢失	自上次完整备份或差异备份后的任何数据将丢失
时点还原	日志备份所涵盖的任何时间	日志备份包含任何大容量日志更改时不允许	不支持
文件还原 *	完全支持	不完全支持	仅对只读辅助文件可用
页面还原 *	完全支持	不完全支持	
逐级（文件组级）还原 *	完全支持	不完全支持	仅对只读辅助文件可用

* 仅适用于 Microsoft SQL Server 2005 Enterprise Edition。

3. 选择恢复模式

每种恢复模式对可用性、性能、磁盘和磁带空间以及防止数据丢失方面都有特别要求。选择恢复模式时，必须在下列业务要求之间进行权衡：

①大规模操作的性能；

②数据丢失情况（例如已提交的事务丢失）；

③事务日志的空间占用情况；

④备份和恢复的简化。

根据所执行的操作，可能存在多个适合的模式。表 13.2 概述了三种恢复模式的优点和影响。

表 13.2　三种恢复模式的优点和影响

恢复模式	优点	数据丢失情况	能否恢复到时间点
简单	允许执行高性能大容量复制操作。 回收日志空间，以使空间要求较小	必须重做自最新数据库或差异备份后所做的更改	可以恢复到任何备份的结尾，随后必须重做更改

恢复模式	优点	数据丢失情况	能否恢复到时间点
完全	数据文件丢失或损坏不会导致丢失工作。 可以恢复到任意时间点（例如应用程序或用户错误之前）	正常情况下没有。 如果日志损坏，则必须重做自最新日志备份后所做的更改	可以恢复到任何时间点
大容量日志	允许执行高性能大容量复制操作。 大容量操作使用的最小日志空间	如果日志损坏或自最新日志备份后执行了大容量操作，则必须重做自上次备份后所做的更改，否则不丢失任何工作	可以恢复到任何备份的结尾，随后必须重做更改

适合于数据库的恢复模式取决于数据库的可用性和恢复要求。

4. 指定数据库的恢复模式

（1）使用图形工具设置恢复模式

①连接到相应的 Microsoft SQL Server Database Engine 实例之后，在"对象资源管理器"中，单击服务器名称，以展开服务器树。

②展开"数据库"节点，选择用户数据库，如选择 teaching 数据库。

③右键单击该数据库，再单击"属性"菜单项，打开"数据库属性"窗口。

④在"选择页"窗格中，单击"选项"，当前恢复模式将显示在右侧"恢复模式"列表框中。

⑤也可以从列表中选择不同的模式来更改恢复模式。可以选择"完整"、"大容量日志"或"简单"三种恢复模式。

⑥设置完成后单击【确定】按钮。

（2）使用 Transact-SQL 语句设置恢复模式

设置恢复模式的 Transact-SQL 命令格式如下。

```
ALTER DATABASE database_name
｛
 SET
 ｛ RECOVERY ｛ FULL|BULK_LOGGED|SIMPLE ｝ ｝
｝
［;］
```

各选项含义如下。

• FULL：通过使用事务日志备份，在媒体发生故障后提供完整恢复。如果数据文件损坏，媒体恢复可以还原所有已提交的事务。

• BULK_LOGGED：在某些大规模或大容量操作中，可以提供最佳性能，占用的日志空间也最少，因此，在媒体发生故障后，可以提供恢复。在 BULK_LOGGED 恢复模式下，这些操作的日志记录最少。

• SIMPLE：系统将提供占用日志空间最小的简单备份策略。服务器故障恢复不再需要的日志空间可被自动重用。

简单恢复模式比其他两种模式更容易管理,但代价是数据文件损坏时丢失数据的风险也较大。最近的数据库备份或差异数据库备份之后的所有更改都将丢失,必须手动重新输入。

默认恢复模式由 model 数据库的恢复模式确定。

【例 13.1】 将数据库 teaching 的恢复模式设置为完全恢复模式。

ALTER DATABASE teaching SET RECOVERY FULL

13.1.2 备份概述

Microsoft SQL Server 备份创建在备份设备上,如磁盘或磁带媒体。使用 SQL Server 可以决定如何在备份设备上创建备份。例如,可以覆盖过时的备份,也可以将新备份追加到备份媒体。

注意:如果在进行备份操作时尝试创建或删除数据库文件,则创建或删除将失败。如果正创建或删除数据库文件时尝试启动备份操作,则备份操作将等待,直到创建或删除操作完成或者备份超时。

1.备份类型

SQL Server 2005 支持完整备份、差异备份、事务日志备份以及文件和文件组备份四种类型。

(1)完整备份

完整备份是备份整个数据库,包括用户表、系统表、索引、视图和存储过程等所有数据库对象,适用于数据更新缓慢的数据库。

(2)差异备份

差异备份只记录自上次数据库备份后发生更改的数据,差异备份一般会比完整备份占用更少的空间。

(3)事务日志备份

事务日志是一个单独文件,它记录数据库的改变,备份时只复制自上次备份事务日志对数据库执行的所有事务的一系列记录。

(4)文件和文件组备份

当数据库非常庞大时,可执行数据库文件和文件组备份。这种备份策略使用户只恢复已损坏的文件或文件组,而不用恢复数据库的其余部分,所以文件和文件组的备份和恢复是一种相对较完善的备份和恢复过程。

2.备份操作的限制

在 Microsoft SQL Server 2005 中,当数据库处于在线状态并正在使用时,可以进行备份,但有以下限制。

(1)无法备份离线数据

隐式或显式引用离线数据的任何备份操作都会失败。

(2)完整备份过程中的限制

在完整备份过程中,不允许执行下列操作:

①创建或删除数据库文件;

②在收缩操作过程中截断文件。

如果上述某个操作正在进行时开始备份,则备份将等待该操作完成,直到会话超时所设置的时间限制到期。如果在备份操作执行过程中试图执行上面任一操作,该操作将失败,而备份操作继续进行。

13.1.3　创建备份

1. 备份设备

备份或还原操作中使用的磁带机或磁盘驱动器称为"备份设备"。在创建备份时,必须选择要将数据写入的备份设备。Microsoft SQL Server 2005 可以将数据库、事务日志和文件备份到磁盘和磁带设备上。

(1)磁盘备份设备

磁盘备份设备是硬盘或其他磁盘存储媒体上的文件。引用磁盘备份设备与引用任何其他操作系统文件一样,可以在服务器的本地磁盘上或共享网络资源的远程磁盘上定义磁盘备份设备,磁盘备份设备根据需要可大可小,最大文件可以相当于磁盘上可用磁盘空间。

若要通过网络备份到远程计算机上的磁盘,需使用通用命名约定(UNC)名称(格式为:\\ < Systemname > \\ < ShareName > \\ < Path > \\ < FileName >)来指定文件的位置。在将文件写入本地硬盘时,SQL Server 使用的用户帐户必须具有读写远程磁盘上的文件所需的权限。

注意:备份到与数据库同在一个物理磁盘上的文件中会有一定的风险。如果包含数据库的磁盘设备发生故障,由于备份位于发生故障的同一磁盘上,因此无法恢复数据库。

(2)磁带备份设备

磁带备份设备的用法与磁盘备份设备相同,除了磁带备份设备必须物理连接到运行 SQL Server 实例的计算机上外,不支持备份到远程磁带备份设备上。如果磁带备份设备在备份操作过程中已满,但还需要写入一些数据,SQL Server 将提示更换新磁带并继续备份操作。

(3)物理备份和逻辑备份设备

SQL Server Database Engine 使用物理备份设备名称或逻辑备份设备名称标识备份设备:

物理备份设备是操作系统用来标识备份设备的名称,如 C:\ Backups \Accounting \Full. bak。

逻辑备份设备是用户定义的别名,用来标识物理备份设备。逻辑备份设备名称永久性地存储在 SQL Server 内的系统表中。使用逻辑备份设备的优点是引用它比引用物理备份设备名称简单。例如,逻辑备份设备名称可以是 Accounting_Backup,而物理备份设备名称则可能是 E:\\Backups\\Accounting\\Full. bak。

备份或还原数据库时,物理备份设备名称和逻辑备份设备名称可以互换使用。

注意:备份可以使用 1 到 64 个备份设备。

2. 创建备份设备

①连接到相应的 Microsoft SQL Server Database Engine 实例之后,在"对象资源管理器"中,单击服务器名称以展开服务器树。

②展开"服务器对象",然后右键单击"备份设备"。

③单击"新建备份设备"菜单项,打开"备份设备"窗口。

④在"设备名称"中输入设备的逻辑名称。

⑤若要确定目标位置,选中"目标"中的单选项"文件",单击后面的【浏览】按钮,指定该文件的完整路径,即物理设备名称。

⑥设置后单击【确定】按钮。

3. 查看备份设备的属性和内容

①连接到相应的 Microsoft SQL Server Database Engine 实例之后,在"对象资源管理器"中,单击服务器名称以展开服务器树。

②展开"服务器对象"文件夹,再展开"备份设备"。

③单击设备并右键单击"属性",将打开"备份设备"窗口。

④"常规"页将显示设备名称和目标,目标为磁带设备或者文件路径,即逻辑备份设备名及物理备份设备名。

⑤在"选择页"窗格中,单击"媒体内容"。

⑥右侧窗口显示以下内容。

☞媒体:媒体顺序信息包括媒体序列号、簇序列号和镜像标识符(如果存在)以及媒体的创建日期和时间。

☞媒体集:媒体集信息包括媒体集名称和描述(如果存在)以及媒体集中的簇数量。

⑦"备份集"网格将显示有关媒体集内容的信息。

4. 创建备份

(1)使用图形工具备份数据库

①连接到相应的 Microsoft SQL Server Database Engine 实例之后,在"对象资源管理器"中,单击服务器名称以展开服务器树。

②展开"数据库",选择用户数据库,或展开"系统数据库",再选择数据库名称,如 teaching。

③右键单击数据库名称,指向"任务",再单击"备份",出现"备份数据库"窗口。

④在"数据库"列表框中验证数据库名称,也可以从列表中选择其他数据库。

⑤在"备份类型"列表框中,列出不同恢复模式(FULL、BULK_LOGGED 或 SIMPLE)下可以选择的备份类型,如选择"完整"。

注意,创建完整数据库备份之后,可以创建差异数据库备份。

⑥在"备份组件"中选择"数据库"。

⑦可以接受"备份集"中"名称"文本框中建议的默认备份集名称,也可以为备份集输入其他名称。

⑧可以在"说明"文本框中输入备份集的说明。

⑨指定备份集何时过期以及何时可以覆盖备份集而不用显式跳过过期数据验证。

☞若要使备份集在特定天数后过期,选择"在以下天数后"(默认选项),并输入备份集从创建到过期所需的天数。此值范围为 0 到 99999 天;0 天表示备份集将永不过期。

☞ 若要使备份集在特定日期过期,请单击"在",并输入备份集的过期日期。

⑩选择"磁盘"或"磁带",以选择备份目标的类型。若要选择包含单个媒体集的多个磁盘或磁带机(最多为64 个)的路径,单击【添加】。选择的路径将显示在"备份到"列表框中。

⑪若要删除备份目标,选择该备份目标并单击【删除】按钮。若要查看备份目标的内容,可以选择该备份目标并单击【内容】按钮。

⑫若要查看或选择高级选项,可以在"选择页"窗格中选择"选项"。

⑬通过选择下列选项之一来选择"覆盖媒体"选项。

☞备份到现有媒体集。可以选择"追加到现有备份集"或"覆盖所有现有备份集"。或者,选中"检查媒体集名称和备份集过期时间"复选框,并在"媒体集名称"文本框中输入名称(可选)。如果没有指定名称,将使用空白名称创建媒体集。如果指定了媒体集名称,将检查媒体(磁带或磁盘),以确定实际名称是否与此处输入的名称匹配。

☞备份到新媒体集并清除所有现有备份集。可以在"新建媒体集名称"文本框中输入名称,并在"新建媒体集说明"文本框中描述媒体集(可选)。

⑭在"可靠性"部分中,根据需要选中下列任意选项:

☞完成后验证备份;

☞"写入媒体前检查校验和"和"出现校验和错误时继续"(可选)。

⑮如果备份到磁带机(如同"常规"页的"目标"部分指定的一样),则"备份后卸载磁带"选项处于活动状态。选择此选项可以激活"卸载前倒带"选项。

注意:除非备份的是事务日志(如同"常规"页的"备份类型"部分中指定的一样),否则"事务日志"部分中的选项处于不活动状态。此外,还可以使用维护计划向导来创建数据库备份。

⑯设置后单击【确定】按钮。

差异备份和日志备份的操作同上。

(2)使用 Transact-SQL 命令备份数据库

可以使用 BACKUP DATABASE 命令备份数据库,命令语法格式如下。

```
BACKUP DATABASE { database_name | @database_name_var }
      TO < backup_device > [ ,...,n ]
      [ WITH { DIFFERENTIAL |COPY_ONLY } ]


< backup_device > :: =
{
      { logical_backup_device_name|@logical_backup_device_name_var }
  | { DISK | TAPE }
      = { 'physical_backup_device_name'|@physical_backup_device_name_var }
}
```

各选项含义如下。

• DATABASE:指定一个完整数据库备份。如果指定了一个文件和文件组的列表,则仅备份该列表中的文件和文件组。

在进行完整数据库备份或差异备份时,Microsoft SQL Server 会备份足够的事务日志,确保还原数据库时生成一个一致的数据库。对于 master 数据库,只能采用完整数据库备份。

• {database_name|@database_name_var}:备份事务日志、部分数据库或完整的数据库时所用的源数据库。如果作为变量(@database_name_var)提供,则可以将该名称指定为字符

串常量($@database\_name\_var$ = database name)或字符串数据类型(ntext 或 text 数据类型除外)的变量。

• TO：表示伴随的备份设备组是一个非镜像媒体集，或者镜像媒体集中的镜像之一（如果声明一个或多个 MIRROR TO 子句）。

• < backup_device >：指定用于备份操作的逻辑备份设备或物理备份设备。备份设备可以是下列一种或多种形式：

{ logical_backup_device_name | @logical_backup_device_name_var }

{ DISK | TAPE } = { 'physical_backup_device_name' | @physical_backup_device_name_var }

• n：表示可以在给定的 TO 子句或 MIRROR TO 子句中最多指定 64 个备份设备的占位符。每个 MIRROR TO 子句中的设备数必须等于 TO 子句中的设备数。

• { logical_backup_device_name | @logical_backup_device_name_var }：数据库要备份到的备份设备的逻辑名称。逻辑名称必须遵守标识符规则。如果作为变量（@logical_backup_device_name_var）提供，则可以将该备份设备名称指定为字符串常量（@logical_backup_device_name_var = logical backup device name）或任何字符串数据类型（ntext 或 text 数据类型除外）的变量。

• { DISK | TAPE } = { 'physical_backup_device_name' | @physical_backup_device_name_var }：允许在指定的磁盘或磁带设备上创建备份。在执行 BACKUP 语句之前，指定的设备不必存在。

当指定 TO DISK 或 TO TAPE 时，需要输入完整的路径和文件名。例如，DISK = 'C:\Program Files\Microsoft SQL Server\MSSQL\BACKUP\Mybackup. bak' 或 TAPE = '\\.\TAPE0'。

注意：对于备份到磁盘的情况，如果输入一个相对路径名，则备份文件将存储到默认的备份目录中。该目录在安装时被设置并且存储在 KEY_LOCAL_MACHINE \ Software \ Microsoft \ MSSQLServer \ MSSQLServer 目录下的 BackupDirectory 注册表项中。

当指定多个文件时，可以混合逻辑文件名（或变量）和物理文件名（或变量）。但是，所有的设备都必须为同一类型（即磁盘或磁带）。

• DIFFERENTIAL：只能与 BACKUP DATABASE 一起使用，指定数据库备份或文件备份应该只包含上次完整备份后更改的数据库或文件部分 差异备份一般会比完整备份占用更少的空间。对于上一次完整备份后执行的所有单个日志备份，使用该选项可以不必再进行备份。

• COPY_ONLY：指定备份为"仅复制备份"，该备份不影响正常的备份顺序。仅复制备份是独立于定期计划的常规备份而创建的。仅复制备份不会影响数据库的总体备份和还原过程。

可以使用 BACKUP LOG 命令备份事务日志，命令语法格式如下。

```
    BACKUP LOG { database_name | @database_name_var }
    {
        WITH { NO_LOG | TRUNCATE_ONLY }
    }
```

各选项含义如下。

• LOG：指定仅备份事务日志。该日志是从上一次成功执行的 LOG 备份到当前日志的末尾。备份日志之后,可能会截断事务复制或活动事务不再需要的空间。

• NO_LOG | TRUNCATE_ONLY:通过放弃活动日志以外的所有日志,无需备份复制日志即可删除不活动的日志部分并截断日志。该选项会释放空间。因为并不保存日志备份,所以没有必要指定备份设备。NO_LOG 和 TRUNCATE_ONLY 是同义的。

使用 NO_LOG 或 TRUNCATE_ONLY 截断日志后,记录在日志中的更改不可恢复。为了进行恢复,需要立即执行 BACKUP DATABASE,以执行完整备份或完整差异备份。

如果不想进行日志备份,可以将数据库设置为简单恢复模式。

BACKUP DATABASE 和 BACKUP LOG 权限默认授予 sysadmin 固定服务器角色和 db_owner 及 db_backupoperator 固定数据库角色的成员。

【例 13. 1】 备份整个 teaching 数据库。

此示例将创建用于存放 teaching 数据库完整备份的逻辑备份设备 teachingData。

```
USE master
GO
EXEC sp_addumpdevice 'disk', 'teachingData',
'C:\Program Files\Microsoft SQL Server\MSSQL. 1\MSSQL\BACKUP\teachingData. bak'
GO
BACKUP DATABASE teaching TO teachingData
GO
```

【例 13. 2】 备份数据库和日志

此示例创建了完整数据库备份和日志备份。teaching 数据库使用简单恢复模式。若要创建 teaching 数据库的日志备份,必须在完整备份之前将该数据库改用完整恢复模式。将数据库备份到称为 teachingData 的逻辑备份设备上,在更新活动执行一段时间后,将日志备份到称为 teachingLog 的逻辑备份设备上。

注意:创建逻辑备份设备需要一次完成。

```
-- To permit log backups, before the full backup, alter the database
-- to use the full recovery model.
USE master
GO
ALTER DATABASE teaching SET RECOVERY FULL
GO
EXEC sp_addumpdevice 'disk', 'teachingData',
'C:\Program Files\Microsoft SQL Server\MSSQL. 1\MSSQL\BACKUP\tachingData. bak'
GO
EXEC sp_addumpdevice 'disk', 'teachingLog',
'C:\Program Files\Microsoft SQL Server\MSSQL. 1\MSSQL\BACKUP\teachingLog. bak'
GO
BACKUP DATABASE teaching TO teachingData
GO
BACKUP LOG teaching TO teachingLog
```

13.2 还原数据库

13.2.1 还原数据库方案

还原方案是从一个或多个备份中还原数据,并在还原最后一个备份后恢复数据库。支持的还原方案取决于恢复模式。通过还原方案,可以在下列级别之一还原数据,每个级别的影响如下。

(1)数据库级别

还原和恢复整个数据库,并且数据库在还原和恢复操作期间处于离线状态。

(2)数据文件级别

还原和恢复一个数据文件或一组文件。在文件还原过程中,包含相应文件的文件组在还原过程中自动变为离线状态。访问离线文件组的任何尝试都会导致错误。

(3)数据页级别

可以对任何数据库进行页面还原,而不管文件组数为多少。完整恢复模式下可以还原到此级别。

1. 简单恢复模式下的还原方案

简单恢复模式支持如表 13.3 中所述的基本还原方案。

表 13.3　简单恢复模式所支持的还原方案

方案	说明
数据库完整还原	这是基本的还原策略。在简单恢复模式下,数据库完整还原可能涉及简单还原和恢复完整备份。另外,数据库完整还原也可能涉及还原完整备份并接着还原和恢复差异备份
文件还原	还原损坏的只读文件,但不还原整个数据库。仅在数据库至少有一个只读文件组时才可以进行文件还原
段落还原	按文件组级别并从主文件组和所有读写辅助文件组开始,分阶段还原和恢复数据库
仅恢复	适用于从备份复制的数据已经与数据库一致而只需使其可用的情况

注意:只有 Enterprise Edition 支持在线还原。

无论如何还原数据,数据库引擎都会保证整个数据库的逻辑一致性,以便可以使用数据库。例如,若要还原一个文件,则必须将该文件前滚足够长度,以便与数据库保持一致,才能恢复该文件并使其在线。

2. 完整恢复模式下的还原方案

完整日志恢复模式和大容量日志恢复模式支持如表 13.4 中介绍的基本还原方案。

表 13.4　完整日志恢复模式和大容量日志恢复模式所支持的还原方案

方案	说明
数据库完整还原	这是基本的还原策略。在完整/大容量日志恢复模式下,数据库完整还原涉及还原完整备份和差异备份(如果存在可选),然后还原所有后续日志备份(按顺序)。通过恢复并还原上一次日志备份(RESTORE WITH RECOVERY)完成数据库完整还原
文件还原	还原一个或多个文件,而不还原整个数据库。可以在数据库处于离线状态或数据库保持在线状态(对于某些版本)时执行文件还原。在文件还原过程中,包含正在还原的文件的文件组一直处于离线状态。 必须具有完整的日志备份链(包含当前日志文件),并且必须应用所有这些日志备份,以使文件与当前日志文件保持一致
页面还原	还原损坏的页面。可以在数据库处于离线状态或数据库保持在线状态(对于某些版本)时执行页面还原。在页面还原过程中,包含正在还原的页面的文件一直处于离线状态。 必须具有完整的日志备份链(包含当前日志文件),并且必须应用所有这些日志备份,以使页面与当前日志文件保持一致
段落还原	按文件组级别并从主文件组开始,分阶段还原和恢复数据库。

3. 在大容量日志恢复模式下进行还原

大容量日志恢复被作为对完整恢复模式的补充。

通常,大容量日志恢复模式与完整恢复模式相似,针对完整恢复模式说明的信息对两者都适用。此节仅考虑特定于大容量日志恢复的还原注意事项。

大容量日志恢复模式有条件地支持在线文件还原、在线页面还原和段落还原方案。必须在损坏之前对相关日志进行了备份;如果数据库中存在大容量更改,那么所有文件必须在线或已失效(也就是说不再属于数据库),而且必须在备份开始前对大容量更改进行了备份。

13.2.2　实施还原方案

还原 Microsoft SQL Server 的完整备份将使用备份完成时数据库中的所有文件重新创建数据库。

1. 使用图形工具还原完整备份

在完整恢复模式或大容量日志恢复模式下,必须先备份活动事务日志(称为日志尾部),然后才能在 SQL Server Management Studio 中还原数据库。尾日志备份是使数据库处于还原状态的一种日志备份。通常会在失败之后进行尾日志备份来备份日志尾部,以防丢失工作。

一般的还原过程需要在“还原数据库”对话框中同时选择日志备份以及数据和差异备份。

备份必须按照其创建顺序进行还原。在还原给定的事务日志之前,必须已经还原下列备份,但不用回滚未提交的事务:

①事务日志备份之前的完整备份和差异备份(如果存在);

②在完整备份和现在要还原的事务日志之间所做的全部事务日志备份(如果存在)。

注意:上述还原必须使用下面的恢复状态选项:不对数据库执行任何操作,不回滚未提交的事务。

使用图形工具还原步骤如下。

①连接到相应的 Microsoft SQL Server Database Engine 实例之后,在"对象资源管理器"中,单击服务器名称以展开服务器树。

②展开"数据库",选择用户数据库,如 teaching。

③右键单击数据库,指向"任务",再单击"还原"。

④单击"数据库",打开"还原数据库_teaching"窗口。

⑤在"常规"选择页上,还原数据库的名称将显示在"目标数据库"列表框中。若要创建新数据库,可以在列表框中输入数据库名。

⑥在"目标时间点"文本框中可以保留默认值("最近状态"),也可以单击【浏览】按钮打开"时点还原"对话框,以选择具体的日期和时间。

⑦若要指定要还原的备份集的源和位置,可以选择以下选项之一。

☞源数据库。在列表框中选择或输入数据库名称。

☞源设备。单击【浏览】按钮,打开"指定备份"对话框。在"备份媒体"列表框中,从列出的设备类型选择一种。若要为"备份位置"列表框选择一个或多个设备,可以单击【添加】按钮。

将所需设备添加到"备份位置"列表框后,单击【确定】按钮,返回到"常规"选择页。

⑧在"选择用于还原的备份集"表格中,选择用于还原的备份。此网格将显示对于指定位置可用的备份。默认情况下,系统会推荐一个恢复计划。若要覆盖建议的恢复计划,可以更改网格中的选择。当取消选择某个早期备份时,将自动取消选择那些需要还原该早期备份才能进行的备份。表 13.5 列出了表格的列标题并对列值进行了说明。

表 13.5 "选择用于还原的备份集"表格中各列的说明

表头	说明
还原	如果复选框处于选中状态,则指示要还原相应的备份集
备份集名称	备份集的名称
备份组件	已备份的组件:"数据库"、"文件"或 <空白>(表示事务日志)
备份类型	执行的备份类型:"完整"、"差异"或"事务日志"
服务器名称	执行备份操作的数据库引擎实例的名称
数据库	备份操作中所涉及的数据库的名称
位置	备份集在卷中的位置
第一个 LSN	备份集中第一个事务的日志序列号,对于文件备份为空
最后一个 LSN	备份集中最后一个事务的日志序列号,对于文件备份为空
检查点 LSN	创建备份时最近一个检查点的日志序列号
完整 LSN	最新的完整备份的日志序列号
开始日期	备份操作开始的日期和时间(按客户端的区域设置显示)
完成日期	备份操作完成的日期和时间(按客户端的区域设置显示)
大小	备份集的大小(字节)
用户名	执行备份操作的用户的名称
过期	备份集的过期日期和时间

⑨若要查看或选择高级选项,可以选择"选择页"窗格中的"选项"。

⑩对于"还原选项"面板,有下列几个选项。

☞覆盖现有数据库。指定还原操作应覆盖所有现有数据库及其相关文件,即使已存在同名的其他数据库或文件。选择此选项等效于在 Transact-SQL RESTORE 语句中使用 REPLACE 选项。

☞保留复制设置。将已发布的数据库还原到创建该数据库的服务器之外的服务器时,保留复制设置。此选项只能与"回滚未提交的事务,使数据库处于可以使用的状态..."选项(等效于使用 RECOVERY 选项还原备份)一起使用。

选中此选项等效于在 Transact-SQL RESTORE 语句中使用 KEEP_REPLICATION 选项。

☞还原每个备份之前进行提示。还原初始备份之后,此选项会在还原每个附加备份集之前打开"继续还原"对话框,该对话框将要求指示是否要继续进行还原。该对话框将显示下一个媒体集(如果有)的名称、备份集名称以及备份集说明。

在必须交换不同媒体集磁带的情况下,此选项尤其有用。例如,如果服务器只有一个磁带设备,则可以使用此选项。待做好继续操作的准备后,再单击【确定】按钮。

单击"否"将使数据库处于还原状态。完成上次还原之后,可以在方便时继续按顺序还原。如果下一个备份是数据备份或差异备份,再次使用"还原数据库"任务。如果下一个备份是日志备份,使用"还原事务日志"任务。

☞限制访问还原的数据库。使还原的数据库仅供 db_owner、dbcreator 或 sysadmin 的成员使用。选中此选项等效于在 Transact-SQL RESTORE 语句中使用 RESTRICTED_USER 选项。

☞将数据库文件还原为以表格格式显示原始数据库文件名称。可以更改要还原到的任意文件的路径及名称。

表 13.6 列出了表格的列标题并对列值进行了说明。

表 13.6 "将数据库文件还原为"表格中各列的说明

表头	说明
原始文件名	源备份文件的完整路径
还原为	将来还原的数据库文件的完整路径。若要指定新的还原文件,请单击文本框,并编辑建议的路径和文件名。更改"还原为"列中的路径或文件名等效于在 Transact-SQL RESTORE 语句中使用 MOVE 选项

⑪对于"恢复状态"选项,可以指定还原操作之后的数据库状态。

☞回滚未提交的事务,使数据库处于可以使用的状态。无法还原其他事务日志。

恢复数据库。此选项等效于 Transact-SQL RESTORE 语句中的 RECOVERY 选项。仅在没有要还原的日志文件时选择此选项。

☞不对数据库执行任何操作,不回滚未提交的事务。可以还原其他事务日志。

使数据库处于未恢复状态。此选项等效于在 Transact-SQL RESTORE 语句中使用 NORECOVERY 选项。选择此选项时,"保留复制设置"选项将不可用。

☞使数据库处于只读模式。撤销未提交的事务,但将撤销操作保存在备用文件中,以便可使恢复效果还原。

使数据库处于备用状态。此选项等效于在 Transact-SQL RESTORE 语句中使用 STANDBY 选项。选择此选项需要指定一个备用文件。

⑫也可以在"备用文件"文本框中指定备用文件名。如果使数据库处于只读模式,则必须选中此选项。可以查找备份文件,也可以在文本框中键入其路径名。

⑬设置好后单击【确定】按钮,系统开始还原。

2. 使用 Transact-SQL 命令还原备份

(1)简单恢复模式下的数据库完整还原

可以使用 RESTORE DATABASE 命令还原数据库,命令语法格式如下。

```
RESTORE DATABASE  < database >  FROM  < full backup >
[ WITH RECOVERY | NORECOVERY ]
```

• NORECOVERY:指定不发生回滚,从而使前滚按顺序在下一条语句中继续进行。在这种情况下,还原顺序可还原其他备份,并执行前滚。

• RECOVERY:默认值,应在完成当前备份前滚之后执行回滚。恢复数据库要求要还原的整个数据集("前滚集")必须与数据库一致。如果前滚集尚未前滚到与数据库保持一致的地步,并且指定了 RECOVERY,则数据库引擎将发出错误。

还原 Microsoft SQL Server 的完整备份将使用备份完成时数据库中的所有文件重新创建数据库。

在简单恢复模式下进行完整数据库还原只有一个或两个步骤,这取决于是否需要还原完整差异备份。

①如果仅使用完整备份,则只需还原最近的完整备份(WITH RECOVERY)即可。

②如果还使用了完整差异备份,则还原最新的完整备份但不恢复数据库(WITH NORECOVERY),或者还原完整差异备份并恢复数据库(WITH RECOVERY)。

还原整个数据库时,应当使用单一还原顺序。下面的示例按照数据库完整还原方案的还原顺序说明了关键选项。还原顺序由通过一个或多个还原阶段来移动数据的一个或多个还原操作组成。

该数据库还原为完整备份的状态,RECOVERY 是默认的。

【例 13.3】 创建完整备份和完整差异备份。

下面的示例说明了如何在简单恢复模式下创建 teaching 数据库的完整备份和完整差异备份,以及如何按顺序还原它们。在完整差异备份还原之后,将在一个单独的步骤中还原数据库。

```
USE master
ALTER DATABASE teaching SET RECOVERY SIMPLE
GO
EXEC sp_addumpdevice 'disk', 'Myteaching',
'C:\Program Files\Microsoft SQL Server\MSSQL. 1\MSSQL\BACKUP\Myteaching. bak'
GO
BACKUP DATABASE teaching TO Myteaching WITH FORMAT
GO
```

BACKUP DATABASE teaching TO Myteaching WITH DIFFERENTIAL

GO

RESTORE DATABASE teaching FROM Myteaching WITH NORECOVERY

GO

RESTORE DATABASE teaching FROM Myteaching WITH FILE = 2, RECOVERY

GO

（2）完整恢复模式下的数据库完整还原

通常,将数据库恢复到故障点分为下列基本步骤。

①备份活动事务日志(称为日志尾部)。此操作将创建尾日志备份。如果活动事务日志不可用,则该日志部分的所有事务都将丢失。

在大容量日志恢复模式下,备份任何包含大容量日志操作的日志都需要访问数据库中的所有数据文件。如果无法访问该数据文件,则不能备份事务日志。在这种情况下,需要手动重做自最近备份日志以来的所有更改。

②还原最新的完整备份,但不恢复数据库(WITH NORECOVERY)。

③如果存在差异备份,则还原最新的差异备份,而不恢复数据库(WITH NORECOVERY)。

④从还原备份后创建的第一个事务日志备份开始,使用 NORECOVERY 依次还原日志。

⑤恢复数据库(RESTORE DATABASE < database_name > WITH RECOVERY)。此步骤也可以与还原上一次日志备份结合使用。

⑥数据库完整还原通常可以恢复到日志备份中的某一时间点或标记的事务。但是,在大容量日志恢复模式下,如果日志备份包含大容量更改,则不能进行时点恢复。

☞还原整个数据库(完整恢复模式)

还原整个数据库时,应当使用单一还原顺序。下面的 Transact-SQL 命令序列说明还原顺序中用于将数据库还原到故障点的数据库完整还原方案的关键选项。还原顺序由一个或多个还原操作组成,这些还原操作通过一个或多个还原阶段来移动数据。示例中数据库将还原并前滚。数据库差异用于减少前滚时间。此还原顺序用于避免丢失工作,上次还原的备份为尾日志备份。

Transact-SQL 命令序列:

```
RESTORE DATABASE  < database >  FROM  < full backup >
    WITH NORECOVERY
RESTORE DATABASE  < database >  FROM  < full_differential_backup >
    WITH NORECOVERY
RESTORE LOG  < database >  FROM  < log_backup >
    WITH NORECOVERY
RESTORE LOG  < database >  FROM  < log_backup >
    WITH NORECOVERY
RESTORE LOG  < database >  FROM  < tail_log backup >
    WITH RECOVERY
```

【例 13. 4】 此例说明如何创建 teaching 数据库的完整备份、纯日志备份和尾日志备份以及如何按顺序还原这些备份。还原尾日志备份后，在单独的步骤中恢复数据库。在此示例中，teaching 数据库临时设置为使用完整恢复模式。

```
USE master
GO
ALTER DATABASE teaching SET RECOVERY FULL
GO
-- Create a logical backup device for the full teachings backup.
EXEC sp_addumpdevice 'disk', 'Myteaching'
'C:\Program Files\Microsoft SQL Server\MSSQL.1\MSSQL\BACKUP\Myteaching.bak'
GO
-- Back up the full teaching database:
BACKUP DATABASE teaching TO Myteaching WITH FORMAT
GO
-- Create a pure log backup:
BACKUP LOG teaching TO Myteaching
GO
-- Create tail-log backup:
BACKUP LOG teaching TO Myteaching WITH NORECOVERY
GO
-- Restore the full backup (from backup set 1):
RESTORE DATABASE teaching FROM Myteaching WITH NORECOVERY
-- Restore the pure log backup (from backup set 2):
RESTORE LOG teaching FROM Myteaching WITH FILE = 2, NORECOVERY
-- restore the tail-log backup (from backup set 3):
RESTORE LOG teaching FROM Myteaching WITH FILE = 3, NORECOVERY
GO
-- recover the database:
RESTORE DATABASE teaching WITH RECOVERY
GO
```

☞还原完整差异备份

需要注意以下事项。

①指定 NORECOVERY 子句后，执行 RESTORE DATABASE 语句以还原完整差异备份之前的完整备份。

②指定下列项后，执行 RESTORE DATABASE 语句以还原完整差异备份：

• 将应用完整差异备份的数据库名称。

• 要从中还原完整差异备份的备份设备。

• NORECOVERY 子句，前提是还原了完整差异备份后存在要应用的事务日志备份，否则应指定 RECOVERY 子句。

③使用完整恢复或大容量日志恢复模式，还原完整差异备份将把数据库还原到完整差

302

异备份完成时的那一点。若要恢复到失败的那一点，则必须应用创建上一个完整差异备份后创建的所有事务日志备份。

【例 13.5】 还原数据库和完整差异备份。此例将还原 teaching 数据库及其完整差异备份。

-- Assume the database is lost, and restore full database,
-- specifying the original full backup and NORECOVERY,
-- which allows subsequent restore operations to proceed.
RESTORE DATABASE Myteaching FROM Myteaching_1 WITH NORECOVERY
GO
-- Now restore the full differential backup, the second backup on
-- the Myteaching_1 backup device.
RESTORE DATABASE Myteaching FROM Myteaching_1
    WITH FILE = 2, RECOVERY
GO

【例 13.6】 还原数据库、差异数据库以及事务日志备份。此例将还原 Myteaching 数据库及其差异数据库和事务日志备份。

-- Assume the database is lost at this point. Now restore the full database.
-- Specify the original full backup and NORECOVERY.
-- NORECOVERY allows subsequent restore operations to proceed.
RESTORE DATABASE Myteaching FROM My teaching_1
    WITH NORECOVERY
GO
-- Now restore the full differential backup, the second backup on
-- the My teachign_1 backup device.
RESTORE DATABASE Myteaching FROM My teaching_1
    WITH FILE = 2, NORECOVERY
GO
-- Now restore each transaction log backup created after
-- the full differential backup.
RESTORE LOG Myteaching FROM Myteaching_log1 WITH NORECOVERY
GO
RESTORE LOG Myteaching FROM Myteaching_log2 WITH RECOVERY
GO

13.3 导入导出大容量数据

在 Microsoft SQL Server 表和文件之间移动数据的功能是数据库管理的基本要求。SQL Server 允许用户大容量地导入和导出数据。这是在 SQL Server 和异类数据源之间有效传输数据所必需的。大容量导出是指将数据从 SQL Server 表复制到数据文件。大容量导入是指将数据从数据文件加载到 SQL Server 表。

通过大容量导入和大容量导出操作可以在 Microsoft SQL Server 2005 和异类数据源之间轻松移动数据。例如，可以将数据从 Microsoft Excel 应用程序导出到数据文件，然后将数据大容量导入到 SQL Server 表。

13.3.1　导入导出向导

若要在 Microsoft SQL Server 数据库之间大容量传输数据，必须先将源数据库中的数据大容量导出到一个文件中。然后将此文件大容量导入到目标数据库中。

在 SQL Server 数据库之间复制数据，可以使用 SQL Server 导入和导出向导。此向导可访问各种数据源。可以通过它在 SQL Server、Microsoft Access、Microsoft Excel 和其他 OLE DB 访问接口之间复制数据。

SQL Server 导入和导出向导为创建从源向目标复制数据的 Microsoft SQL Server 2005 Integration Services(SSIS)包提供了最简便的方法。

SQL Server 导入和导出向导可以访问各种数据源。可以向下列源中复制数据或从其中复制数据：SQL Server；平面文件；Access；Excel；其他 OLE DB 访问接口。

此外，还可以将 ADO. NET 用作源。

SQL Server 导入和导出向导提供了最低限度的转换功能。除了支持在新的目标表和目标文件中设置列的名称、数据类型和数据类型属性之外，SQL Server 导入和导出向导不支持任何列级转换。

【例 13.7】　将 teaching 数据库中的 student、course 和 s_c 表导出到 Excel 工作表 teaching. xls，其中包括同名的三张工作表。

使用 SQL Server 导入和导出向导步骤如下。

①在 SQL Server Management Studio 中，连接到数据库引擎服务器类型，展开"数据库"，右键单击要导入或导出的数据库，如 teaching，指向"任务"，再选择"导入数据"或"导出数据"。

②选择"导出数据"后出现"欢迎使用 SQL Server 导入和导出向导"窗口。

③选择【下一步】按钮，出现"选择数据源"窗口。

④可以选择数据源的类型，数据源所在服务器，身份验证方式以及源数据库名称。

可用的数据源包括 OLE DB 访问接口、SQL 本机客户端、ADO. NET、Excel 和平面文件源。根据源的不同，需要设置身份验证模式、服务器名称、数据库名称和文件格式之类的选项。

注意：Oracle 的 Microsoft OLE DB 访问接口不支持 Oracle BLOB、CLOB、NCLOB、BFILE 和 UROWID 数据类型，因此 OLE DB 源无法从包含这些数据类型的列的表中提取数据。

本例选择"SQL 本机客户端"数据源，数据库选择 teaching，设置数据源选项后，单击【下一步】按钮，出现"选择目标"窗口。

⑤可以选择目标数据的类型、目标数据所在服务器、身份验证方式以及目标数据库名称。

可用的目标包括 OLE DB 访问接口、SQL 本机客户端、Excel 和平面文件目标。

如果目标为 SQL Server 数据库，则可以指定是否创建新的数据库并设置数据库属性。下列属性无法配置，向导使用指定的默认值，如表 13.7 所示。

表 13.7　默认值卧表

属性	值
排序规则	Latin1_General_CI_AS
恢复模式	Full
使用全文索引	True

本例选择目标数据类型为"Microsoft Excel",设置目标数据路径及版本后,单击【下一步】按钮,出现"指定表复制或查询"界面。

⑥选择是复制表或视图的数据,还是复制查询结果。

☞复制一个或多个表或视图数据:则 SQL Server 导入和导出向导自动将该视图转换为目标中的表。

☞编写查询以指定要传输的数据:可以查询源数据并复制结果,通过构造并执行 Transact-SQL 查询。可以手动输入 Transact-SQL 查询,也可以使用保存到文件的查询。向导包含用于查找文件的浏览功能,当选定文件后,向导会自动打开文件,并将其内容粘贴到向导页中。如果源是 ADO. NET 提供程序,则还可以使用该选项复制查询结果,并提供 DBCommand 作为查询。

本例选择复制表或视图选项,设置复制选项后,单击【下一步】按钮,出现"选择源表或源视图"界面。

⑦选择要复制的源表或源视图,也可以设置目标表或视图的名称,默认与源表或源视图同名。

如果目标是平面文件目标,则可以指定下列内容:

☞指定目标文件中的行分隔符;

☞指定目标文件中的列分隔符。

可以单击【编辑】按钮进入"列映射"窗口对列进行编辑。在"列映射"窗口中,可以设置是否"删除然后重新创建目标表",以及选择在现有目标表中是删除行还是追加行。如果该表不存在,则 SQL Server 导入和导出向导会自动创建该表。

根据需要,还可以更改源列和目标列之间的映射,或更改目标列的元数据:

☞将源列映射到其他目标列;

☞更改目标列中的数据类型;

☞设置字符数据类型的列的长度;

☞设置数值数据类型的列的精度和小数位数;

☞指定列是否包含空值。

也可以在选择源或目的表界面单击【预览】按钮,预览导出结果。

选择好源和目的表之后,单击【下一步】按钮,会出现"保存并执行包"窗口。

⑧选择"立即执行"或"保存 SSIS 包"。

如果向导从 SQL Server Management Studio 或命令提示符启动,则包可以立即运行。可以将包保存到 SQL Server msdb 数据库或保存到文件系统。

如果向导从 Business Intelligence Development Studio 中的 Integration Services 项目启动,则无法从向导运行包。相反,该包将添加到启动该向导的 Integration Services 项目中。然后

可以在 Business Intelligence Development Studio 中运行包。

设置好执行选项后单击【下一步】按钮,出现"完成该向导"窗口。

⑨单击【完成】按钮,系统开始导出数据。

数据导出后,出现"执行成功"窗口,单击【关闭】按钮结束向导。

数据导出后会产生 teaching. xls 文件。

13.3.2 复制数据库

可以将数据库从一台计算机复制到其他计算机。复制数据库有很多用途,包括测试、检查一致性、开发软件、运行报表、创建镜像数据库或将数据库用于远程分支操作(如果可能)。

在服务器之间复制数据库的方法如下。

①使用复制数据库向导。可以使用复制数据库向导在服务器之间复制或移动数据库。

②还原数据库备份。若要复制整个数据库,可以使用 Transact-SQL 命令 BACKUP 和 RESTORE。通常,还原数据库的完整备份用于因各种原因将数据库从一台计算机复制到其他计算机。

③从 Microsoft SQL Server 6. 5 或更低版本复制数据库。

本节主要介绍使用复制数据库向导的方法。

通过复制数据库向导可以在不同服务器之间轻松移动或复制数据库及其对象(在服务器不停机的情况下)。

使用复制数据库向导的注意事项如表 13. 8 所示。

表 13. 8　复制数据库向导的注意事项

范围	注意事项
所需的权限	为了使复制数据库向导正常运行,用户必须具有适当的权限,具体情况取决于如何复制数据库,如下所示: 　对于分离和附加方法,用户必须同时是源服务器和目标服务器上 sysadmin 固定服务器角色的成员。 对于 SMO 传输方法,用户必须是源数据库的数据库所有者,在目标服务器上用户必须获得 CREATE DATABASE 权限或是 dbcreator 固定服务器角色的成员
model 数据库、msdb数据库和 master 数据库	不能通过复制数据库向导复制或移动 model 数据库、msdb 数据库和 master 数据库
全文目录	SQL 管理对象方法可移动全文目录。移动后,必须重新启动索引填充。如果使用的是分离和附加方法,则必须手动移动全文目录
源服务器上的数据库	如果选择"移动"选项,则移动数据库后,向导会自动删除源数据库。但复制数据库向导不会删除复制的源数据库。如果决定手动删除复制的源数据库,请先验证是否成功复制了该数据库

另外,可以在不同的 Microsoft SQL Server 实例之间移动和复制数据库,并且可以将数据库从 Microsoft SQL Server 2000 升级至 Microsoft SQL Server 2005。

使用复制数据库向导复制数据库步骤如下。

①在 SQL Server Management Studio 的对象资源管理器中展开"数据库",右键单击要复制的数据库,如 teaching,指向"任务",再单击"复制数据库"。

②出现"欢迎使用复制数据库向导"窗口,单击【下一步】按钮,出现选择"源服务器"窗口。

③选择要复制的数据库所在的源服务器以及验证方式,然后单击【下一步】按钮,出现选择目标服务器界面。

④选择数据库要复制或移动到的目标服务器以及验证方式,然后单击【下一步】按钮,出现"选择传输方法"窗口。

⑤选择传输方法,有两种传输方法可供选择:

☞分离和附加方法。为了避免数据丢失或不一致,不能向正在移动或复制的数据库附加活动会话。如果存在活动会话,复制数据库向导不会执行移动或复制操作。

☞SMO 传输方法。允许有活动连接,适用于数据库不会进入离线状态的情况。

选择好传输方法后,单击【下一步】按钮,出现"选择数据库"窗口。

当在不同的服务器或磁盘驱动器之间移动数据库时,复制数据库向导将把数据库复制到目标服务器,并验证其是否在线。当在同一台服务器上的两个实例之间移动数据库时,会执行文件系统移动操作。

⑥选择要移动或复制的数据库,单击【下一步】按钮,出现"配置目标数据库"窗口。

⑦可以指定目标数据库的名称(如果与源数据库的名称不同)。

只有在目标服务器上不存在名称冲突的情况下,才可以将源数据库名称用于复制或移动的数据库。如果目标服务器上存在名称冲突,在目标服务器上使用源数据库名称前必须先手动解决这些冲突。

设置好目标数据库名称后,单击【下一步】按钮,出现"配置包"窗口。

如果不是 sysadmin,则需要指定一个对 Integration Services(SSIS)包执行子系统具有访问权限的 SQL 代理的代理帐户。

⑧设置好包选项后,单击【下一步】按钮,出现"安排运行包"窗口。

⑨选择"立即运行"或选择"计划"单选项,然后单击【更改计划】按钮,出现"新建作业计划"窗口,在此窗口中可以设置复制数据库计划。

⑩选择好运行包时间(如立即运行)后,单击【下一步】按钮,出现完成向导窗口。

⑪单击【完成】按钮,系统开始复制数据库。

⑫复制数据库成功后,出现成功完成窗口。

⑬单击【关闭】按钮,结束复制。进入对象管理器,右击"数据库"节点,选择"刷新",可以在"数据库"节点下看到 teaching_new 的复制数据库。

13.4　分离和附加数据库

可以分离数据库的数据和事务日志文件,然后将它们重新附加到同一或其他 SQL Server 实例。如果要将数据库更改到同一计算机的不同 SQL Server 实例或要移动数据库,分离和附加数据库会很有用。

13.4.1 分离数据库

分离数据库是指将数据库从 SQL Server 实例中删除，但数据库在其数据文件和事务日志文件中保持不变。之后，就可以使用这些文件将数据库附加到任何 SQL Server 实例，包括分离该数据库的服务器。

如果存在下列任何情况，则不能分离数据库。

①已复制并发布数据库。如果进行复制，则数据库必须是未发布的。必须通过运行 sp_replicationdboption 禁用发布后，才能分离数据库。

②数据库中存在数据库快照。必须首先删除所有数据库快照，然后才能分离数据库。不能分离或附加数据库快照。

③数据库处于可疑状态。在 SQL Server 2005 中，无法分离可疑数据库，必须将数据库置入紧急模式才能对其进行分离。

分离数据库是将数据库从 Microsoft SQL Server Database Engine 实例中删除，但保留完整的数据库及其数据文件和事务日志文件。

注意：分离 SQL Server 2005 数据库之后，可以将该数据库重新附加到 SQL Server 2005 的相同实例或其他实例上。

【例 13.8】 将 teaching 数据库分离。

使用图形工具分离数据库的步骤如下：

①在 SQL Server Management Studio"对象资源管理器"中，连接到 SQL Server Database Engine 的实例上，再展开该实例；

②展开"数据库"，并用右键单击要分离的用户数据库的名称（如 teaching），指向"任务"，再选择"分离"；

③选择"分离"后，将显示"分离数据库"界面。

在"要分离的数据库"网格中显示要分离的"数据库名称"。

默认情况下，分离操作将在分离数据库时保留过期的优化统计信息；若要更新现有的优化统计信息，需选中"更新统计信息"复选框。

默认情况下，分离操作保留所有与数据库关联的全文目录。若要删除全文目录，需清除"保留全文目录"复选框。

"状态"列将显示当前数据库状态（"就绪"或者"未就绪"）。

如果状态是"未就绪"，则"消息"列将显示有关数据库的超链接信息。当数据库涉及复制时，"消息"列将显示 Database replicated。数据库有一个或多个活动连接时，"消息"列将显示"<活动连接数>"个活动连接；例如，1 个活动连接。可以在分离数据列之前，必须选中"删除连接"复选框来断开与所有活动连接的连接。

分离数据库准备就绪后，单击【确定】按钮。

新分离的数据库将一直显示在对象资源管理器的"数据库"节点中，直到刷新该视图。可以随时刷新该视图，选择"对象资源管理器"窗格，从菜单栏中选择"视图"，再选择"刷新"。

13.4.2　附加数据库

可以附加复制的或分离的 SQL Server 数据库。在 SQL Server 2005 中,数据库包含的全部文件随数据库一起附加。

通常,附加数据库时会将数据库重置为它分离或复制时的状态。

附加数据库时,所有数据文件(mdf 文件和 ndf 文件)都必须可用。如果任何数据文件的路径不同于首次创建数据库或上次附加数据库时的路径,则必须指定该文件的当前路径。

注意:如果所附加的主数据文件为只读,则数据库引擎会假定数据库也是只读的。

附加日志文件的要求在某些方面取决于数据库是可读写的还是只读的。

①对于可读写数据库,通常可以附加新位置中的日志文件。但是,在某些情况下,重新附加数据库需要数据库的现有日志文件。因此,必须保留所有分离的日志文件,直到在不需要这些日志文件的情况下也成功附加了数据库。

如果可读写数据库具有单个日志文件,并且没有为该日志文件指定新位置,附加操作将在旧位置中查找该文件。如果找到了旧日志文件,则无论数据库上次是否完全关闭,都将使用该文件。但是,如果未找到旧文件日志,数据库上次是完全关闭且现在没有活动日志链,则附加操作将尝试为数据库创建新的日志文件。

②如果所附加的主数据文件为只读,则数据库引擎会假定数据库也是只读的。对于只读数据库,日志文件在数据库主文件中指定的位置上必须可用。因为 SQL Server 无法更新主文件中存储的日志位置,所以无法创建新的日志文件。

分离再重新附加只读数据库后,会丢失差异基准信息。这会导致 master 数据库与只读数据库不同步。之后所做的差异备份可能出现意外结果。因此,如果对只读数据库使用差异备份,在重新附加数据库后,应通过进行完整备份来建立当前差异基准。

【例 13.9】　附加 teaching 数据库。

使用图形工具附加数据库步骤如下:

①在 SQL Server Management Studio"对象资源管理器"中,连接到 Microsoft SQL Server 数据库引擎,然后展开该实例;

②右键单击"数据库",指向"任务",然后单击"附加";

③选择【附件】后,将显示"附加数据库"窗口;

④单击"添加"按钮,指定要附加的数据库,在"定位数据库文件"窗口中选择该数据库所在的磁盘驱动器,展开目录树以查找和选择该数据库的.mdf 文件;

⑤选择数据库文件后单击【确定】按钮返回"附加数据库"窗口。

若要指定以其他名称附加数据库,请在"附加数据库"界面的"附加为"列中输入名称。也可以通过在"所有者"列中选择其他项来更改数据库的所有者。

准备好附加数据库后,单击【确定】按钮。

新附加的数据库在视图刷新后才会显示在对象资源管理器的"数据库"节点中。

参考文献

[1]萨师煊,王珊. 数据库系统概论[M]. 北京:高等教育出版社,1999.

[2]丁宝康,李大学. 数据库原理[M]. 北京:经济科学出版社,2000.

[3]徐守祥. 数据库应用技术——SQL Server 篇[M]. 北京:人民邮电出版社,2005.

[4]何玉洁. 数据库基础及应用技术[M]. 北京:清华大学出版社,2002.

[5]刘卫国,熊拥军. 数据库技术与应用——SQL Server 2005[M]. 北京:清华大学出版社,
2010.

[6]Kevin Kline, Daniel Kline. SQL 技术手册[M]. 黄占涛,译. 北京:中国电力出版社,
2002.

[7]Ken Henderson. Transact-SQL 权威指南[M]. 健莲科技,译. 北京:中国电力出版社,
2007.

[8]SQL Server 2005 联机丛书[OL]. http://msdn.microsoft.com/zh-cn/.